ERGEBNISSE DER ALLGEMEINEN PATHOLOGIE UND PATHOLOGISCHEN ANATOMIE

HERAUSGEGEBEN VON

P. COHRS
HANNOVER

W. GIESE
MÜNSTER (WESTF.)

H. MEESSEN
DÜSSELDORF

H. C. STOERK
NEW YORK

FÜNFZIGSTER BAND

MIT BEITRÄGEN VON

H. ALTENKÄMPER/PLETTENBERG · W. GUSEK/HAMBURG
U. HOFFMANN/ESSEN · G. KAISER/DÜSSELDORF
H. MÜNTEFERING/DÜSSELDORF · R. POCHE/BIELEFELD

MIT 43 ABBILDUNGEN

Springer-Verlag Berlin Heidelberg GmbH
1968

ISBN 978-3-662-35915-0   ISBN 978-3-662-36745-2 (eBook)
DOI 10.1007/978-3-662-36745-2

Library of Congress Catalog Card Number 56-49162

Ursprünglich erschienen bei Springer-Verlag Berlin Heidelberg New York 2003.
Softcover reprint of the hardcover 1st edition 1968

Titel-Nr. 4752

Inhaltsverzeichnis

Vergleichende Untersuchungen über die Altersverteilung der Sterbefälle der allgemeinen Bevölkerung und der Obduktionsfälle des Pathologischen Instituts in Düsseldorf von 1908 bis 1963*

Von

Reinhard Poche** und Henner Altenkämper

Mit 16 Abbildungen

Inhaltsverzeichnis

Einleitung

In der allgemeinen medizinischen Statistik wird mit Morbiditätsstatistiken, Mortalitätsstatistiken und Sektionsstatistiken gearbeitet. Darüber hinaus werden statistische Methoden für die Bearbeitung der verschiedensten wissenschaftlichen Fragestellungen angewendet, so etwa um die Ergebnisse bestimmter Behandlungsmethoden zu beurteilen, die Lebenserwartung allgemein oder bei bestimmten Erkrankungen vorauszusagen oder Hinweise auf mögliche ätiologische Faktoren zu erhalten. Beim Vergleich der verschiedenen Formen der allgemeinen medizinischen Statistik ist schon immer die Frage gestellt worden, ob Mortalitätsstatistiken der allgemeinen Bevölkerung oder Sektionsstatistiken von größerer Bedeutung seien oder welche von beiden den tatsächlichen Verhältnissen am nächsten komme. In der vorliegenden Arbeit soll auf Anregung von Herrn Professor MEESSEN am Beispiel der Stadt Düsseldorf für eine große umschriebene Bevölkerungseinheit das Sektionsmaterial des Pathologischen Instituts mit den Todesfällen der allgemeinen Bevölkerung verglichen werden. Dabei wurde bewußt auf den Vergleich verschiedener Krankheiten verzichtet und allein das Lebensalter als Untersuchungsobjekt herangezogen, weil nur dieses in beiden Statistiken mit der gleichen Sicherheit angegeben werden kann.

Material und Methode

Das Material für die Untersuchung der Altersverteilung der Sterbefälle in der allgemeinen Bevölkerung beruht in erster Linie auf Angaben des Statistischen Amtes der Stadt Düsseldorf, die den „Statistischen Jahrbüchern" entnommen wurden. Daneben wurden die ent-

---

* Aus dem Pathologischen Institut der Universität Düsseldorf (Direktor: Prof. Dr. med. Dr. h. c. H. MEESSEN).

** Chefarzt des Pathologischen Instituts der Städtischen Krankenanstalten Bielefeld.

sprechenden „Beiträge zur Statistik des Landes Nordrhein-Westfalen", die vom Statistischen Landesamt herausgegeben werden, verwendet. Für die Untersuchung der Altersverteilung des Obduktionsmaterials wurden die Sektionsprotokolle des Düsseldorfer Pathologischen Instituts herangezogen, die seit 1908 zur Verfügung standen. Allerdings sind von manchen Jahrgängen einige Sektionsprotokolle durch Kriegseinwirkung unbrauchbar geworden bzw. verlorengegangen, so von folgenden Jahrgängen: 1910 = 4 Protokolle, 1919 = 22 Protokolle, 1920 = 20 Protokolle, 1921 = 5 Protokolle, 1922 = 17 Protokolle, 1923 = 27 Protokolle. 1936 ab Protokollnummer 1000, 1937 = 600 Protokolle und 1938 = 301 Protokolle. Zur Bereinigung des Obduktionsmaterials wurden die ab 1952 geführten Überführungsbücher des Pathologischen Instituts herangezogen.

Die nachstehenden Untersuchungen beziehen sich nur auf eine Anzahl von Jahrgängen, die die beiden Weltkriege ausklammert, so daß nur „normale" Jahre berücksichtigt wurden. Um bestimmte Umwelteinflüsse von vornherein auszuschalten und zu erreichen, daß nur Todesursachen zur Geltung kommen, die auf Krankheiten beruhen, blieben sowohl beim Material der allgemeinen Bevölkerungsstatistik als auch beim Sektionsmaterial folgende Fälle unberücksichtigt: Totgeburten, Unfälle, Vergiftungen, Morde, Selbstmorde und sonstige unnatürliche Todesursachen; beim Sektionsmaterial wurden weiterhin die außerhalb des Pathologischen Instituts Düsseldorf durchgeführten Sektionen und Gutachtenfälle, die nicht vorher im Krankenhaus gelegen hatten, sowie auch die ganz vereinzelt vorkommenden Fälle unbekannten Alters fortgelassen. Im Obduktionsmaterial konnten die genannten Fälle in allen Jahrgängen und Altersgruppen eliminiert werden; in der allgemeinen Bevölkerungsstatistik war dieses dagegen erst ab 1923 möglich, da vor diesem Zeitpunkt eine entsprechende Differenzierung in den Statistischen Jahrbüchern noch nicht vorgenommen wurde. Der Begriff der Totgeburt wurde folgendermaßen definiert: „Ein Kind gilt ... als totgeboren oder in der Geburt verstorben, wenn es wenigstens 35 cm lang ist, die natürliche Lungenatmung bei ihm aber nicht eingesetzt hat. Hat die natürliche Lungenatmung eingesetzt, so gelten die allgemeinen Bestimmungen über die Anzeige und Eintragung von Geburten. Fehlgeburten sind totgeborene Früchte, die weniger als 35 cm lang sind ..." (§ 64 der ersten Verordnung zur Ausführung des Personenstandsgesetzes vom 19.5.1939). Mit dieser Verordnung wurde eine Definition festgelegt, nach der seit 1908 praktisch verfahren worden ist. Durch die ab 1958 gültige Verordnung zur Ausführung des Personenstandsgesetzes sind die genannten Begriffe neu definiert worden. Danach „liegt eine Lebendgeburt vor, wenn bei einem Kind nach der Scheidung vom Mutterleib entweder das Herz geschlagen oder die Nabelschnur pulsiert oder die natürliche Lungenatmung eingesetzt hat. Hat sich keine der genannten Merkmale des Lebens gezeigt und ist die Leibesfrucht 35 cm lang, so gilt sie als totgeboren, ist sie dagegen weniger als 35 cm lang und zeigte sie keines der vorstehenden Merkmale des Lebens, so handelt es sich um eine Fehlgeburt." Weiterhin ist zu erwähnen, daß in den Statistischen Jahrbüchern „nachträglich beurkundete Sterbefälle aus früheren Jahren, insbesondere Kriegssterbefälle, in den Zahlen nicht enthalten" sind. Außer im Pathologischen Institut werden in Düsseldorf nur noch Obduktionen im Institut für Gerichtliche Medizin durchgeführt; das Sektionsmaterial dieses Instituts setzt sich in der Hauptsache aus Fällen mit unnatürlicher Todesursache zusammen, von denen darüber hinaus ein großer Teil nicht in Düsseldorf ansässig war, d.h. es handelt sich hier im wesentlichen um solche Fälle, die bei der Bereinigung unseres Untersuchungsmaterials ohnehin fortgelassen wurden.

Die totale Mortalität, d.h. das Verhältnis aller Gestorbenen zu allen Lebenden, konnte nicht bestimmt werden, da in den Statistischen Jahrbüchern die Aufschlüsselung der lebenden Bevölkerung nach Alter und Geschlecht vor 1947 nur für die Jahre vorgenommen worden ist, in denen Volkszählungen stattgefunden haben (1910, 1925, 1933, 1939).

Ergebnisse

Die Untersuchungen erstrecken sich auf folgende Zeiträume: 1908—1910, 1919—1924, 1928—1932, 1936—1938, 1947—1948, 1952—1955, 1956—1959, und 1960—1963. Für jeden Zeitraum wurde die Zahl der in Düsseldorf Gestorbenen sowie der am Pathologischen Institut der Stadt Düsseldorf Obduzierten in den verschiedenen Altersgruppen und insgesamt bestimmt, und zwar getrennt nach männlichem und weiblichem Geschlecht. Aus den absoluten Zahlen wurde auch das Verhältnis der in diesen Altersgruppen Gestorbenen zu allen Gestorbenen und das Verhältnis der in jeder Altersgruppe Sezierten zu allen Sezierten bestimmt, ferner das Verhältnis aller Sezierten zu allen Gestorbenen. Die gewonnenen Zahlen sind teils tabellarisch, teils graphisch dargestellt.

In dem Zeitabschnitt 1908—1910 (Tabelle 1a) beträgt die Zahl der männlichen Gestorbenen insgesamt 6954, die der weiblichen insgesamt 6011. Es wurden im gleichen Zeitraum 632 männliche Personen und 483 weibliche Personen seziert, das sind 9,1 % bzw. 8,0 % aller Gestorbenen. Jeweils etwa $^1/_3$ aller Todesfälle betrifft Säuglinge, d.h. Kinder im 1. Lebensjahr. Bei den Sezierten beträgt der Anteil der Säuglinge nur etwa $^1/_5$. Die Abb. 1 zeigt, daß der prozentuale Anteil der Angehörigen der jüngsten Altersklassen an der Gesamtzahl der Gestorbenen von den ersten Lebensjahren an bis zu dem Alter von 20 Jahren degressiv abnimmt, um von da an sprunghaft auf ein bestimmtes Niveau anzusteigen, das — besonders bei den weiblichen Gestorbenen — etwa $^1/_3$ des Wertes für das 1. Lebensjahr erreicht und erst vom 60. bzw. 70. Lebensjahr stetig absinkt. Die Alterskurve der Obduktionsfälle gleicht sich der Alterskurve der Todesfälle an, ohne ihr jedoch völlig kongruent zu werden: Bei den Säuglingen überwiegen relativ die Todesfälle, während bis zum 60. Lebensjahr, insbesondere aber zwischen dem 20. und 30. Lebensjahr, die Sektionsfälle relativ überwiegen, um jenseits des 60. Lebensjahres stärker abzusinken. Bei den über 80jährigen beträgt der Prozentsatz der Sezierten sowohl bei den männlichen als auch bei den weiblichen Personen 0,6 %.

Noch deutlicher kommt das Verhältnis der Sezierten zu den Gestorbenen in Abb. 2 zum Ausdruck: Dieses Verhältnis besitzt ein Maximum im 10. Lebensjahr, liegt dann am günstigsten zwischen dem 20. und dem 55. Lebensjahr (d.h. über der Grenze von 10 %), um von da an kontinuierlich abzufallen.

In den Jahren 1919—1924 stieg die Zahl der männlichen Gestorbenen auf 15444 an, die der weiblichen auf 14487. Obduziert wurden in diesem Zeitabschnitt 1862 männliche Personen und 1330 weibliche Personen. Das Verhältnis der Verstorbenen im Säuglingsalter zu allen Gestorbenen hat sich auf $^1/_6$ verschoben, die Hälfte des Anteils wie in den Jahren 1908—1910. Insgesamt sind von den Gestorbenen bei den männlichen Personen 12,5 % und bei den weiblichen Personen 9,2 % seziert worden (Tabelle 1b). Wie sich der prozentuale Anteil der Gestorbenen und der Sezierten in den einzelnen Altersgruppen verhält, geht aus Abb. 3 hervor: Es zeigt sich wieder ein hoher prozentualer Anteil der Säuglinge an der Gesamtverteilung der Gestorbenen, dem ein geringerer Anteil im Kindes- und Jugendalter folgt. In den nachfolgenden Altersgruppen nimmt dieser Anteil bis auf ein Niveau von 13—14 % zu, um erst in der höchsten Altersklasse deutlich abzufallen. Bezüglich der Sektionen erkennt man, daß diese vom Säuglingsalter bis zum 15. Lebensjahr relativ überwiegen. Im weiteren Verlauf der Alterskurven liegen die Todesfälle relativ höher als die Sektionsfälle. Bei der Altersgruppe über 80 Jahren weicht der Prozentsatz der Sezierten mit 0,7 % bei den männlichen Personen und 1,0 % bei den weiblichen Personen nicht wesentlich von den entsprechenden Zahlen der Jahre 1908—1910 ab.

Bei der Darstellung des Verhältnisses der Sezierten zu den Gestorbenen zeigt sich in Abb. 4, daß in den unteren Altersgruppen mehr obduziert wird

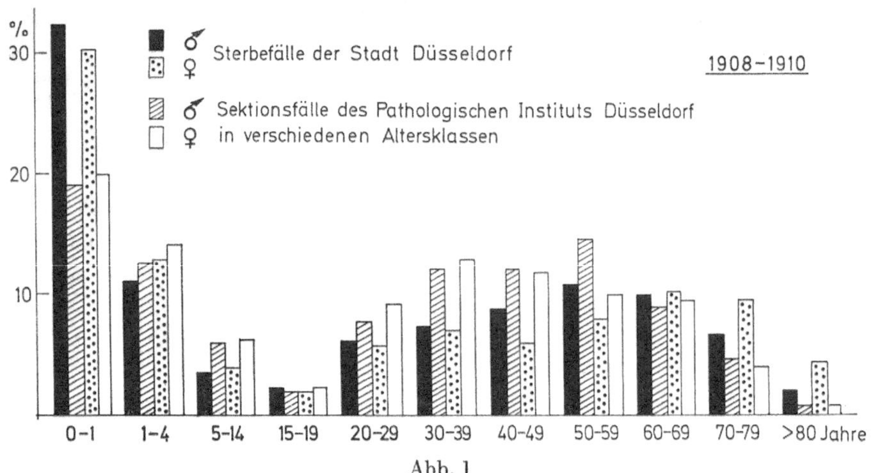

Abb. 1

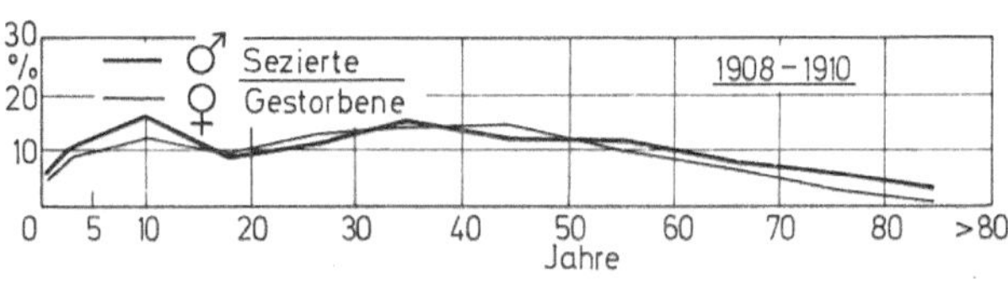

Abb. 2

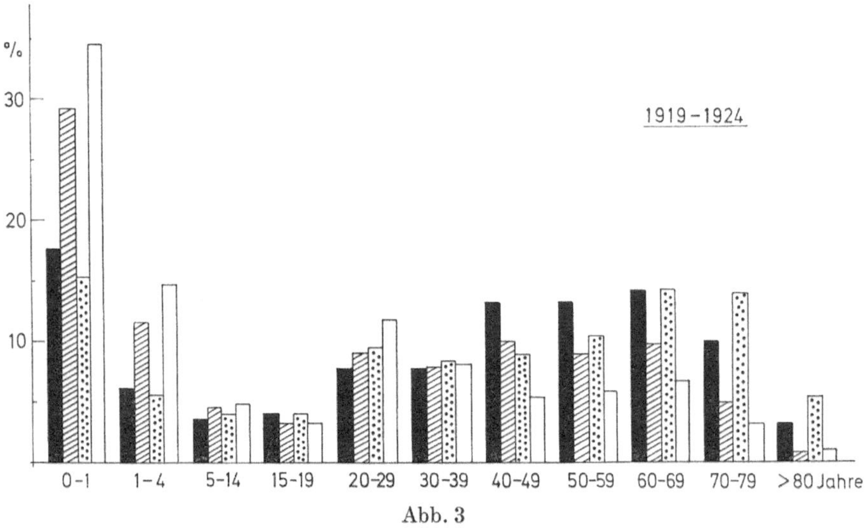

Abb. 3

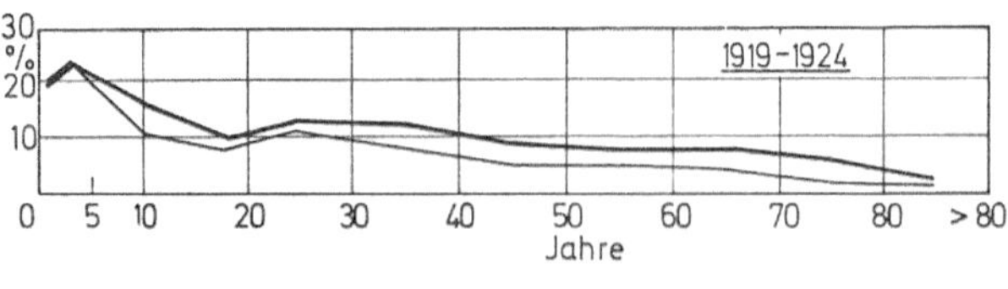

Abb. 4

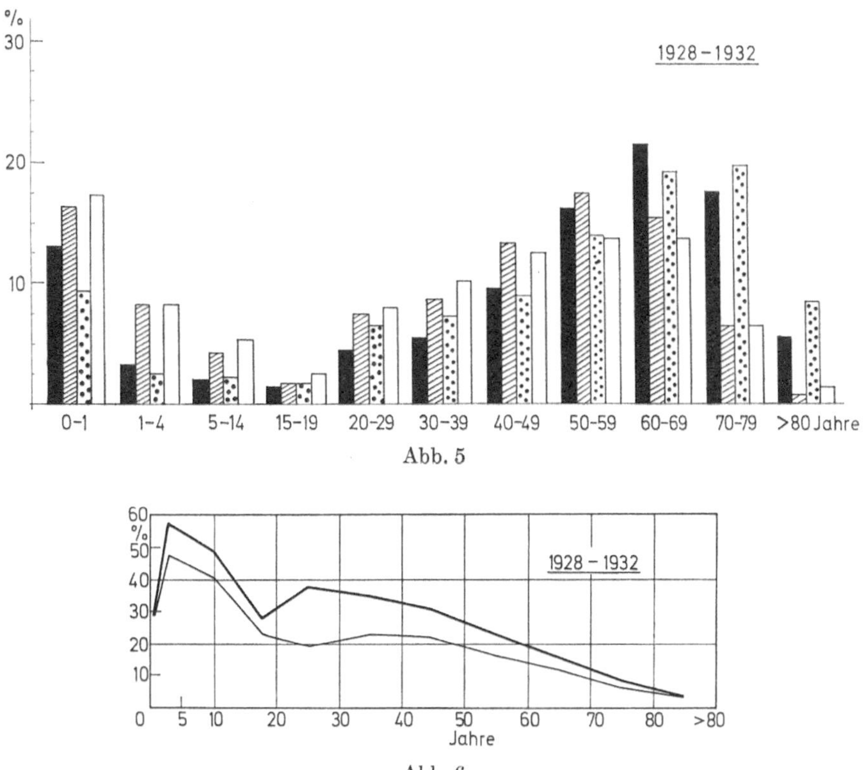

Abb. 5

Abb. 6

Abb. 1, 3 u. 5. Die prozentuale Altersverteilung der Sterbefälle der allgemeinen Bevölkerung der Stadt Düsseldorf (♂ schwarze Säulen, ♀ punktierte Säulen) und der Sektionsfälle des Pathologischen Instituts Düsseldorf (♂ schraffierte Säulen, ♀ weiße Säulen) in den Zeitabschnitten 1908—1910, 1919—1924 und 1928—1932

Abb. 2, 4 u. 6. Das Verhältnis der Zahl der im Pathologischen Institut Düsseldorf Sezierten zu der Zahl der Sterbefälle in der allgemeinen Bevölkerung der Stadt Düsseldorf (Sezierte: Gestorbene), ausgedrückt in Prozenten (♂ fette Linien, ♀ dünne Linien), in den Zeitabschnitten 1908—1910, 1919—1924 und 1928—1932

— mit einem Maximum von 23,5 % bei den männlichen und 24,1 % bei den weiblichen Personen im 1.—5. Lebensjahr — als in den mittleren und höheren Altersgruppen.

1928—1932 (Tabelle 1 c) starben 10 829 männliche Personen und 10 700 weibliche Personen: Die Anzahl der Gestorbenen beider Geschlechter ist also fast gleich. Die Zahl der Sektionen beträgt bei den männlichen Personen 2434 und bei den weiblichen Personen 1672. Das Verhältnis der Sezierten zu den Gestorbenen in diesem Zeitabschnitt beträgt für die männlichen Personen 22,7 %, für die weiblichen 15,6 %. Während bisher der prozentuale Anteil der Säuglinge an allen Gestorbenen am höchsten war, zeigt jetzt Abb. 5 ein relatives Überwiegen der Gestorbenen bei den männlichen Personen im 60.—70. und bei den weiblichen Personen im 70.—80. Lebensjahr. Der prozentuale Anteil der Säuglinge an allen Gestorbenen zeigt hier also schon eine rückläufige Tendenz, und es ergibt sich eine Verschiebung zu den höheren Altersgruppen hin. Bezogen auf die Gesamtzahl der Gestorbenen

Tabelle 1. *Vergleich aller Sterbefälle der Stadt Düsseldorf und der Sektionen des Pathologischen 1932, 1936—1938 und 1947/48, auf-*

		♂										
		Alter										
		0 bis unter 1	1 bis unter 5	5 bis unter 15	15 bis unter 20	20 bis unter 30	30 bis unter 40	40 bis unter 50	50 bis unter 60	60 bis unter 70	70 bis unter 80	über 80	zusammen
a) 1908—1910:													
Gestorbene	1	2254	764	239	148	425	501	600	747	693	453	130	6954
Sezierte	2	120	79	37	13	49	76	76	93	56	29	4	632
Gestorbene in % aller Sterbefälle	3	32,4	11,0	3,4	2,1	6,1	7,2	8,6	10,7	10,0	6,5	2,0	100%
Sezierte in % aller Sektionsfälle	4	19,0	12,5	5,9	2,0	7,8	12,0	12,0	14,7	8,9	4,6	0,6	100%
Sez. : Gest.	5	5,3	10,3	15,5	8,8	11,5	15,2	12,6	12,4	8,1	6,4	3,1	9,1%
b) 1919—1924:													
Gestorbene	1	2704	924	527	604	1217	1198	2035	2022	2198	1531	484	15444
Sezierte	2	544	217	85	62	167	148	185	167	180	94	13	1862
Gestorbene in % aller Sterbefälle	3	17,5	6,0	3,4	4,0	7,8	7,7	13,2	13,1	14,1	10,0	3,1	100%
Sezierte in % aller Sektionsfälle	4	29,2	11,7	4,6	3,3	8,9	7,9	10,0	9,0	9,7	5,0	0,7	100%
Sez. : Gest.	5	20,1	23,5	16,1	10,3	13,7	12,4	9,1	8,3	8,2	6,1	2,7	12,5%
c) 1928—1932:													
Gestorbene	1	1403	350	215	156	491	605	1022	1769	2341	1892	585	10829
Sezierte	2	398	200	105	44	184	212	318	423	375	160	18	2434
Gestorbene in % aller Sterbefälle	3	13,0	3,2	2,0	1,4	4,5	5,6	9,4	16,3	21,6	17,5	5,5	100%
Sezierte in % aller Sektionsfälle	4	16,3	8,2	4,3	1,8	7,5	8,7	13,1	17,4	15,4	6,6	0,7	100%
Sez. : Gest.	5	28,4	57,1	48,8	28,2	37,5	35,0	31,1	23,9	16,0	8,5	3,1	22,7%
d) 1936—1938													
Gestorbene	1	1039	213	129	73	280	455	715	1425	2072	1688	580	8669
Sezierte	2	203	64	32	25	61	93	147	242	249	148	25	1289
Gestorbene in % aller Sterbefälle	3	12,0	2,4	1,5	0,8	3,2	5,2	8,2	16,4	24,0	19,5	6,7	100%
Sezierte in % aller Sektionsfälle	4	15,7	5,0	2,5	1,9	4,8	7,2	11,4	18,8	19,3	11,5	1,9	100%
Sez. : Gest.	5	19,5	30,0	24,8	34,2	21,8	20,4	20,6	17,0	12,0	8,8	4,3	16,8%
e) 1947—1948													
Gestorbene	1	406	62	38	34	90	141	360	662	1165	1117	348	4423
Sezierte	2	189	51	36	18	47	77	178	229	264	123	16	1228
Gestorbene in % aller Sterbefälle	3	9,2	1,4	0,9	0,8	2,0	3,2	8,1	15,0	26,3	25,2	7,9	100%
Sezierte in % aller Sektionsfälle	4	15,4	4,2	2,9	1,5	3,8	6,3	14,5	18,6	21,5	10,0	1,3	100%
Sez. : Gest.	5	46,5	82	94,5	53	52,2	54,7	49,5	34,6	22,6	11,0	4,6	27,8%

Instituts der Medizinischen Akademie in Düsseldorf der Jahre 1908—1910, 1919—1924, 1928 bis geführt nach Alter und Geschlecht

♀

Alter											
0 bis unter 1	1 bis unter 5	5 bis unter 15	15 bis unter 20	20 bis unter 30	30 bis unter 40	40 bis unter 50	50 bis unter 60	60 bis unter 70	70 bis unter 80	über 80	zusammen
1815	767	241	114	354	426	364	480	620	568	262	6011
95	67	30	11	45	62	57	48	46	19	3	483
30,2	12,8	4,0	1,9	5,9	7,1	6,0	7,9	10,3	9,5	4,4	100%
19,7	13,9	6,2	2,2	9,3	12,8	11,8	10,0	9,5	4,0	0,6	100%
5,2	9,6	12,4	9,6	12,7	14,5	15,6	10,0	7,4	3,3	1,1	8,0%
2216	816	567	564	1383	1244	1302	1518	2056	2046	775	14487
459	197	65	45	157	107	73	80	91	43	13	1330
15,3	5,6	3,9	3,9	9,5	8,6	9,0	10,5	14,2	14,1	5,4	100%
34,5	14,8	4,9	3,4	11,8	8,1	5,5	6,0	6,8	3,2	1,0	100%
20,7	24,1	11,5	8,0	11,4	8,6	5,6	5,3	4,4	2,1	1,7	9,2%
999	285	237	195	700	749	966	1494	2057	2122	937	10741
287	135	94	44	136	171	211	231	230	108	25	1672
9,3	2,6	2.2	1,8	6,5	7,0	9,0	14,0	19,1	19,8	8,7	100%
17,2	8,1	5,6	2,6	8,1	10,2	12,6	13,8	13,8	6,5	1,5	100%
28,7	47,4	40,0	22,6	19,4	22,8	21,8	15,5	11,2	5,1	2,7	15,6%
750	166	138	95	322	452	683	1121	1630	1764	848	7969
119	53	47	10	62	74	109	138	181	115	24	932
9,4	2,1	1,8	1,2	4,1	5,8	8,6	14,1	20,1	22,1	10,7	100%
12,8	5,7	5,1	1,1	6,6	7,9	11,6	14,8	19,4	12,3	2,6	100%
15,9	31,9	34,0	10,5	19,3	16,4	16,0	12,3	11,1	6,5	2,8	11,9%
306	45	31	30	128	169	291	531	862	1011	489	3893
143	43	22	17	52	59	84	107	121	74	9	741
7,9	1,2	0,8	0,8	3,3	4,4	7,5	13,6	22,1	26,0	12,5	100%
19,3	5,8	3,0	2,3	7,0	8,0	11,3	14,4	17,7	10,0	1,2	100%
46,8	96	71	56,8	40,6	35,0	28,8	20,1	15,2	7,3	1,8	19,0%

Tabelle 2. *Vergleich aller Sterbefälle der Stadt Düsseldorf und der Sektionen des Pathologischen 1960—1963, aufgeführt nach*

| | ♂ | | | | | | | | | | | |
| | Alter | | | | | | | | | | | |
	0 bis unter 1	1 bis unter 5	5 bis unter 15	15 bis unter 20	20 bis unter 30	30 bis unter 40	40 bis unter 50	50 bis unter 60	60 bis unter 70	70 bis unter 80	über >80	zusammen
a) 1952—1955												
Gestorbene 1	670	76	53	35	100	178	791	1909	3075	3614	1535	11 963
Sezierte 2	377	77	54	34	74	105	324	571	512	322	45	2485
Überführte 3	80	37	31	16	41	45	95	133	61	15	0	554
Sezierte ./. Überführte 4	297	40	23	18	33	60	229	438	451	307	45	1941
Gestorbene in % aller Sterbefälle 5	5,5	0,6	0,3	0,3	0,9	1,4	6,5	15,9	25,6	30,2	12,8	100%
Sezierte in % aller Sektionsfälle 6	15,2	3,1	2,2	1,4	3,0	4,2	13,0	23,0	20,1	13,0	1,8	100%
Sez. : Gest. 7												
2 : 1	56,3	101,3	102,0	98,3	74,0	59,0	41,0	30,0	16,7	8,9	2,9	21,0%
4 : 1	44,4	52	43,3	51,4	33,3	33,7	29,0	22,9	14,7	8,5	0,03	16,23%
b) 1956—1959												
Gestorbene 1	751	83	41	33	112	183	651	2341	3533	4247	1926	13 901
Sezierte 2	449	50	53	44	57	129	244	597	534	386	106	2649
Überführte 3	135	21	39	18	25	45	61	102	49	15	6	516
Sezierte ./. Überführte 4	314	29	14	26	32	84	183	495	485	371	100	2133
Gestorbene in % aller Sterbefälle 5	5,4	0,6	0,3	0,2	0,8	1,3	4,7	16,8	25,4	30,5	13,9	100%
Sezierte in % aller Sektionsfälle 6	17,0	1,9	2,0	1,7	2,1	4,8	9,2	22,5	20,1	14,6	4,0	100%
Sez. : Gest. 7												
2 : 1	59,5	60,1	129	133,3	51	71	37,5	25,5	15,2	9,1	5,5	18,7%
4 : 1	41,9	35,0	34,1	79	28,6	46	28,1	21,1	10,9	8,7	5,2	15,0%
c) 1960—1963												
Gestorbene 1	825	71	39	28	109	224	572	2435	4006	4506	2566	15 381
Sezierte 2	439	65	44	22	65	130	186	532	597	434	143	2657
Überführte 3	136	28	37	17	51	70	60	104	82	27	6	618
Sezierte ./. Überführte 4	303	37	7	5	14	60	126	428	515	407	137	2039
Gestorbene in % aller Sterbefälle 5	5,4	0,5	0,2	0,2	0,7	1,5	3,7	15,8	26,0	29,3	16,7	100%
Sezierte in % aller Sektionsfälle 6	16,5	2,5	1,7	0,8	2,5	4,9	7,0	20,0	22,5	16,3	5,4	100%
Sez. : Gest. 7												
2 : 1	53,2	91,5	113	78,6	59,9	58,1	32,5	21,8	14,9	9,7	5,6	17,3%
4 : 1	36,9	52,1	18	17,9	12,8	26,8	22,0	17,6	12,8	9,0	5,3	13,2%

wurde der größte Prozentsatz bei den männlichen und weiblichen Personen im Säuglingsalter (16,3% bzw. 17,2%) sowie zwischen dem 40. und dem 70. Lebensjahr seziert. Der Prozentsatz der Sektionen bei den Personen jenseits des 80. Lebensjahres zeigt mit 0,7% bei den Männern und 1,5% bei den

Instituts der Medizinischen Akademie in Düsseldorf der Jahre 1952—1955, 1956—1959 und Alter und Geschlecht

♀											
Alter											
0 bis unter 1	1 bis unter 5	5 bis unter 15	15 bis unter 20	20 bis unter 30	30 bis unter 40	40 bis unter 50	50 bis unter 60	60 bis unter 70	70 bis unter 80	über 80	zusammen
504	57	36	57	120	210	679	1287	2402	3589	1955	10896
258	59	36	25	53	106	159	211	310	190	23	1430
55	27	22	10	22	42	58	44	37	10	1	328
203	32	14	15	31	64	101	167	273	180	22	1102
4,6	0,5	0,3	0,5	1,2	1,9	6,2	11,8	22,0	33,0	18,0	100%
18,0	4,1	2,5	1,8	3,7	7,4	11,1	14,8	21,7	13,3	1,6	100%
51,2	103,5	100,0	44,0	44,2	50,5	23,4	16,4	12,9	5,3	1,2	13,1%
40,4	56,0	38,8	26,3	25,9	30,4	14,9	13	8,8	50	11	10,12%
680	70	38	31	105	238	607	1415	2760	4125	2702	12771
317	42	45	26	60	96	179	349	371	264	66	1815
90	23	31	13	33	39	59	53	39	11	3	394
227	19	14	13	27	57	120	296	332	253	63	1421
5,3	0,5	0,3	0,2	0,8	1,9	4,8	11,1	21,6	32,3	21,2	100%
17,5	2,3	2,5	1,4	3,3	5,3	9,9	19,2	20,4	14,6	3,6	100%
46,6	60,0	118	84	57	40,4	29,5	24,4	13,4	6,4	2,4	14,3%
33,3	27,1	36,8	42	25,7	23,9	19,8	21,0	12,0	6,1	2,3	11,2%
623	52	46	28	204	213	521	1480	2950	4568	5649	16334
319	50	53	22	68	104	169	306	386	748	102	2327
78	16	32	13	23	37	50	62	33	16	6	366
241	34	21	9	45	67	119	244	353	732	96	1961
3,8	0,3	0,3	0,2	1,2	1,3	3,2	9,1	18,0	28,0	34,6	100%
13,7	2,2	2,3	0,9	2,9	4,5	7,3	13,1	16,6	32,1	4,4	100%
51,2	96	115	78,6	33,2	48,7	32,4	20,7	13,1	16,4	1,8	14,2%
38,6	65,4	45,7	32,1	22,0	31,3	22,8	16,5	12,0	16,0	1,7	12,0%

Frauen nur bei den letzteren einen leichten Anstieg gegenüber den vorher untersuchten Jahrgängen.

Die Abb. 6 läßt den hohen prozentualen Anteil der Obduktionen in den Kindes- und Jugendjahren mit 57,1 % bei den männlichen Personen und

47,4% bei den weiblichen Personen deutlich erkennen. Nach einer Incisur im Kurvenverlauf bei den männlichen Personen vom 15.—20. Lebensjahr zeigt sich vom 3. Dezennium ab ein stetiger Abfall zu den höheren Altersgruppen hin.

In dem Zeitabschnitt 1936—1938 (Tabelle 1d) beträgt die Zahl der männlichen Gestorbenen 8669, die der weiblichen 7969. Es wurden in der gleichen Zeit 1289 männliche und 932 weibliche Personen seziert, das sind

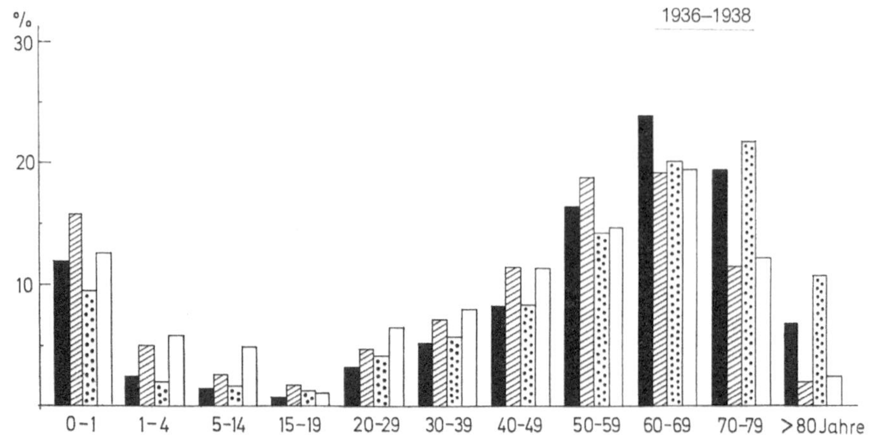

Abb. 7. Die prozentuale Altersverteilung der Sterbefälle der allgemeinen Bevölkerung der Stadt Düsseldorf (♂ schwarze Säulen, ♀ punktierte Säulen) und der Sektionsfälle des Pathologischen Instituts Düsseldorf (♂ schraffierte Säulen, ♀ weiße Säulen) 1936—1938

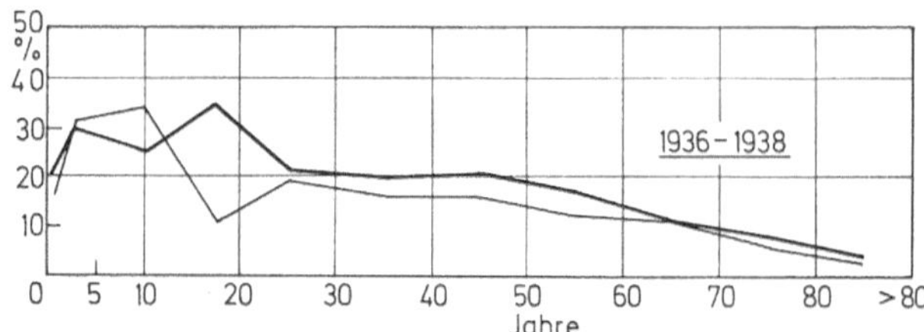

Abb. 8. Das Verhältnis der Zahl der im Pathologischen Institut Düsseldorf Sezierten zu der Zahl der Sterbefälle in der allgemeinen Bevölkerung der Stadt Düsseldorf (Sezierte: Gestorbene), ausgedrückt in Prozenten (♂ fette Linie, ♀ dünne Linie), in den Jahren 1936—1938

16,8% bzw. 11,9% aller Gestorbenen. Bei den männlichen Personen entfallen auf Säuglinge 12%, bei den weiblichen jedoch nur 9,4%. Bei den Sezierten beträgt der Anteil der männlichen Säuglinge 15,7%, der Anteil der weiblichen Säuglinge 12,8%. Abb. 7 zeigt in ihrem Verlauf keine wesentlichen Veränderungen gegenüber den Jahren 1928—1932 (Abb. 5).

Während bei der Betrachtung der graphischen Darstellung des Verhältnisses der Sezierten zu den Gestorbenen in Abb. 8 bei den männlichen Personen der prozentuale Anteil zwischen 2 und 17 Jahren — mit einem Einschnitt um das 10. Lebensjahr — stark überwiegt, liegt bei den weiblichen Personen die Spitze zwischen 3 und 13 Jahren. Danach tritt, ähnlich wie in Abb. 6, vom 3. Dezennium ab bei beiden Geschlechtern ein allmählicher Abfall des prozentualen Anteiles der Sezierten an den Gestorbenen ein.

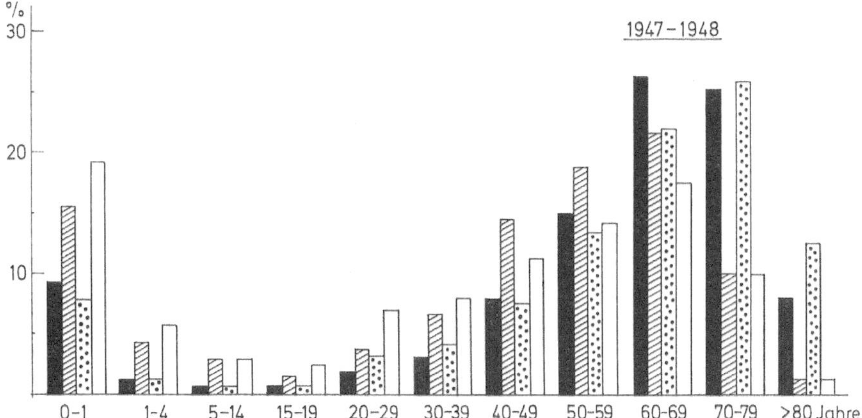

Abb. 9. Die prozentuale Altersverteilung der Sterbefälle der allgemeinen Bevölkerung der Stadt Düsseldorf (♂ schwarze Säulen, ♀ punktierte Säulen) und der Sektionsfälle des Pathologischen Instituts Düsseldorf (♂ schraffierte Säulen, ♀ weiße Säulen) 1947—1948

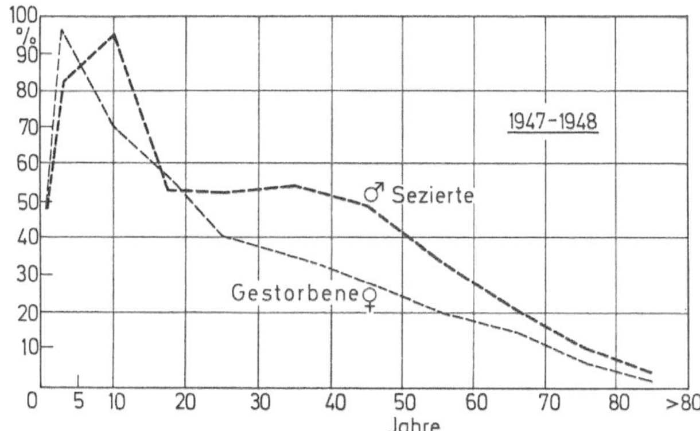

Abb. 10. Das Verhältnis der Zahl der im Pathologischen Institut Düsseldorf Sezierten zu der Zahl der Sterbefälle in der allgemeinen Bevölkerung der Stadt Düsseldorf (Sezierte: Gestorbene), ausgedrückt in Prozenten (♂ fette gestrichelte Linie, ♀ dünne gestrichelte Linie), in den Jahren 1947—1948

In den Jahren der Nachkriegszeit von 1947/48 (Tabelle 1e) starben 4423 männliche Personen und 3892 weibliche Personen. Es wurden 1228 männliche und 741 weibliche Personen obduziert. In diesen Jahren zeigt sich ein sehr großer prozentualer Anteil (um 50%) der 60—80jährigen Personen an allen Gestorbenen, wobei der prozentuale Anteil der Säuglinge, d.h. der Kinder bis zu einem Jahr, bei den männlichen Personen 9,2%, bei den weiblichen Personen 7,9% beträgt. Abb. 9 zeigt, daß sich dieser Unterschied bei den Obduktionen in den erwähnten Altersgruppen nicht so stark bemerkbar macht.

In Abb. 10, die wieder das Verhältnis der Sezierten zu den Gestorbenen darstellt, zeigt sich bei den männlichen Personen im Alter von 5—15 Jahren ein Verhältnis von 94,5%. Das Absinken der Kurve wird durch einen leichten Anstieg zwischen 17 und 35 Jahren unterbrochen (54,7%). Bei den weiblichen Personen liegt die Spitze des Verhältnisses mit 96% im Alter von 3 Jahren, um dann degressiv abzunehmen.

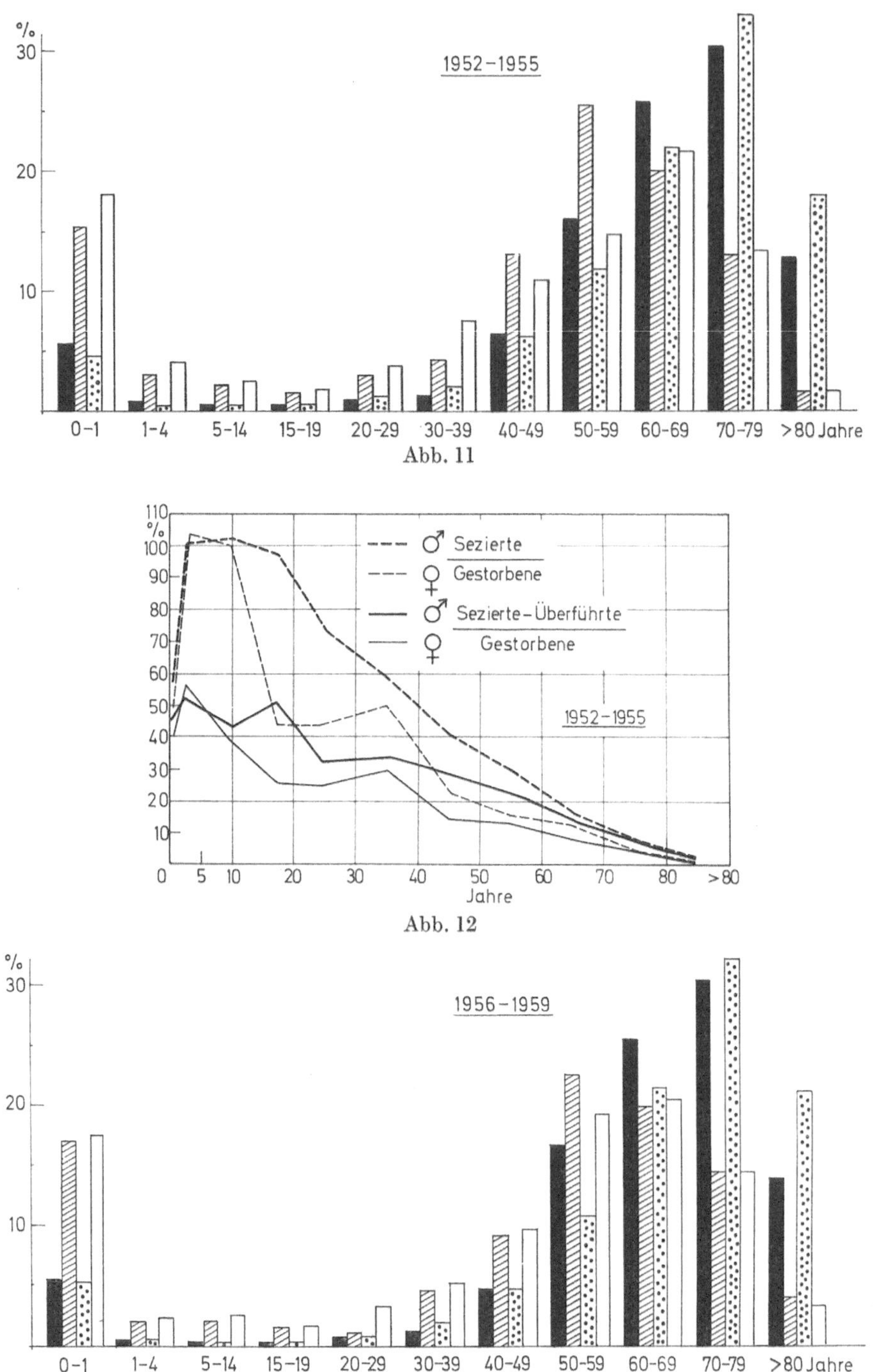

Abb. 11, 13 u. 15. Die prozentuale Altersverteilung der Sterbefälle der allgemeinen Bevölkerung der Stadt Düsseldorf (♂ schwarze Säulen, ♀ punktierte Säulen) und der Sektionsfälle des Pathologischen Instituts Düsseldorf (♂ schraffierte Säulen, ♀ weiße Säulen) in den Zeitabschnitten 1952—1955, 1956—1959 und 1960—1963

Abb. 12, 14 u. 16. Das Verhältnis der Zahl der im Pathologischen Institut Düsseldorf Sezierten (einschließlich der anschließend nach auswärts Überführten) zu der Zahl der Sterbefälle in der allgemeinen Bevölkerung der Stadt Düsseldorf (Sezierte: Gestorbene), ausgedrückt in

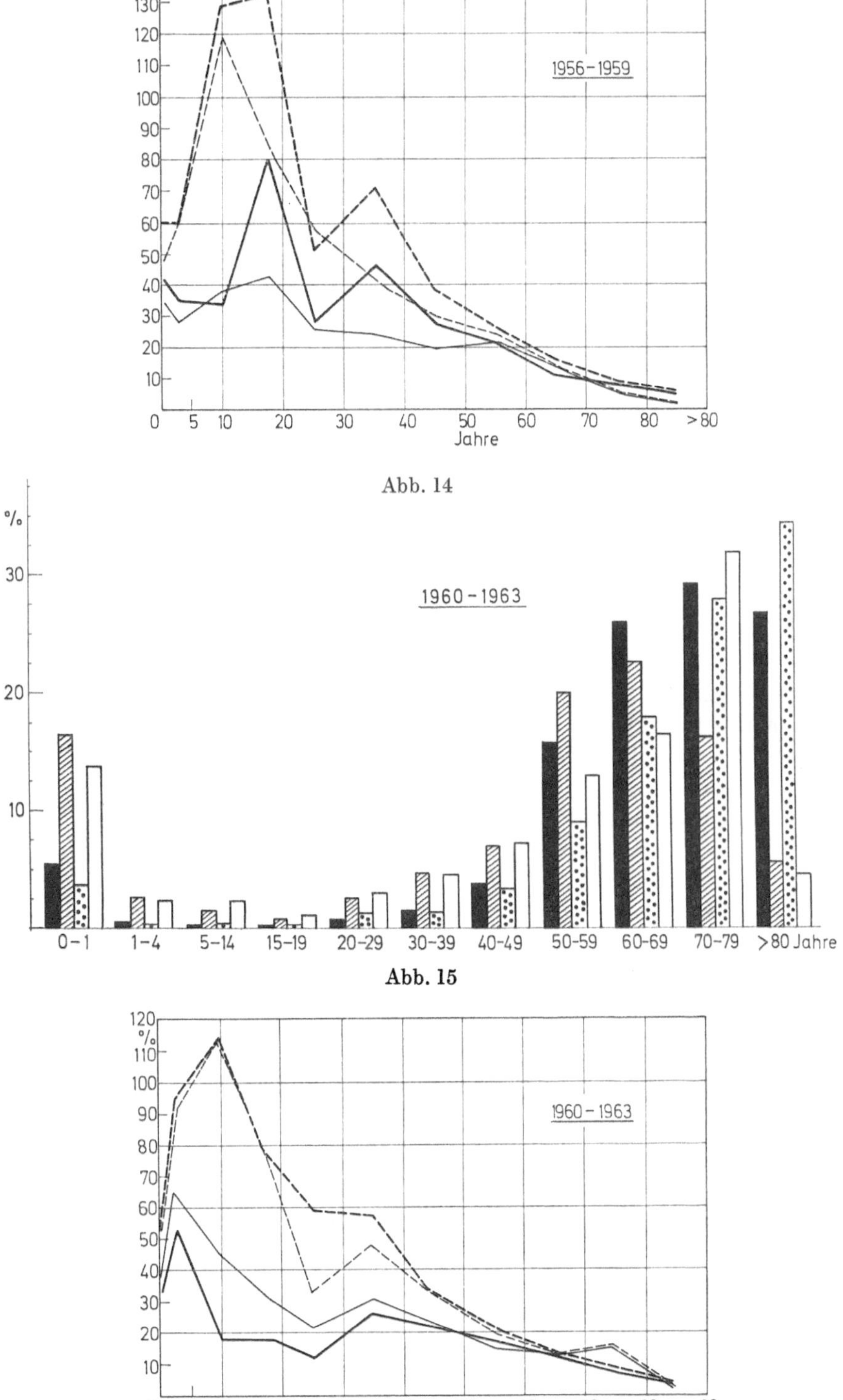

Abb. 14

Abb. 15

Abb. 16

Prozenten (♂ fette gestrichelte Linie, ♀ dünne gestrichelte Linie), in den Zeitabschnitten
1952—1955, 1956—1959 und 1960—1963. Die durchgezogenen Linien geben das Verhältnis
Sezierte: Gestorbene nach Ausschaltung der Überführten aus dem Sektionsmaterial, d. h.
für die Düsseldorfer Bevölkerung, wieder

Das besonders hohe Verhältnis aller Sezierten zu allen Gestorbenen bei beiden Geschlechtern, vor allem in den jüngeren Altersklassen, ist teilweise darauf zurückzuführen, daß durch den Wiederaufbau und die Vergrößerung der Kliniken der Städtischen Krankenanstalten Düsseldorf sowie durch die Modernisierung ihrer Einrichtungen und die Bildung von Zentren sich das Einzugsgebiet dieser Kliniken entsprechend vergrößerte und sich nicht mehr wie bisher auf die Stadt Düsseldorf beschränkte; diese Entwicklung macht sich in den folgenden Jahren immer mehr bemerkbar. In den nachstehend zu beschreibenden Jahresgruppen wurden deshalb auch die seit 1952 am Düsseldorfer Pathologischen Institut geführten Überführungsbücher herangezogen. Mit Hilfe dieser Unterlagen war es möglich, diejenigen Patienten auszuschalten, die von auswärts gekommen und in den Düsseldorfer Kliniken verstorben waren. So konnte das Verhältnis der Sezierten zu den Gestorbenen sowohl für das Gesamtmaterial als auch nur für die Düsseldorfer Bevölkerung gebildet werden.

In den Jahren 1952—1955 (Tabelle 2a) starben 11963 männliche Personen, von denen nur 5,5 % auf Kinder im 1. Lebensjahr entfielen, und 10896 weibliche Personen, davon nur 4,6 % der Kinder im 1. Lebensjahr. Insgesamt wurden in diesem Zeitabschnitt 2485 (= 21,0 %) männliche und 1430 (= 13,1 %) weibliche Personen obduziert; nach Abzug der Überführungsfälle, d. h. unter ausschließlicher Berücksichtigung der Düsseldorfer unter den Obduktionsfällen, betrugen die Obduktionszahlen 1941 (= 16,2 %) bei den Männern und 1102 (= 10,1 %) bei den Frauen. Abb. 11 zeigt, daß die Mehrzahl der Obduktionen in beiden Geschlechtern wie bisher das Säuglingsalter und das Alter von 40—70 Jahren betrifft.

Der Kurvenverlauf in Abb. 12 zeigt in den unteren Altersstufen bis zum Alter von 30 Jahren einen hohen Anteil — bis zu 50 % — der überführten Personen am Obduktionsmaterial. Hieraus erklärt es sich, daß der Prozentsatz der Sezierten an allen Gestorbenen gelegentlich die Zahl 100 überschreitet (gestrichelte Linien). Mit zunehmendem Alter der Gestorbenen nimmt der prozentuale Anteil der nicht aus Düsseldorf stammenden obduzierten Personen ständig ab. Die durch Fortlassung der Überführungsfälle bereinigten Kurven (durchgezogene Linien) zeigen einen ähnlichen Verlauf, wie die Kurven für die Jahre 1928—1932 (Abb. 6) und die Jahre 1936—1938 (Abb. 8). Nach zwei Maxima in den ersten beiden Lebensjahrzehnten bei den Männern und einem Maximum im ersten Lebensjahrzehnt bei den Frauen fallen die Kurven der Verhältniszahlen etwa vom 30. Lebensjahr an allmählich ab.

1956—1959 (Tabelle 2b) starben 13901 männliche und 12771 weibliche Personen. Die Zahl der männlichen Sezierten beträgt für diesen Zeitabschnitt 2649, nach Abzug der Überführungsfälle 2133, die der weiblichen 1815 bzw. 1421. Das Verhältnis der Sezierten zu den Gestorbenen beträgt bei den männlichen Personen 18,7 %, nach Abzug der Überführungsfälle 15,0 %, und bei den weiblichen Personen 14,3 % bzw. 11,2 %. Bei den Säuglingen beträgt der Anteil der Sezierten an den Gestorbenen bei den männlichen 59,9 %, nach Abzug der Überführungsfälle 41,9 %, bei den weiblichen 46,6 % bzw. 33,3 %. Abb. 13 läßt erkennen, daß in den jeweiligen Altersstufen bis zum 60. Lebensjahr die Sektionen relativ überwiegen. Im höheren Alter werden also von den Gestorbenen prozentual weniger obduziert;

die absolute Anzahl der Obduktionen in den höheren Altersklassen nimmt jedoch zu.

Der Kurvenverlauf in Abb. 14 entspricht in wesentlichen Zügen den graphischen Darstellungen der Jahre 1952—1955 (Abb. 12).

In den zuletzt untersuchten Jahren von 1960—1963 (Tabelle 2c) starben 15 381 männliche Personen und 16 334 weibliche Personen. Im gleichen Zeitraum wurden 2657 männliche und 2327 weibliche Personen obduziert; nach Abzug der Überführungsfälle betrugen die Obduktionszahlen 2039 Männer und 1961 Frauen. Das Verhältnis der Sezierten zu allen Gestorbenen beträgt bei den männlichen Personen 17,3 %, nach Abzug der Überführten 13,2 %, bei den weiblichen 14,2 % bzw. 12,0 %. Der Anteil der sezierten Säuglinge an den gestorbenen Säuglingen beträgt bei den männlichen 53,2 %, nach Abzug der Überführten 36,9 %, und bei den weiblichen 51,2 % bzw. 38,6 %. Wie aus Abb. 15 hervorgeht, hat auch hier der relative Anteil der Obduktionen in den höheren Altersstufen — mit Ausnahme der weiblichen Personen zwischen dem 70. und 80. Lebensjahr — abgenommen.

Die Abb. 16 verdeutlicht, daß das Verhältnis aller Sezierten zu allen Gestorbenen besonders im 2. Dezennium weit über 100 % hinausgeht (gestrichelte Linien), weil in dieser Altersklasse der Prozentsatz auswärtiger Patienten am größten ist. Nach Abzug der Überführungsfälle (durchgezogene Linien) entspricht der Kurvenverlauf aber annähernd dem der Jahre 1928—1932 und 1936—1938 (Abb. 6 und 8) sowie der Jahre 1952—1955 und 1956—1959 (Abb. 12 und 14). Beim Vergleich der Kurven aus der Zeit vor und nach dem zweiten Weltkrieg fällt lediglich die Kurve der Jahre 1947/48 (Abb. 10) heraus, bei der die Korrektur auf die Düsseldorfer Bevölkerung noch nicht vorgenommen werden konnte, da die Überführungsbücher erst seit 1952 geführt werden. Man kann aus dieser abweichenden Kurve den Beginn der Bildung klinischer Zentren in Düsseldorf ablesen. Andererseits zeigt sich beim Vergleich der Abb. 6 und 8 mit Abb. 12 und 14, daß nach Abzug der Überführungsfälle — d.h. wenn man nur die Düsseldorfer unter den Sektionsfällen berücksichtigt — sich die Altersverteilung des Verhältnisses der Sezierten zu den Gestorbenen in Düsseldorf seit 1928 nur in geringen Grenzen verändert hat und die Tendenz der Kurven im wesentlichen erhalten geblieben ist.

Diskussion

Die Krankheiten des Menschen haben sich im Laufe der Jahrzehnte und Jahrhunderte gewandelt. Die Veränderungen beziehen sich sowohl auf die Häufigkeit des Auftretens bestimmter Krankheiten als auch auf ihre Erscheinungsformen. Am eindrucksvollsten ist das Verhalten der großen Seuchen. Durch vorbeugende Maßnahmen — wie Impfungen und Verbesserung der hygienischen Verhältnisse — ist es gelungen, einen großen Teil dieser Infektionskrankheiten weitgehend zurückzudrängen. Bei anderen Infektionskrankheiten spielen die Erfolge der Therapie eine wichtige Rolle. Trotzdem bleiben Bewegungen dieser Krankheiten übrig, die durch die genannten Faktoren allein nicht zu erklären sind. So hat GOTTSTEIN (1930) die Seuchenbewegung der Tuberkulose näher analysiert und dabei von drei Arten von „Wellen" gesprochen: Primäre oder säkulare Wellen, die sich mit weiter Amplitude über Jahrhunderte erstrecken, und die das Kräftespiel zwischen den aufeinanderfolgenden Generationen von Parasit und Wirt widerspiegeln, sekundäre Wellen, die sich den primären Wellen aufpfropfen und Epidemien im engeren Sinne darstellen, sowie tertiäre Wellen, die jahreszeitlich bedingt sind oder von bestimmten Schrittmacherkrankheiten abhängen. Wenn man einen solchen Seuchenverlauf unterstellt, dann wäre es natürlich zur Beurteilung einer bestimmten Therapie von entscheidender Bedeutung, an welchem Punkt der Seuchenkurve diese eingeführt wurde. Andererseits besteht kein Zweifel, daß die Therapie, insbesondere die Chemotherapie, auch zu einer Veränderung des Verlaufes und des Erscheinungsbildes vieler Krankheiten geführt hat; darüberhinaus dürften aber auch andere Veränderungen in der Umwelt des Menschen, wie beispielsweise die sog. Zivilisationseinflüsse, für den Gestaltwandel von Krankheiten nicht ohne Bedeutung sein (vgl. DOERR, 1956; GIESE, 1956; LÖFFLER, 1956; KÖHN und JANSEN, 1957). Weiterhin gibt es auch Krankheiten, die erst durch bestimmte therapeutische Maßnahmen oder aber durch fehlerhafte Anwendung oder Mißbrauch von gewissen Medikamenten entstehen, so daß man hier von einer Pathologie der Therapie gesprochen hat (MEESSEN, 1955, 1958). Schließlich ist zu erwähnen, daß die Altersverteilung der Menschen sich verändert. So hat von 1871—1880 bis 1960—1962 die Lebenserwartung eines Neugeborenen beim männlichen Geschlecht von 35,6 auf 67,1 Jahre und beim weiblichen Geschlecht von 38,5 auf 72,8 Jahre zugenommen (KOLLER, 1966). In den letzten 50 Jahren ist die durchschnittliche Lebenserwartung eines Neugeborenen bei uns nach Angaben von SCHUMANN (1960) von 46 auf 69 Jahre gestiegen; im selben Zeitraum ist die Säuglingssterblichkeit von etwa 20% auf 3% zurückgegangen (Tabelle 3). Eine ähnliche Zunahme der Lebenserwartung, damit aber auch eine Zunahme der Sterblichkeit in der höchsten Altersklasse und eine Abnahme der Säuglingssterblichkeit, ist — wenn auch in verschiedenem Ausmaß — in den meisten zivilisierten Ländern zu verzeichnen.

In diesem in dauerndem Fluß befindlichen „Panorama" der Erkrankungen des Menschen kann man sich nur mit möglichst exakten Zahlenangaben, d.h. mit Hilfe statistischer Methoden, orientieren. Leider gibt es in der allgemeinen medizinischen Statistik des Menschen kaum Zahlenangaben, die allen Anforderungen entsprechen, die der mathematische Statistiker an seinem Material gern erfüllt sähe. So wäre es beispielsweise ideal, wenn man mit vollständigen und einwandfreien Morbiditätsstatistiken, die auch die geheilten Fälle erfassen, arbeiten könnte. Nur eine solche vollständige Morbiditätsstatistik würde eindeutige Rückschlüsse auf die lebende Gesamtbevölkerung zulassen. Da aber eine Meldepflicht für alle Erkrankungen nicht besteht, sind Morbiditätsstatistiken immer nur in begrenztem Rahmen möglich. Ein anderer Idealfall wäre, wenn alle Verstorbenen obduziert würden. In einem solchen Falle wären die allgemeine Todesursachenstatistik und die Sektionsstatistik identisch, d.h. man könnte in der allgemeinen Bevölkerungsstatistik mit einwandfrei diagnostizierten Todesursachen arbeiten. Leider sind wir von diesem Ideal weit entfernt, und wir müssen deshalb immer wieder kritisch überdenken, welche Fragen sich überhaupt sinnvollerweise an das jeweils zur Verfügung stehende Material stellen bzw. von ihm beantworten lassen.

Tabelle 3. *Säuglingssterblichkeit im Deutschen Reich und in der Bundesrepublik Deutschland von 1908—1963. (Die Angaben beziehen sich jeweils auf 1000 männliche bzw. 1000 weibliche Säuglinge)*

Jahr	♂	♀	Quelle
1908	194	162	Statistisches Jahrbuch für das Deutsche Reich 1920
1909	184	154	dgl.
1910	176	147	,,
1911	207	177	,,
1912	160	134	,,
1913	164	137	Statistisches Jahrbuch für das Deutsche Reich 1924/25
1914	177	149	dgl.
1915	160	135	,,
1916	152	128	,,
1917	161	136	,,
1918	172	143	,,
1919	158	131	,,
1920	144	118	,,
1921	146	120	Statistisches Jahrbuch für das Deutsche Reich 1926
1922	142	116	dgl.
1923	144	119	,,
1924	119	98	Statistisches Jahrbuch für das Deutsche Reich 1928
1925	116	94	dgl.
1926	112	91	,,
1927	107	86	Statistisches Jahrbuch für das Deutsche Reich 1932
1928	99,7	79,4	dgl.
1929	105,5	84,5	,,
1930	93,3	75,0	,,
1931	90,5	71,6	Statistisches Jahrbuch für das Deutsche Reich 1935
1932	86,4	70,2	dgl.
1933	85,0	67,7	,,
1934	77,4	60,8	Statistisches Jahrbuch für das Deutsche Reich 1938
1935	76,3	59,9	dgl.
1936	74,5	58,3	,,
1937	—	—	,,
1938	68,2	52,4	Statistisches Jahrbuch für die BRD 1956
1939	69,7	53,3	Statistisches Jahrbuch für die BRD 1952
1949/51	61,8	49,1	Statistisches Jahrbuch für die BRD 1956
1950	61,5	48,6	Statistisches Jahrbuch für die BRD 1954
1951	59,2	46,8	Statistisches Jahrbuch für die BRD 1954
1952	53,7	42,5	Statistisches Jahrbuch für die BRD 1956
1953	51,2	40,8	dgl.
1954	47,6	38,0	,,
1955	46,0	37,0	Statistisches Jahrbuch für die BRD 1959
1956	42,9	34,2	dgl.
1957	41,0	31,8	,,
1958	40,1	31,7	Statistisches Jahrbuch für die BRD 1962
1959	38,1	30,5	Statistisches Jahrbuch für die BRD 1964
1960	37,7	29,7	Statistisches Jahrbuch für die BRD 1965
1961	35,7	28,0	dgl.
1962	32,8	25,6	,,
1963	30,1	23,8	,,

Mortalitätsstatistiken im Rahmen der allgemeinen Bevölkerungsstatistik stützen sich nur auf Todesbescheinigungen, sind also mit einem erheblichen diagnostischen Fehler behaftet, der weit über 50 % liegen dürfte. Wie schon Freudenberg (1936) hervorgehoben hat, ist immer zu berücksichtigen, daß es Angaben gibt, „bei welchen eine große Genauigkeit nach der Natur der Sachen kaum möglich ist. Angaben der Todesursachen können in vier verschiedenen Graden unzuverlässig sein: 1. Der Arzt kann keine genaue Diagnose stellen, da das Krankheitsbild nicht deutlich oder wegen der Konkurrenz mehrerer Krankheiten verschleiert ist; 2. kann der Arzt entweder aus Nachlässigkeit oder auch aus bestimmter Absicht die ihm hinlänglich bekannte Todesursache ungenau angeben (z.B. Verschleierung luischer oder metaluischer Affektionen, Fehlgeburten usw.); 3. braucht gar keine ärztliche Behandlung stattgefunden zu haben; 4. gibt es sogar Gegenden, in denen keine ärztliche Leichenschau vorgeschrieben ist." Weiterhin ist zu bemerken, daß es auf den Todesbescheinigungen auch Verlegenheits- oder Mode-Diagnosen gibt. Außerdem ist die Klassifizierung der Todesursachen in den Statistischen Jahrbüchern der Kommunen und Länder in den verschiedenen Zeitabschnitten mehrfach geändert worden. Bei den Mortalitätsstatistiken der allgemeinen Bevölkerung handelt es sich also um Materialien, die durch eine völlig unsichere Diagnose sowie durch die Unmöglichkeit, Angaben aus verschiedenen Zeitabschnitten miteinander zu vergleichen, gekennzeichnet sind. Damit erweisen sich aber allgemeine Mortalitätsstatistiken allein zur näheren Differenzierung von Grundkrankheiten und Todesursachen als völlig unbrauchbar; die von ihnen zu erwartenden einwandfreien Ergebnisse bleiben damit auf allgemeine Angaben beschränkt, wie Alter und Geschlecht oder gegebenenfalls äußerlich sichtbare Merkmale. Demgegenüber besitzen Sektionsstatistiken den unschätzbaren Vorteil der sicheren Diagnose und der Vergleichbarkeit von Angaben aus verschiedenen Zeitabschnitten. Außerdem betrifft eine Sektionsdiagnose im allgemeinen alle Organe des Körpers, so daß man nicht nur die Todesursache bzw. die Grundkrankheit, sondern auch wichtige Nebenleiden oder Kombinationen von Krankheiten in die Untersuchungen einbeziehen kann. Diese Vorzüge des Sektionsmaterials werden auch von Freudenberg (in Köhn und Jansen, 1957) — trotz gelegentlicher entgegengesetzter Meinungsäußerungen (Freudenberg, 1964) — ausdrücklich anerkannt. Auf die klinische Bedeutung der Sektionsstatistik wurde in jüngster Zeit u. a. von Landes und Zötl (1966) hingewiesen.

Die immer wieder aufgeworfene Frage, ob das Sektionsmaterial für die Gesamtbevölkerung repräsentativ sei, ist selbstverständlich zu verneinen, allein schon deshalb, weil das Sektionsmaterial eine Auswahl aus der Gesamtheit der Gestorbenen und nicht aus der Gesamtheit der Lebenden darstellt. Die Frage nach der Repräsentanz des Sektionsmaterials für die lebende Gesamtbevölkerung entbehrt also der Logik; repräsentativ für die Lebenden könnte, wie bereits oben ausgeführt, nur eine vollständige Morbiditätsstatistik sein. Dagegen erscheint die Frage berechtigt, inwieweit das Sektionsmaterial als repräsentativ für die Gesamtheit aller Gestorbenen anzusehen ist. Dieses wäre der Fall, wenn alle Gestorbenen oder aber etwa jeder 5. oder 10. Verstorbene seziert würden. Doch leider liegen die Verhältnisse beim Sektionsmaterial nicht so einfach. Sektionen werden nur in Krankenhäusern durchgeführt, die ein Pathologisches Institut besitzen; dieses sind in der Regel Universitätskliniken, Städtische Krankenhäuser in Großstädten oder einige größere Landes- oder Kreiskrankenhäuser. Aber selbst in den Krankenhäusern mit Pathologischen

Instituten werden nicht alle Verstorbenen seziert, da trotz entsprechender Aufklärung immer noch Obduktionen von den Angehörigen der Verstorbenen verweigert werden. Wir können deshalb das Sektionsmaterial für die Sterbefälle des betreffenden Krankenhauses als repräsentativ ansehen, wenn eine Sektionsfrequenz von mindestens 70 % der Sterbefälle eingehalten wird. Dieses ist in Düsseldorf der Fall. Das Sektionsmaterial gibt uns also Aufschluß über die Sterbefälle der dem Pathologischen Institut vorgeschalteten Kliniken. Das bedeutet aber, daß Veränderungen in der Zusammensetzung des Klinikmaterials sich zwangsläufig im Sektionsmaterial niederschlagen. Wenn es also unser Ziel ist, zu einer Sektionsstatistik zu gelangen, die den Verhältnissen bei den Sterbefällen der Gesamtbevölkerung so nahe wie möglich kommt, muß dieses berücksichtigt werden. Wir müssen deshalb unser für diese Sektionsstatistik verwendetes Sektionsmaterial den Sterbefällen eines sog. „Allgemeinen Krankenhauses" angleichen. Selbstverständlich muß sich das Einzugsgebiet des Pathologischen Instituts bzw. der vorgeschalteten Kliniken mit der zu vergleichenden Einheit der allgemeinen Bevölkerung möglichst weitgehend decken. Unter dieser Voraussetzung können wir annehmen, daß im allgemeinen solche Fälle in die Kliniken eingewiesen werden, deren Krankheit nur im Krankenhaus diagnostiziert oder behandelt werden kann, d.h. also Fälle mit schweren Krankheiten, die dann später auch zu Todesursachen werden. Die Todesfälle des Allgemeinen Krankenhauses geben uns also darüber Aufschluß, welche schweren Erkrankungen in der von dem Krankenhaus versorgten Bevölkerungseinheit vorkommen. Um hier möglichst klare Verhältnisse zu schaffen, haben wir — wie auch schon bei früheren Untersuchungen (POCHE, MITTMANN und KNELLER, 1964) — von vornherein diejenigen Fälle, die nicht auf natürlichen Krankheiten beruhen, wie Unfälle, Vergiftungen, Morde, Selbstmorde oder sonstige unnatürliche Todesursachen, ferner Gutachtenfälle, die nicht vorher in der Klinik gelegen hatten, und Totgeburten, fortgelassen. Dadurch wurden veränderliche Faktoren, wie beispielsweise der Einfluß der Verkehrsdichte auf die Unfallhäufigkeit und die Schwere der Unfälle u.a.m., ausgeschaltet. Wenn man unter diesen Voraussetzungen die Jahrgänge vor dem zweiten Weltkrieg betrachtet, kann man es als sehr wahrscheinlich ansehen, daß unser Düsseldorfer Sektionsmaterial die Sterbefälle eines Allgemeinen Krankenhauses im o.a. Sinne repräsentiert.

Die vorliegenden Untersuchungen haben für diesen Zeitraum ergeben: In der allgemeinen Bevölkerung hat von 1908—1938 der prozentuale Anteil der unter 50jährigen an der Gesamtzahl der in Düsseldorf Gestorbenen bei beiden Geschlechtern abgenommen und der der über 50jährigen zugenommen. Diese Veränderungen waren am stärksten in der jüngsten und in der höchsten Altersklasse: Der Anteil der Säuglinge, d.h. der Kinder im 1. Lebensjahr, ist von etwa 30 % auf etwa 10 % zurückgegangen, der Anteil der über 80jährigen dagegen hat von etwa 3 % auf ungefähr 8 % zugenommen. Eine ähnliche Entwicklung zeigt auch die Altersverteilung des Sektionsmaterials: Von 1908—1910 bis 1936—1938 ist der Anteil der Säuglinge von 19 % auf 14 % zurückgegangen, der der über 80jährigen dagegen von 0,6 % auf 2,2 % angestiegen. Diese Ergebnisse stehen im Einklang mit den Angaben der „Allgemeinen Sterbetafel" für Deutschland, nach denen auch die Sterblichkeit (Mortalität, d.h. die Anzahl der Gestorbenen, bezogen auf die

Lebenden) in den jüngeren Altersklassen zurückgegangen und in den höheren Altersklassen angestiegen ist. Besonders eindrucksvoll ist der Rückgang der Säuglingssterblichkeit (Tabelle 3). Leider war es uns nicht möglich, die Sterblichkeit (Mortalität), d.h. den Quotienten von Gestorbenen zu Lebenden, der Düsseldorfer Bevölkerung in den einzelnen Altersklassen für die untersuchten Jahrgänge unmittelbar zu bestimmen, da eine Aufschlüsselung der lebenden Bevölkerung nach Alter und Geschlecht vor 1947 außer für die 4 Jahre, in denen Volkszählungen stattgefunden haben, nicht vorgenommen wurde. Das Verhältnis der Sezierten zu den in Düsseldorf Gestorbenen läßt erkennen, daß die Sektionen in allen Altersklassen zugenommen haben. Am stärksten ist diese Zunahme jedoch in den jüngeren Altersklassen. So ergeben sich für die Sektionshäufigkeit Kurven mit einem Maximum in den beiden ersten Lebensjahrzehnten, die dann mit einem flachen Zwischengipfel im 4. Lebensjahrzehnt mit zunehmendem Alter degressiv abnehmen.

In der Zeit nach dem zweiten Weltkrieg von 1947—1963 hat die prozentuale Abnahme der unter 50jährigen und die prozentuale Zunahme der über 50jährigen bei den Sterbefällen der Stadt Düsseldorf weiter angehalten. Dabei hat sich der Anteil der Säuglinge seit 1952 auf etwa 5 % eingependelt, während der prozentuale Anteil der 30—50jährigen seit dieser Zeit etwas deutlicher als vorher abgenommen hat, und der Anteil der über 80jährigen ist von etwa 10 % auf ungefähr 25 % angestiegen, wobei der Anstieg beim weiblichen Geschlecht wesentlich stärker ist als beim männlichen und im Jahre 1963 bereits 34,6 % erreicht hat. Der Vergleich der Sezierten mit den in Düsseldorf Gestorbenen ergibt nun Kurven, die von den vor dem zweiten Weltkrieg beobachteten zunächst erheblich abweichen. So findet man beispielsweise 1960—1963 bei der Altersklasse 5—14 Jahre ein Verhältnis der Sezierten zu den Gestorbenen von etwa 115 %, d.h. es wurden in dieser Altersklasse mehr Fälle seziert als ortsansässige Düsseldorfer verstorben sind. (Ortsfremde waren in den Zahlen der Gestorbenen der Stadt Düsseldorf nicht enthalten). Dieses Phänomen findet seine Erklärung in der bekannten Tatsache, daß die Städtischen Krankenanstalten in Düsseldorf nach dem zweiten Weltkrieg durch Einrichtung von Spezialabteilungen und Bildung von Zentren, z.B. für Kardiologie, Thoraxchirurgie, Neurochirurgie, Kieferchirurgie, Diabetologie, Frühgeburtenbehandlung u.a.m., über den Rahmen eines Allgemeinen Krankenhauses hinausgewachsen sind. Es ist anzunehmen, daß die erkrankten Düsseldorfer sowohl vor der Zentrenbildung als auch nachher in den Düsseldorfer Städtischen Krankenanstalten behandelt wurden. Nach Bildung der Zentren setzte für diese Krankenanstalten ein zunehmender Zustrom von auswärtigen Patienten ein. Die Zunahme von Krankheiten, zu deren Behandlung besondere Zentren gebildet wurden, ist im wesentlichen durch diesen Zustrom von außen bedingt. Man kann also die durch die Zentrenbildung eingetretene Verschiebung des Krankengutes und damit auch des Sektionsmaterials dadurch weitgehend bereinigen, daß man die Ortsfremden aus der Statistik herausnimmt. Dieses war nun im Pathologischen Institut der Universität Düsseldorf möglich, weil hier seit 1952 sog. Überführungsbücher geführt werden, aus denen ersichtlich ist, welche in den Städtischen Krankenanstalten verstorbenen Patienten nach auswärts überführt wurden, also ortsfremd waren; tatsächlich handelte es sich in der überwiegenden Mehrzahl der Fälle bei den Überführten um Patienten der Spezialabteilungen oder Zentren, die darüber hinaus größtenteils auch den jüngeren Altersklassen angehören. Durch Fortlassung dieser Überführungsfälle gelingt es also, das Sektionsmaterial eines modernen Großklinikums mit Spezialabteilungen dem Sektionsmaterial eines Allgemeinen Krankenhauses wieder weitgehend anzugleichen. Wenn wir in unserem Düsseldorfer Sektionsmaterial die Überführungsfälle ausklammern und dann das Verhältnis der Sezierten zu den Gestorbenen der Düsseldorfer Bevölkerung bestimmen, dann ergeben sich für die Sektionshäufigkeit Kurven, die nach Maxima in den beiden ersten Lebensjahrzehnten und einem flachen Zwischengipfel im 4. Lebensjahrzehnt mit zunehmendem Alter absinken, d.h. wir finden hier in der Sektionshäufigkeit die gleiche Tendenz, wie sie vor dem zweiten Weltkrieg beobachtet wurde. Das bedeutet aber, daß ein Vergleich des Sektionsmaterials verschiedener Zeitabschnitte nicht nur wegen der Sicherheit der Diagnostik, sondern auch wegen der annähernd gleichgebliebenen Tendenz in der Sektionshäufigkeit innerhalb der Altersklassen durchaus gerechtfertigt erscheint.

Zum Schluß ist noch die Frage zu prüfen, ob dem Begriff eines „Allgemeinen Krankenhauses" eine grundsätzliche Bedeutung zukommt. Zu dieser Frage möchten wir auf eine kürzlich von ULMER, REIF, BRUCK, FRUHMANN, HERBERG, MARX, MESSMER, MÜLLER, MÜRTZ, SCHÜRMEYER, VALENTIN und ZEILHOFER durchgeführte epidemiologische Untersuchung zur klinischen Bedeutung des chronisch-obstruktiven Lungenemphysems hinweisen. Die Autoren haben das Patientengut des Jahres 1962 von Medizinischen Kliniken der Städte Marburg, Münster, Köln, Stuttgart, Erlangen, Heidelberg, München und Düsseldorf nach Krankheitsgruppen aufgeschlüsselt und miteinander verglichen. Dabei ergaben sich für die Häufigkeit der verschiedenen Krankheiten in den einzelnen Kliniken selbstverständlich Unterschiede, die sich auf besondere klimatische Verhältnisse und andere Umwelteinflüsse und zu einem Teil auch auf die Spezialeinrichtungen der einzelnen Kliniken zurückführen lassen. Trotz dieser Unterschiede liegen jedoch die Schwerpunkte der in den Kliniken behandelten Erkrankungsfälle größtenteils an korrespondierenden Stellen. Danach halten wir es durchaus für gerechtfertigt, unter Berücksichtigung der eingetretenen Spezialisierung auch heute noch von einem „Allgemeinen Krankenhaus" zu sprechen, dessen Sterbefälle uns ein Bild von den schweren, zum Tode führenden Krankheiten der allgemeinen Bevölkerung vermitteln können. Es erscheint uns deshalb auch vom klinischen Gesichtspunkt aus sinnvoll zu sein, für Sektionsstatistiken, die der Aufklärung von Krankheitsbewegungen dienen sollen, das Sektionsmaterial auf das Sektionsmaterial eines „Allgemeinen Krankenhauses" zurückzuführen, so wie es im Düsseldorfer Sektionsmaterial durch Fortlassung der Überführungsfälle geschehen ist.

Abschließend können wir feststellen, daß von Morbiditätsstatistiken, Mortalitätsstatistiken der allgemeinen Bevölkerung und Sektionsstatistiken die letzteren besonders geeignet erscheinen, die Krankheitsbewegungen über längere Zeiträume hinweg zu verfolgen. Voraussetzung dazu aber ist, daß man das für die Statistiken verwendete Sektionsmaterial von unnatürlichen Todesfällen befreit und daß man es auf die Sterbefälle eines Allgemeinen Krankenhauses zurückführt. Selbstverständlich werden auch nach einer solchen Bereinigung des Sektionsmaterials immer noch Störfaktoren zurückbleiben, wie sie u.a. Grosse (1957, 1964), Zschoch (1959, 1966) und Knopp (1961) hervorgehoben haben. Diese Faktoren gilt es dann im einzelnen zu erkennen und in ihrer Bedeutung abzuschätzen. Einen Teil der Störfaktoren wird man auch dadurch ausschalten können, daß man das Prinzip der Materialvariation (Mittmann, 1964; Zschoch, 1966) befolgt und das gleiche Problem an dem Material verschiedener Pathologischer Institute untersucht. Für Probleme, bei denen der diagnostische Fehler der Todesbescheinigungen nicht sehr stark ins Gewicht fällt, können darüberhinaus selbstverständlich auch die Todesursachenstatistiken der allgemeinen Bevölkerung (Mortalitätsstatistiken) herangezogen werden. Dabei ist es als bedeutungsvoll anzusehen, wenn sich sowohl im Sektionsmaterial mehrerer Pathologischer Institute als auch im Material der allgemeinen Bevölkerungsstatistik die gleichen Tendenzen einer Entwicklung abzeichnen. Da jedoch trotz der Überlegenheit von Sektionsstatistiken weder diese noch die Mortalitätsstatistiken der allgemeinen Bevölkerungsstatistik für den tatsächlichen Krankenstand der Gesamtbevölkerung repräsentativ sind, können aus diesen Materialien ermittelte Veränderungen in der Häufigkeit, im Verlauf oder im Erscheinungsbild von Krankheiten nur als Fährte dienen, die dann mit anderen Methoden weiter verfolgt werden muß. Die statistische Auswertung dieser Materialien ist aber deshalb wichtig, weil sie oftmals die einzige oder aber — was besonders für das Sektionsmaterial gilt — die früheste Möglichkeit darstellt, derartige Veränderungen zu erkennen. Ob die gefundenen Veränderungen reell und ob zahlenmäßige Zusammenhänge auch im ätiologischen oder pathogenetischen Sinne als kausal anzusehen sind, läßt sich im allgemeinen erst durch weitere spezielle Untersuchungen klären, zu denen das statistische Ergebnis anregen sollte.

Zum Schluß sei noch erwähnt, daß die Zentrenbildung in modernen Großkliniken die statistische Auswertung des Sektionsmaterials nur dann erschwert, wenn die Fragestellung Rückschlüsse vom Sektionsmaterial auf die Gesamtbevölkerung erfordert. In anderen Fällen kann sich die Zentrenbildung auch statistisch gesehen günstig auswirken, weil sie auf bestimmten Gebieten das Beobachtungsgut so vergrößert, wie das in einem Allgemeinen Krankenhaus nicht oder nur in wesentlich längerer Zeit möglich wäre. Für derartige Untersuchungen darf man natürlich die Überführungsfälle, die ja zu einem großen Teil in den Zentren und Spezialabteilungen gelegen haben, nicht unberücksichtigt lassen. So war beispielsweise das Düsseldorfer Sektionsmaterial zur Aufklärung der pathologischen Anatomie des Morbus caeruleus (Meessen, 1954) besonders geeignet, weil hier wegen der Zentren für Kardiologie und Thoraxchirurgie besonders viele Fälle von angeborenen Herzfehlern, insbesondere von Fallotschen Fehlern, untersucht werden konnten, und auch für die Erkennung der Zusammenhänge zwischen Diabetes mellitus und Lebercirrhose (Poche und Schumacher, 1956) bot das Düsseldorfer Sektionsmaterial wegen des Bestehens einer speziellen Diabetes-Abteilung besonders günstige Voraussetzungen.

Zusammenfassung

In der Düsseldorfer Bevölkerung hat von 1908—1938 der prozentuale Anteil der unter 50jährigen an allen Gestorbenen bei beiden Geschlechtern abgenommen und der der über 50jährigen zugenommen. Dabei ist der Anteil der Kinder im 1. Lebensjahr (Säuglinge) von etwa 30% auf etwa 10% zurückgegangen, der Anteil der über 80jährigen dagegen von 3% auf 8% angestiegen. Eine ähnliche Entwicklung ließ für den gleichen Zeitraum auch das Sektionsmaterial des Düsseldorfer Pathologischen Instituts erkennen: In der Zeit von 1908—1910 bis 1937/38 ging der Anteil der Säuglinge von 19% auf 14% zurück, während der Anteil der über 80jährigen von 0,6% auf 2,2% anstieg.

Von 1947—1963 hat die prozentuale Abnahme der unter 50jährigen und die prozentuale Zunahme der über 50jährigen bei den Gestorbenen in der Düsseldorfer Bevölkerung weiter angehalten. Dabei hat sich der Anteil der Säuglinge seit 1952 auf etwa 5% eingependelt, während der prozentuale Anteil der 30—50jährigen seit 1952 etwas stärker als vorher abgenommen hat; der Anteil der über 80jährigen ist von etwa 10% auf etwa 25% gestiegen, wobei der Anstieg beim weiblichen Geschlecht wesentlich stärker ist als beim männlichen. Im Sektionsmaterial des Düsseldorfer Instituts von 1947/48 bis 1960—1963 hielt die Abnahme des prozentualen Anteils der unter 50jährigen und die Zunahme des der über 50jährigen ebenfalls weiter an. Dabei nahm der Anteil der Säuglinge von etwa 17% auf etwa 14% ab und der der über 80jährigen stieg von 1,3% auf 5,8%.

Eine ähnliche Entwicklung läßt auch die Sterblichkeit (Mortalität) in der Bundesrepublik Deutschland bzw. im Deutschen Reich erkennen: Seit 1908 hat die Sterblichkeit in den jüngeren Altersklassen immer mehr abgenommen und in den höheren Altersklassen zugenommen. So ist die Säuglingssterblichkeit von 1908—1963 bei den männlichen Säuglingen von $194^0/_{00}$ auf $30,1^0/_{00}$ und bei den weiblichen Säuglingen von $162^0/_{00}$ auf $23,8^0/_{00}$ zurückgegangen.

Das Verhältnis der Sezierten zu den in Düsseldorf Gestorbenen läßt erkennen, daß von 1908—1938 die Sektionshäufigkeit in allen Altersklassen zugenommen hat. Die Zunahme ist am stärksten in den jüngeren Altersklassen. Etwa seit 1928 ergeben sich für die Sektionshäufigkeit Kurven mit einem Maximum von etwa 20—60% in den ersten beiden Lebensjahrzehnten, die dann mit einem flachen Zwischengipfel im 4. Lebensjahrzehnt nach den höheren Altersklassen hin degressiv abnehmen. Seit 1947/48 nimmt die Sektionshäufigkeit im 1.—3. Lebensjahrzehnt stark zu und geht teilweise über 100% hinaus. Diese Entwicklung hängt damit zusammen, daß die dem Pathologischen Institut vorgeschalteten Düsseldorfer Städtischen Krankenanstalten vor dem zweiten Weltkrieg noch im wesentlichen den Charakter eines Allgemeinen Krankenhauses hatten. Nach dem zweiten Weltkrieg wurden in Düsseldorf Spezialabteilungen und Zentren eingerichtet, die die Städtischen Krankenanstalten über den Rahmen eines Allgemeinen Krankenhauses hinauswachsen ließen und zu einem Zustrom von auswärtigen Patienten führten. Der Anstieg der Sektionshäufigkeit über 100% in den jüngeren Altersklassen ist durch eine Zunahme der Sektionen von Nichtdüsseldorfern bedingt, die vorwiegend Patienten der Spezialabteilungen und Zentren waren. Wenn also eine wissenschaftliche Fragestellung Rückschlüsse auf die Sterbefälle eines Allgemeinen Krankenhauses bzw. auf die allgemeine Bevölkerung verlangt, müssen solche Fälle vor der statistischen Bearbeitung des Sektionsmaterials ausgelassen werden. Es ist deshalb notwendig, im Pathologischen Institut sog. Überführungsbücher zu führen, aus denen hervorgeht, welche Fälle aus anderen Orten stammten. Nach Ausschaltung der Überführungsfälle, d. h. der in Düsseldorf gestorbenen und sezierten auswärtigen Patienten der Spezialabteilungen und Zentren, und der damit vollzogenen Rückführung des Sektionsmaterials auf die Sterbefälle eines Allgemeinen Krankenhauses ergeben sich für die Sektionshäufigkeit in den verschiedenen Altersklassen ähnliche Kurven wie vor dem zweiten Weltkrieg.

Statistische Untersuchungen am Sektionsmaterial eines Allgemeinen Krankenhauses sind wegen der gleichbleibenden Genauigkeit der pathologisch-anatomischen Diagnostik und wegen der etwa gleichgebliebenen Tendenz der Sektionshäufigkeit in den verschiedenen Altersklassen geeignet, Veränderungen im Krankheitsspektrum einer größeren Bevölkerungseinheit frühzeitig zu erkennen. Allerdings kann das statistische Ergebnis im allgemeinen nur Fährten aufspüren und zu speziellen Untersuchungen anregen, die weiter klären müssen, ob die beobachteten Veränderungen reell oder die statistisch gesicherten zahlenmäßigen Zusammenhänge auch Kausalzusammenhänge im ätiologischen oder pathogenetischen Sinne darstellen.

Literatur

Allgemeine Sterbetafel. Statistik der Bundesrepublik Deutschland, Bd. 75, Statistisches Bundesamt, Wiesbaden 1949/51.

Beiträge zur Statistik des Landes Nordrhein-Westfalen. Statistisches Landesamt, Düsseldorf, 1946—1950, 1951—1953, 1954—1956, 1957—1958, 1959—1960, 1961—1962, 1963.

Doerr, W.: Pathomorphose durch chemische Therapie. Verh. Dtsch. Ges. Path. **39**, 17—73 (1956).

Freudenberg, K.: Die statistischen Methoden. In: Abderhalden, Handbuch der biologischen Arbeitsmethoden, Abt. IV, Teil 11. Berlin: Urban & Schwarzenberg 1936.

— Vorzüge und Gefahren der Sektionsstatistik. In: Köhn-Jansen, Gestaltwandel klassischer Krankheitsbilder. Berlin-Göttingen-Heidelberg: Springer 1957.

— Fehlschlüsse aus einer Sektionsstatistik über das Bronchialcarcinom. Bundesgesundheitsblatt **7**, 99—102 (1964).

Giese, W.: Wandlungen der Tuberkulose unter dem Einfluß der Chemotherapie. Verh. Dtsch. Ges. Path. **39**, 74—89 (1956).

Gottstein, A.: Allgemeine Epidemiologie der Tuberkulose. Berlin: Springer 1931.

Grosse, H.: Sind unsere sektionsstatistischen Methoden exakt? Virchows Arch. path. Anat. **330**, 192—199 (1957).

— Über „Berksons Fallacy" und die Selektion durch den Tod. Virchows Arch. path. Anat. **337**, 573—578 (1964).

Knopp, J.: Beurteilung der Zunahme von Lebercirrhose in einer Sektionsstatistik. Virchows Arch. path. Anat. **334**, 285—300 (1961).

Köhn, K., u. H. H. Jansen: Gestaltwandel klassischer Krankheitsbilder. Berlin-Göttingen-Heidelberg: Springer 1957.

Koller, S.: Wandlungen in der Altersstruktur der Bevölkerung der Bundesrepublik. Dtsch. Ärztebl. **63**, 576—578 (1966).

Landes, G., u. E. Zötl: Sektionsstatistik einer medizinischen Abteilung. Münch. med. Wschr. **108**, 1732—1735 (1966).

Löffler, W.: Über induzierte und sogenannte spontane Wandlungen im infektiösen Krankheitsgeschehen. Verh. Dtsch. Ges. Path. **39**, 89—103 (1956).

Meessen, H.: Pathologische Anatomie des Morbus caeruleus. Langenbecks Arch. klin. Chir. **279**, 474—488 (1954).

— Zur „Pathologie der Therapie". Dtsch. med. Wschr. **80**, 169—173 (1955).

— Pathologie der Therapie. Ther. d. Gegenw. **97**, 405—409 (1958).

Mittmann, O.: Rückschlüsse von Sektionskollektiven. Bemerkungen zu der Arbeit von Grosse: Über „Berksons Fallacy" und die Selektion durch den Tod in Virchows Arch. path. Anat. **337**, 573—578 (1964). Virchows Arch. path. Anat. **337**, 579—582 (1964).

POCHE, R., O. MITTMANN u. O. KNELLER: Statistische Untersuchungen über das Bronchial-carcinom in Nordrhein-Westfalen. Z. Krebsforsch. **66**, 87—108, 250—262 (1964).

—, u. K. T. SCHUMACHER: Über Zusammenhänge zwischen Diabetes mellitus und Leber-cirrhose. Dtsch. Z. Verdau.- u. Stoffwechselkr. **16**, 68—78 (1956).

SCHUMANN, H.: Die perinatale Mortalität — ein Frühgeburten-Problem. Zbl. Gynäk. **82**, 1267—1276 (1960).

Statistische Jahrbücher für die Bundesrepublik Deutschland 1952, 1954, 1956, 1959, 1962, 1964, 1965.

Statistische Jahrbücher für das Deutsche Reich 1920, 1924/25, 1926, 1928, 1932, 1935, 1938.

Statistische Jahrbücher der Stadt Düsseldorf 1908—1910, 1919—1924, 1928—1932, 1936—1938, 1947—1948, 1952—1955, 1956—1959, 1960—1963.

ULMER, W. T., E. REIF, A. BRUCK, G. FRUHMANN, D. HERBERG, H. H. MARX, E. MESSMER, W. MÜLLER, R. MÜRTZ, E. SCHÜRMEYER, H. VALENTIN u. T. ZEILHOFER: Epidemiologische Untersuchung zur klinischen Bedeutung des chronisch obstruktiven Lungenemphysems. Beitr. kin. Tuberk. **133**, 180—202 (1966).

ZSCHOCH, H.: Einige Bemerkungen zur statistischen Erfassung und Deutung von Sektions-befunden. Zbl. allg. Path. path. Anat. **100**, 80—83 (1959/60).

— Probleme der Sektionsstatistik. Zbl. allg. Path. path. Anat. **108**, 511—520 (1966).

Über die allgemeine Krebshäufigkeit und die Altersverteilung einzelner Organkrebse in Düsseldorf von 1908 bis 1964*

Von

Reinhard Poche** und **Ulrich Hoffmann**

Mit 12 Abbildungen

Inhaltsverzeichnis

Häufigkeit und Erscheinungsform der Krankheiten des Menschen sind einem ständigen Wandel unterworfen. In neuerer Zeit haben die Krebskrankheiten an Bedeutung zugenommen. Aber nicht alle Krebse verhalten sich gleichsinnig. So hat die Sterblichkeit an Bronchialkrebs stark zugenommen, die Sterblichkeit an Magenkrebs dagegen abgenommen. Ziel der vorliegenden Arbeit ist es, an den Obduktionsfällen des Pathologischen Instituts Düsseldorf unter vergleichender Betrachtung der allgemeinen Bevölkerungsstatistik dieser Stadt die Verschiebungen innerhalb der malignen Tumoren der Organe während der letzten 50 Jahre zu analysieren.

Material und Methode

Die vorliegende Untersuchung stützt sich in erster Linie auf die Sektionsprotokolle des Düsseldorfer Pathologischen Instituts, die seit dem Jahre 1908 zur Verfügung stehen; allerdings sind in einigen Jahrgängen Sektionsprotokolle durch Kriegseinwirkung verlorengegangen: 1910: 4 Protokolle, 1919/20: 42 Protokolle, 1921—1924: 49 Protokolle, 1936: alle Protokolle ab Sektionsprotokoll Nr. 1000, 1937/38: 901 Protokolle. Für die Untersuchung gleicher Jahrgänge in der allgemeinen Bevölkerungsstatistik standen die Jahrbücher des statistischen Amtes der Stadt Düsseldorf zur Verfügung. Für die statistische Bearbeitung wurden die einzelnen Jahrgänge des Obduktionsmaterials und das Material der allgemeinen Bevölkerungsstatistik zu folgenden Jahresgruppen zusammengefaßt: 1908—1910, 1919/20, 1921—1924, 1928—1930, 1931/32, 1936—1938, 1946—1948, 1952—1955, 1956—1959, 1960—1963. Zur Ausschaltung möglicher Fehlerquellen wurden von vornherein die Zeiträume beider Weltkriege, sowie Unfälle, Vergiftungen, Morde, Selbstmorde, Todesfälle ohne Altersangabe und Kinder unter 15 Jahren nicht berücksichtigt; beim Sektionsmaterial wurden außerdem Gutachtenfälle fortgelassen, die nicht vorher in der Klinik gelegen hatten.

In den statistischen Jahrbüchern der Stadt Düsseldorf wird eine Unterteilung der Sterbefälle nach Geschlechtern erst ab 1923 getroffen, eine Unterteilung der malignen Tumoren in

---

* Aus dem Pathologischen Institut der Universität Düsseldorf (Direktor: Prof. Dr. med. Dr. h. c. H. Meessen).

** Chefarzt des Pathologischen Instituts der Städtischen Krankenanstalten Bielefeld.

die wichtigsten Organkrebse erst ab 1936. Ab 1956 ist die Klassifizierung der malignen Tumoren wieder eingeschränkt, weil bei den Männern nur noch die Carcinome der Atmungs- und Verdauungsorgane, bei den Frauen diese zuzüglich der Uterus- und Mamma-Carcinome aufgeführt werden. Eine Aufschlüsselung der Lebenden nach Geschlechtern und *Altersgruppen* erfolgt erst seit dem Jahre 1952.

In Anlehnung an frühere Arbeiten wurde das Obduktionsmaterial und — soweit möglich — das Material der allgemeinen Bevölkerungsstatistik in folgende Altersklassen eingeteilt: 15—29, 30—39, 40—49, 50—59, 60—69, 70—79, 80 und mehr Jahre.

Da der in der vorliegenden Arbeit häufig verwendete Begriff der Mortalität nicht immer einheitlich benutzt wird, sei eine kurze Erläuterung vorangeschickt. Wir unterscheiden zwischen relativer, absoluter und totaler Mortalität. Die relative Mortalität (R) ist das Verhältnis der Zahl der innerhalb des Untersuchungszeitraumes an einer bestimmten Krankheit Gestorbenen (d_k) zu der Zahl aller Gestorbenen (d). Die absolute Mortalität (A) stellt das Verhältnis der Zahl der an einer bestimmten Krankheit Gestorbenen (d_k) zu der Zahl aller zu Beginn des Untersuchungszeitraumes Lebenden (l) dar. Unter totaler Mortalität (T) versteht man das Verhältnis aller innerhalb des Untersuchungszeitraumes Gestorbenen (d) zu der Zahl aller zu Beginn dieses Zeitraumes Lebenden (l). Die genannten Mortalitätsbegriffe können sowohl für das Gesamtmaterial als auch für einzelne Altersklassen gebildet werden. Im Sektionsmaterial, das sich aus Gestorbenen zusammensetzt, lassen sich nur Verhältnisse bilden, die dem Begriff der relativen Mortalität entsprechen.

Ergebnisse

Das Sektionsmaterial wird in zwei Gruppen eingeteilt: Die Gruppe I umfaßt die Jahre 1908—1910, 1919—1924, 1928—1932, 1936—1938, d.h. die Zeit vor dem zweiten Weltkrieg, und die Gruppe II die Jahre 1946—1948, 1952—1963, d.h. die Zeit nach dem zweiten Weltkrieg. Ein Vergleich beider Gruppen ergibt folgende Verschiebungen in der Häufigkeit von malignen Tumoren:

Männer

a) Der Prozentsatz der malignen Tumoren bei allen über 14 Jahre alten Sezierten steigt von 22,4 % in der Gruppe I auf 31,0 % in der Gruppe II.

b) Das Altersmaximum der bösartigen Geschwülste verlagert sich von der Altersklasse 60—69 in die Altersklasse 50—59 (Tabellen 1 und 2, Abb. 5).

Die allgemeine Bevölkerungsstatistik veröffentlicht ihre Zahlen erst ab 1923 nach Geschlechtern getrennt; ein Vergleich mit dem Sektionsmaterial ist deshalb nur bedingt möglich. Begnügt man sich mit den Jahren 1928 bis 1932 und 1936—1938 stellvertretend für alle Jahrgänge der Gruppe I, so ergibt sich:

a) Die relative Mortalität an „Krebs und anderen Neubildungen" bzw. „bösartigen Gewächsen" der über 14 Jahre alten Bevölkerung steigt von 17,0 % in der Gruppe I auf 21,7 % in der Gruppe II, die absolute Mortalität zeigt einen entsprechenden Anstieg von 14,7 je 10 000 Lebende auf 22,9 je 10 000 Lebende (vgl. Tabelle 7).

b) Das Altersmaximum der relativen Mortalität an bösartigen Geschwülsten verlagert sich wie im Sektionsmaterial von der Altersklasse 60—69 bei Gruppe I in die Altersklasse 50—59 bei Gruppe II.

Frauen

a) Wie bei den Männern steigt der Prozentsatz aller malignen Tumoren bei den über 14 Jahre alten weiblichen Sezierten, und zwar von 22,0 % in der Gruppe I auf 29,9 % in der Gruppe II (vgl. Tabelle 7).

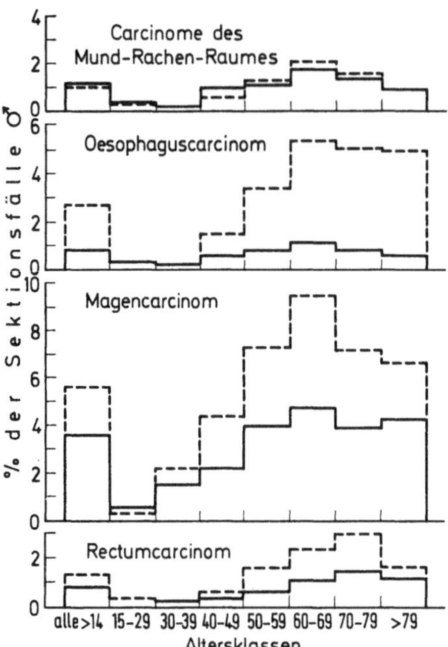

Abb. 1. Relative Alterskurven der Carcinome des Mund-Rachen-Raumes, des Oesophaguscarcinoms, des Magencarcinoms und des Rectumcarcinoms bei den über 14 Jahre alten Männern des Düsseldorfer Sektionsmaterials. 1908—1936: gestrichelte Linie, 1946—1963: durchgezogene Linie

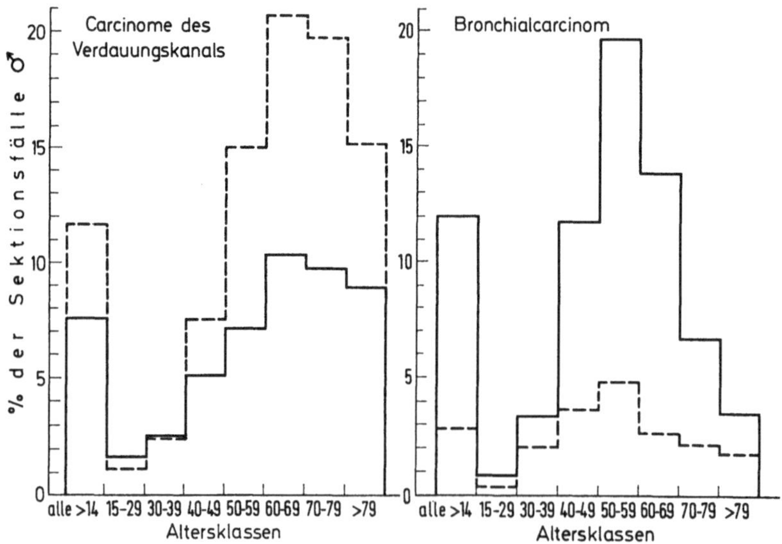

Abb. 2. Relative Alterskurven der Carcinome des Verdauungskanals und des Bronchialcarcinoms bei den über 14 Jahre alten Männern des Düsseldorfer Sektionsmaterials. 1908 bis 1936: gestrichelte Linie, 1946—1963: durchgezogene Linie

b) Im Gegensatz zu den Männern liegt das Altersmaximum aller malignen Tumoren sowohl in Gruppe I als auch in Gruppe II in der Altersklasse 50—59, die stärkste Zunahme ist aber in der Altersklasse 40—49 zu verzeichnen (Tabellen 3 und 4, Abb. 10).

Der Vergleich mit der allgemeinen Bevölkerungsstatistik ergibt — wieder mit der Einschränkung, daß die Zahlen der Gruppe I erst ab 1928 zur Verfügung stehen:

a) Die relative Mortalität an „Krebs und anderen Neubildungen" bzw. „bösartigen Gewächsen" der über 14 Jahre alten Bevölkerung steigt von 19,3% auf 23,8%, die absolute Mortalität von 15,4 je 10000 Lebende auf 20,0 je 10000 Lebende.

b) Das Altersmaximum der relativen Mortalität an bösartigen Geschwülsten verlagert sich zum Unterschied vom Sektionsmaterial von der Altersklasse 50—59 bei Gruppe I in die Altersklasse 40—49 bei Gruppe II.

Der prozentuale Anteil aller bösartigen Geschwülste ist also bei Männern und Frauen im Sektionsmaterial durchwegs höher als in der allgemeinen Bevölkerungsstatistik.

Vergleich der einzelnen Organkrebse im Sektionsmaterial der Gruppen I und II bei den über 14 Jahre alten Sezierten

1. Magencarcinom

Männer. Die Häufigkeit sinkt von 5,6% in Gruppe I auf 3,6% in Gruppe II. Die Abnahme ist in allen Altersklassen nachweisbar, ausgenommen die Klasse 15—29. Das Altersmaximum bleibt mit 9,5% bei Gruppe I bzw. 4,8% bei Gruppe II in der Altersklasse 60—69 (Tabellen 1 und 2, Abb. 1).

Frauen. Abnahme der Häufigkeit von 3,1% auf 2,5%. Die Abnahme betrifft alle Altersklassen. Das Altersmaximum verschiebt sich von der Altersklasse 70—79 (4,8%) in die Klasse 60—69 (4,1%) (Tabellen 3 und 4, Abb. 6).

2. Oesophaguscarcinom

Männer. Abnahme der Häufigkeit um mehr als das 3fache von 2,7% auf 0,8% der Sezierten. Die Abnahme betrifft alle älteren Altersklassen, während die jüngeren Altersklassen 15—29 und 30—39 eine geringe Zunahme aufweisen. Das Altersmaximum bleibt mit 5,4% bzw. 1,2% in der Klasse 60—69 (Tabellen 1 und 2, Abb. 1).

Frauen. Fällt mit 0,1% in Gruppe I bzw. 0,14% in Gruppe II nicht ins Gewicht (Tabellen 3 und 4, Abb. 6).

3. Rectumcarcinom

Männer. Abnahme von 1,3% auf 0,8%. Leichte Zunahme in der Altersklasse 30—39, in allen anderen Altersklassen Abnahme. Das Altersmaximum liegt mit 3,0% bzw. 1,5% konstant in der Altersklasse 70—79 (Tabellen 1 und 2, Abb. 1).

Frauen. Geringfügige Gesamtabnahme von 0,9% auf 0,8% aller Sezierten. Geringe Gesamtzahl (Tabellen 3 und 4, Abb. 6).

4. Coloncarcinom

Männer. Unbedeutende Zunahme der Gesamthäufigkeit von 1,1% auf 1,2%, die vor allem durch Zunahme in den jüngeren Altersklassen zustande kommt. Das Altersmaximum liegt unverrückt in der Klasse 70—79 (2,8% bzw. 2,1%) (Tabellen 1 und 2).

Tabelle 1. *Altersverteilung der Häufigkeit verschiedener maligner Tumoren der im Pathologischen Institut Düsseldorf in der Jahresgruppe 1908—1936 Sezierten über 14 Jahre alten Männer*

♂	Altersklassen		alle > 14	15—29	30—39	40—49	50—59	60—69	70—79	> 79
1908—36	Zahl der Sektionsfälle	N	4171	603	539	724	954	860	431	60
1	Carcinome des Mund-Rachen-Raumes	n_k	43	2	—	4	12	18	7	—
		% von N	1,0	0,3	—	0,6	1,3	2,1	1,6	—
2	Oesophaguscarcinom	n_k	114	—	—	11	32	46	22	3
		% von N	2,7	—	—	1,5	3,4	5,4	5,1	5,0
3	Magencarcinom	n_k	233	2	12	32	70	82	31	4
		% von N	5,6	0,3	2,2	4,4	7,3	9,5	7,2	6,7
4	Coloncarcinom	n_k	42	1	1	3	13	11	12	1
		% von N	1,1	0,2	0,2	0,4	1,4	1,3	2,8	1,7
5	Rectumcarcinom	n_k	56	2	—	4	15	21	13	1
		% von N	1,3	0,3	—	0,6	1,6	2,4	3,0	1,7
1—5	Carcinome des Verdauungskanals	n_k	488	7	13	54	142	178	85	9
		% von N	11,7	1,1	2,4	7,5	15,0	20,7	19,7	15,1
6	Kehlkopfcarcinom	n_k	28	—	2	3	10	12	1	—
		% von N	0,7	—	0,4	0,4	1,1	1,4	0,2	—
7	Bronchialcarcinom[a]	n_k	117	2	11	26	46	22	9	1
		% von N	2,8	0,3	2,0	3,6	4,8	2,6	2,1	1,7
8	Lebercarcinom	n_k	15	—	—	1	6	4	4	—
		% von N	0,4	—	—	0,1	0,6	0,5	0,9	—
9	Carcinome der Gallenblase und äußeren Gallengänge	n_k	43	—	—	5	16	14	6	2
		% von N	1,0	—	—	0,7	1,7	1,6	1,4	3,3
10	Pankreascarcinom	n_k	21	1	1	5	7	4	3	—
		% von N	0,5	0,2	0,2	0,7	0,7	0,5	0,7	—
8—10	Carcinome der großen Drüsen des Verdauungskanals	n_k	79	1	1	11	29	22	13	2
		% von N	1,9	0,2	0,2	1,5	3,0	2,6	3,0	3,3
11	Nierencarcinom	n_k	26	—	2	4	9	9	2	—
		% von N	0,6	—	0,4	0,6	1,0	1,1	0,5	—
12	Carcinome der ableitenden Harnwege	n_k	19	—	—	1	5	9	4	—
		% von N	0,5	—	—	0,1	0,5	1,1	0,9	—
13	Mammacarcinom	n_k	1	—	1	—	—	—	—	—
		% von N	0,02	—	0,2	—	—	—	—	—
14	Peniscarcinom	n_k	3	—	—	—	1	1	1	—
		% von N	0,1	—	—	—	0,1	0,1	0,2	—
15	Prostatacarcinom	n_k	34	—	—	1	5	13	12	3
		% von N	0,8	—	—	0,1	0,5	1,5	2,8	5,0
16	Hodencarcinom[b]	n_k	4	2	—	1	1	—	—	—
		% von N	0,1	0,3	—	0,1	0,1	—	—	—
13—16	Mamma- und Genitalcarcinome	n_k	42	2	1	2	7	14	13	3
		% von N	1,0	0,3	0,2	0,3	0,7	1,6	3,0	5,0
11—16	Carcinome des Urogenitalsystems	n_k	87	2	3	7	21	32	19	3
		% von N	2,1	0,3	0,6	1,0	2,2	3,8	4,4	5,0
7 und 13—16	Bronchialcarcinom und Mamma- und Genitalcarcinome	n_k	159	4	12	28	53	36	22	4
		% von N	3,8	0,7	2,2	3,9	5,5	4,2	5,1	6,7
1—5 und 8—12	Carcinome der Verdauungs- und Ausscheidungsorgane	n_k	612	8	16	70	185	218	104	11
		% von N	14,7	1,3	3,0	9,7	19,5	25,5	24,1	18,4

[a] Einschließlich Trachealcarcinom.   [b] Einschließlich embryonales Teratom.

Tabelle 1. (Fortsetzung)

♂	Altersklassen		alle >14	15—29	30—39	40—49	50—59	60—69	70—79	>79
1908—36	Zahl der Sektionsfälle	N	4171	603	539	754	954	860	431	60
	Carcinome	n_k	846	14	32	113	259	280	133	15
		% von N	20,3	2,3	5,9	15,6	27,2	32,6	30,8	25,0
17	Leukosen	n_k	28	4	2	7	6	6	3	—
		% von N	0,7	0,7	0,4	1,0	0,6	0,7	0,7	—
18	Sarkome	n_k	62	13	9	13	19	6	2	—
		% von N	1,5	2,2	1,7	1,8	2,0	0,7	0,5	—
	Maligne Tumoren	n_k	936	31	43	133	284	291	139	15
		% von N	22,4	5,1	8,0	18,4	29,8	33,8	32,3	25,0
19	Hirntumoren	n_k	41	7	5	14	11	3	—	1
		% von N	1,0	1,2	0,9	1,9	1,2	0,4	—	1,7

Frauen. Gleichbleibende Gesamthäufigkeit von 1,4 %. Stärkere Abnahme in den Altersklassen 40—69 und über 79 Jahre, dafür Zunahme in der Klasse 70—79. Das Altersmaximum verschiebt sich aus der Altersklasse 60—69 in die Klasse 70—79 (Tabellen 3 und 4).

5. Carcinome des Verdauungskanals

(Mund- und Rachenraum, Oesophagus, Magen, Colon und Rectum)

Männer. Abnahme der Häufigkeit von 11,7 % auf 7,6 %. Die Abnahme betrifft alle Altersklassen, ausgenommen die Klassen 15—29 und 30—39. Das Altersmaximum bleibt mit 20,7 % bzw. 10,3 % in der Klasse 60—69 (Tabellen 1 und 2, Abb. 2).

Frauen. Die Gesamthäufigkeit bleibt mit 5,6 % gleich. Geringe Zunahme in der jüngsten (15—29) und ältesten (über 79 Jahre) Klasse, Abnahme in den übrigen Altersklassen. Das Altersmaximum bleibt mit 8,9 % bzw. 8,0 % konstant in der Altersklasse 60—69 (Tabellen 3 und 4, Abb. 6).

6. Bronchialcarcinom

Männer. Sehr starke Zunahme der Gesamthäufigkeit um mehr als das 4fache von 2,8 % auf 12,0 %. Zunahme der Häufigkeit in allen Altersklassen, davon zwischen 40 und 79 um ein Mehrfaches. Das Altersmaximum liegt mit 4,8 % bzw. 19,6 % unverrückt in der Altersklasse 50—59 (Tabellen 1 und 2, Abb. 2).

Frauen. Zunahme der Gesamthäufigkeit von 0,5 % auf 2,2 %. Die Zunahme betrifft alle Altersklassen, vor allem die mittleren und hohen. Das Altersmaximum liegt wie bei den Männern unverrückt in der Klasse 50—59 (Tabellen 3 und 4, Abb. 7).

Läßt man in der allgemeinen Bevölkerungsstatistik die Jahresgruppe 1936—1938, in der allein die Carcinome der Atmungsorgane innerhalb der Gruppe I klassifiziert sind, für die ganze Gruppe I gelten, dann ergibt sich: (vgl. Tabelle 7):

Männer. Wie im Sektionsmaterial starke Zunahme der relativen Mortalität von 2,2 % auf 6,1 % aller über 14 Jahre alten Gestorbenen. Dem entspricht eine Zunahme der absoluten Mortalität von 2,2 je 10000 Lebende in der Gruppe I auf 6,4 je 10000 Lebende in der Gruppe II. Die relative

Tabelle 2. *Altersverteilung der Häufigkeit verschiedener maligner Tumoren der im Pathologischen Institut Düsseldorf in der Jahresgruppe 1946—1963 Sezierten über 14 Jahre alten Männer*

♂	Altersklassen		alle >14	15—29	30—39	40—49	50—59	60—69	70—79	>79
1946—63	Zahl der Sektionsfälle	N	7572	388	481	1001	2008	2036	1334	324
1	Carcinome des Mund-Rachen-Raumes	n_k	91	1	1	10	22	36	18	3
		% von N	1,2	0,3	0,2	1,0	1,1	1,8	1,4	0,9
2	Oesophaguscarcinom	n_k	62	1	1	6	16	25	11	2
		% von N	0,8	0,3	0,2	0,6	0,8	1,2	0,8	0,6
3	Magencarcinom	n_k	274	2	7	22	80	97	52	14
		% von N	3,6	0,5	1,5	2,2	4,0	4,8	3,9	4,3
4	Coloncarcinom	n_k	88	2	2	10	12	28	28	6
		% von N	1,2	0,5	0,4	1,0	0,6	1,4	2,1	1,9
5	Rectumcarcinom	n_k	63	—	1	3	12	23	20	4
		% von N	0,8	—	0,2	0,3	0,6	1,1	1,5	1,2
1—5	Carcinome des Verdauungskanals	n_k	578	6	12	51	142	209	129	29
		% von N	7,6	1,6	2,5	5,1	7,1	10,3	9,7	8,9
6	Kehlkopfcarcinom	n_k	61	—	1	8	16	17	18	1
		% von N	0,8	—	0,2	0,8	0,8	0,8	1,4	0,3
7	Bronchialcarcinom[a]	n_k	908	3	16	117	392	281	88	11
		% von N	12,0	0,8	3,3	11,7	19,6	13,8	6,6	3,4
8	Lebercarcinom	n_k	72	2	4	7	20	25	13	1
		% von N	1,0	0,5	0,8	0,7	1,0	1,2	1,0	0,3
9	Carcinome der Gallenblase und äußeren Gallengänge	n_k	74	—	2	4	18	24	22	4
		% von N	1,0	—	0,4	0,4	0,9	1,2	1,7	1,2
10	Pankreascarcinom	n_k	54	—	1	5	17	21	10	—
		% von N	0,7	—	0,2	0,5	0,9	1,0	0,8	—
8—10	Carcinome der großen Drüsen des Verdauungskanals	n_k	200	2	7	16	55	70	45	5
		% von N	2,7	0,5	1,4	1,6	2,8	3,4	3,4	1,5
11	Nierencarcinom	n_k	56	2	1	4	22	17	10	—
		% von N	0,7	0,5	0,2	0,4	1,1	0,8	0,8	—
12	Carcinome der ableitenden Harnwege	n_k	63	—	—	5	23	16	15	4
		% von N	0,8	—	—	0,5	1,2	0,8	1,1	1,2
13	Mammacarcinom	n_k	2	—	—	—	1	1	—	—
		% von N	0,03	—	—	—	0,1	0,1	—	—
14	Peniscarcinom	n_k	5	—	—	—	—	3	2	—
		% von N	0,1	—	—	—	—	0,1	0,1	—
15	Prostatacarcinom	n_k	99	—	—	4	14	25	42	14
		% von N	1,3	—	—	0,4	0,7	1,2	3,2	4,3
16	Hodencarcinom[b]	n_k	13	2	6	1	3	1	—	—
		% von N	0,2	0,5	1,3	0,1	0,2	0,05	—	—
13—16	Mamma- und Genitalcarcinome	n_k	119	2	6	5	18	30	44	14
		% von N	1,6	0,5	1,3	0,5	1,0	1,4	3,3	4,3
11—16	Carcinome des Urogenitalsystems	n_k	238	4	7	14	73	63	69	18
		% von N	3,1	1,0	1,5	1,4	3,3	3,0	5,2	5,5
7 und 13—16	Bronchialcarcinom und Mamma- und Genitalcarcinome	n_k	1027	5	22	122	410	311	132	25
		% von N	13,6	1,3	4,6	12,2	20,6	15,2	9,9	7,7
1—5 und 8—12	Carcinome der Verdauungs- und Ausscheidungsorgane	n_k	897	10	20	76	242	312	199	38
		% von N	11,8	2,6	4,1	7,6	12,2	15,3	15,0	11,6

[a] Einschließlich Trachealcarcinom.   [b] Einschließlich embryonales Teratom.

Tabelle 2. (Fortsetzung)

♂	Altersklassen		alle >14	15—29	30—39	40—49	50—59	60—69	70—79	>79
1946—63	Zahl der Sektionsfälle	N	7572	388	481	1001	2008	2036	1334	324
	Carcinome	n_k	2079	23	54	219	695	663	358	67
		% von N	27,7	6,0	11,2	21,9	34,6	32,6	26,8	20,7
17	Leukosen	n_k	121	14	14	23	23	28	18	1
		% von N	1,6	3,6	2,9	2,3	1,2	1,4	1,4	0,3
18	Sarkome	n_k	146	11	13	28	31	42	17	4
		% von N	1,9	2,8	2,7	2,8	1,6	2,1	1,3	1,2
	Maligne Tumoren	n_k	2346	48	81	270	746	736	393	72
		% von N	31,0	12,4	16,8	27,0	37,3	36,1	29,5	22,2
19	Hirntumoren	n_k	187	17	19	50	67	28	6	—
		% von N	2,5	4,4	4,0	5,0	3,4	1,4	0,5	—

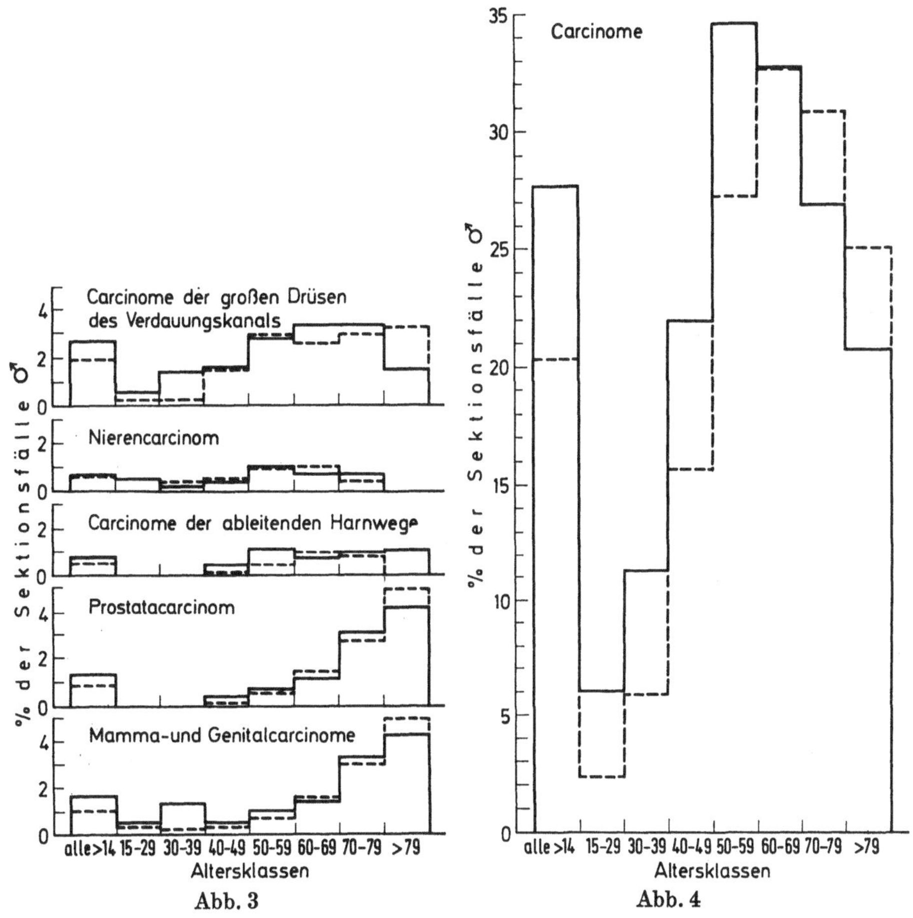

Abb. 3   Abb. 4

Abb. 3. Relative Alterskurven der Carcinome der großen Verdauungsdrüsen, der Nieren, der ableitenden Harnwege, der Prostata sowie der Mamma- und Genitalcarcinome einschließlich des Prostatacarcinoms bei den über 14 Jahre alten Männern des Düsseldorfer Sektionsmaterials. 1908—1936: gestrichelte Linie, 1946—1963: durchgezogene Linie

Abb. 4. Relative Alterskurven der Carcinome aller Lokalisationen bei den über 14 Jahre alten Männern des Düsseldorfer Sektionsmaterials. 1908—1936: gestrichelte Linie, 1946 bis 1964: durchgezogene Linie

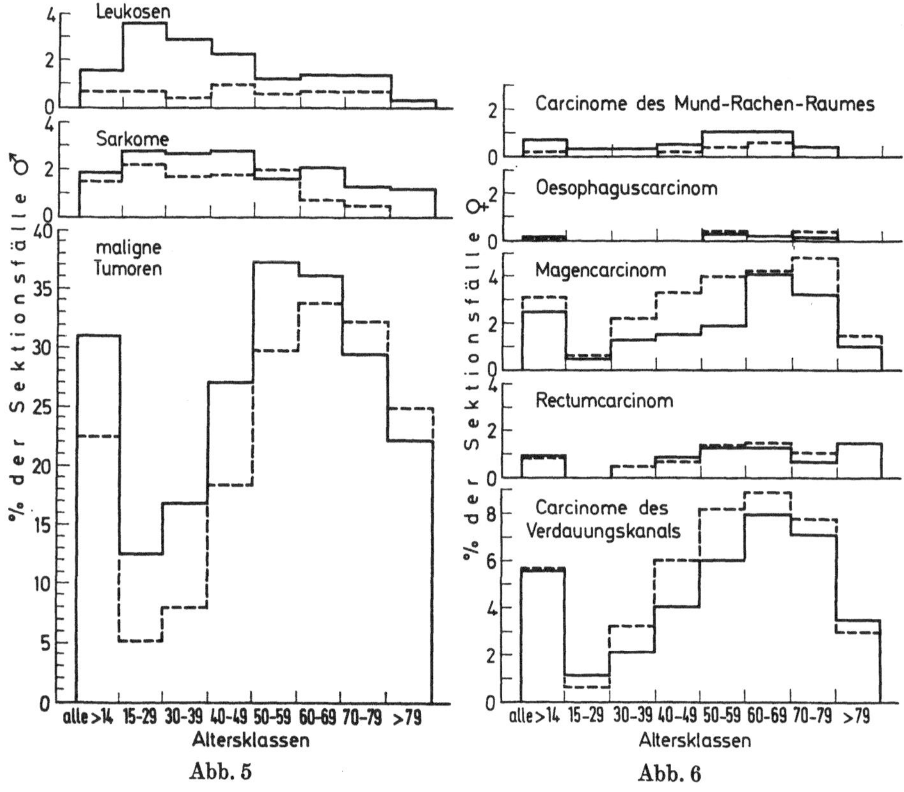

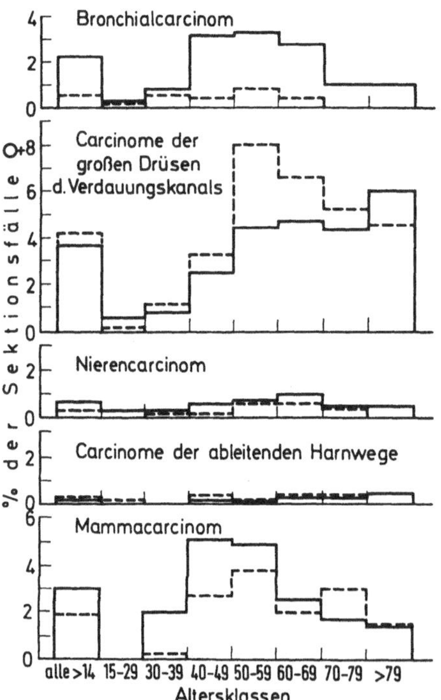

Abb. 5. Relative Alterskurven der Leukosen, der Sarkome und der malignen Tumoren aller Lokalisationen bei den über 14 Jahre alten Männern des Düsseldorfer Sektionsmaterials. 1908—1936: gestrichelte Linie, 1946—1964: durchgezogene Linie

Abb. 6. Relative Alterskurven der Carcinome des Mund-Rachen-Raumes, des Oesophaguscarcinoms, des Magencarcinoms, des Rectumcarcinoms und der Carcinome des Verdauungskanals bei den über 14 Jahre alten Frauen des Düsseldorfer Sektionsmaterials. 1908—1936: gestrichelte Linie, 1946—1963: durchgezogene Linie

Abb. 7. Relative Alterskurven des Bronchialcarcinoms, der Carcinome der großen Verdauungsdrüsen, der Nieren, der ableitenden Harnwege und des Mammacarcinoms bei den über 14 Jahre alten Frauen des Düsseldorfer Sektionsmaterials. 1908—1936: gestrichelte Linie, 1946—1963: durchgezogene Linie

Mortalität nimmt in allen Altersklassen zu. Das Altersmaximum bleibt mit 3,8% bzw. 11,0% konstant in der Klasse 50—59.

Frauen. Zunahme der relativen Mortalität von 0,4% auf 0,9%, der absoluten Mortalität von 0,3 auf 0,8 je 10000 Lebende. Wie im Sektionsmaterial betrifft die Zunahme der relativen Mortalität alle Altersklassen. Das Altersmaximum verlagert sich von 50—59 nach 40—49.

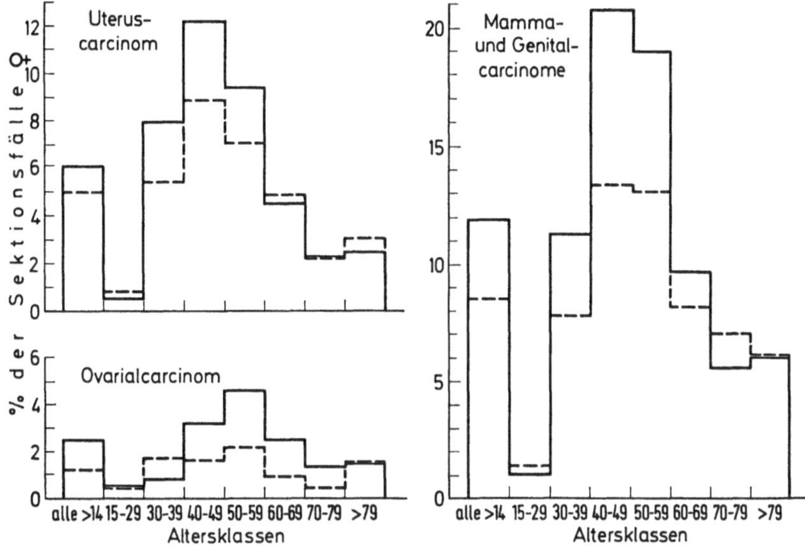

Abb. 8. Relative Alterskurven des Uteruscarcinoms, des Ovarialcarcinoms und der Mamma- und Genitalcarcinome bei den über 14 Jahre alten Frauen des Düsseldorfer Sektionsmaterials. 1908—1936: gestrichelte Linie, 1946—1963: durchgezogene Linie

7. Lebercarcinom

Männer. Zunahme von 0,4% auf 1,0% aller Sektionen; die Zunahme betrifft alle Altersklassen (Tabellen 1 und 2).

Frauen. Gesamtzunahme von 0,2% auf 0,4%. Geringe Gesamtzahl (Tabellen 3 und 4).

8. Carcinom der Gallenwege

Männer. Gleichbleibende Gesamthäufigkeit von 1,0% aller Sektionen. Geringe Gesamtzahl (Tabellen 1 und 2).

Frauen. Deutliche Abnahme der Häufigkeit von 3,4% auf 2,6% aller Sezierten. Drastische Abnahme in den mittleren Altersklassen. Das Altersmaximum rückt von der Altersklasse 50—59 (6,4%) in die höchste Klasse über 79 Jahre (4,5%) (Tabellen 3 und 4).

9. Pankreascarcinom

Männer. Geringfügige Zunahme von 0,5% auf 0,7%. Geringe Gesamtzahl (Tabellen 1 und 2).

Frauen. Ebenfalls bei geringer Gesamtzahl geringfügige Zunahme von 0,6% auf 0,7% (Tabellen 3 und 4).

10. Carcinome von Leber, Gallenwegen und Pankreas

Männer. Zunahme von 1,9% auf 2,7% aller über 14 Jahre alten Sezierten, die im wesentlichen durch eine Zunahme der Leber- und Pankreas-

Tabelle 3. *Altersverteilung der Häufigkeit verschiedener maligner Tumoren der im Pathologischen Institut Düsseldorf in der Jahresgruppe 1908—1936 sezierten über 14 Jahre alten Frauen*

♀	Altersklassen		alle >14	15—29	30—39	40—49	50—59	60—69	70—79	>79
1908—36	Zahl der Sektionsfälle	N	2750	509	410	450	497	548	271	65
1	Carcinome des Mund-Rachen-Raumes	n_k	6	—	—	1	2	3	—	—
		% von N	0,2	—	—	0,2	0,4	0,6	—	—
2	Oesophaguscarcinom	n_k	3	—	—	—	2	—	1	—
		% von N	0,1	—	—	—	0,4	—	0,4	—
3	Magencarcinom	n_k	84	3	9	15	20	23	13	1
		% von N	3,1	0,6	2,2	3,3	4,0	4,2	4,8	1,5
4	Coloncarcinom	n_k	39	—	2	8	10	14	4	1
		% von N	1,4	—	0,5	1,8	2,0	2,6	1,5	1,5
5	Rectumcarcinom	n_k	23	—	2	3	7	8	3	—
		% von N	0,8	—	0,5	0,7	1,4	1,5	1,1	—
1—5	Carcinome des Verdauungskanals	n_k	155	3	13	27	41	48	21	2
		% von N	5,6	0,6	3,2	6,0	8,2	8,9	7,8	3,0
6	Kehlkopfcarcinom	n_k	1	—	—	—	1	—	—	—
		% von N	0,04	—	—	—	0,2	—	—	—
7	Bronchialcarcinom[a]	n_k	11	1	2	2	4	2	—	—
		% von N	0,5	0,2	0,5	0,4	0,8	0,4	—	—
8	Lebercarcinom	n_k	5	—	—	—	4	1	—	—
		% von N	0,2	—	—	—	0,8	0,2	—	—
9	Carcinome der Gallenblase und äußeren Gallengänge	n_k	94	1	3	14	32	31	11	2
		% von N	3,4	0,2	0,7	3,1	6,4	5,7	4,1	3,1
10	Pankreascarcinom	n_k	15	—	2	1	4	4	3	1
		% von N	0,6	—	0,5	0,2	0,8	0,7	1,1	1,5
8—10	Carcinome der großen Drüsen des Verdauungskanals	n_k	114	1	5	15	40	36	14	3
		% von N	4,2	0,2	1,2	3,3	8,0	6,6	5,2	4,6
11	Nierencarcinom	n_k	9	—	1	1	3	3	1	—
		% von N	0,3	—	0,2	0,2	0,6	0,6	0,4	—
12	Carcinome der ableitenden Harnwege	n_k	7	1	—	2	1	2	1	—
		% von N	0,3	0,2	—	0,4	0,2	0,4	0,4	—
13	Mammacarcinom	n_k	52	—	1	12	19	11	8	1
		% von N	1,9	—	0,2	2,7	3,8	2,0	3,0	1,5
14	Vulvacarcinom	n_k	10	1	2	1	—	2	4	—
		% von N	0,4	0,2	0,5	0,2	—	0,4	1,5	—
15	Uteruscarcinom	n_k	136	4	22	40	35	27	6	2
		% von N	5,0	0,8	5,4	8,9	7,1	4,9	2,2	3,1
16	Ovarialcarcinom[b]	n_k	34	2	7	7	11	5	1	1
		% von N	1,2	0,4	1,7	1,6	2,2	0,9	0,4	1,5
13—16	Mamma- und Genitalcarcinome	n_k	232	7	32	60	65	45	19	4
		% von N	8,5	1,4	7,8	13,4	13,1	8,2	7,1	6,1
11—16	Carcinome des Urogenitalsystems	n_k	248	8	33	63	69	50	21	4
		% von N	9,1	1,6	8,0	14,0	13,9	9,2	7,9	6,1
7 und 13—16	Bronchialcarcinom und Mamma- und Genitalcarcinome	n_k	243	8	34	62	69	47	19	4
		% von N	9,0	1,6	8,3	13,8	13,9	8,6	7,1	6,1
1—5 und 8—12	Carcinome der Verdauungs- und Ausscheidungsorgane	n_k	285	5	19	45	85	89	37	5
		% von N	10,4	1,0	4,6	9,9	17,0	16,5	13,8	7,6

[a] Einschließlich Trachealcarcinom.   [b] Einschließlich embryonales Teratom.

Tabelle 3. (Fortsetzung)

♀	Altersklassen		alle >14	15—29	30—39	40—49	50—59	60—69	70—79	>79
1908—36	Zahl der Sektionsfälle	N	2750	509	401	450	497	548	271	65
	Carcinome	n_k	542	13	53	110	159	137	60	10
		% von N	19,8	2,6	12,9	24,4	32,0	25,0	22,1	15,4
17	Leukosen	n_k	21	4	3	4	2	5	2	1
		% von N	0,8	0,8	0,7	0,9	0,4	0,9	0,7	1,5
18	Sarkome	n_k	41	6	6	12	10	6	1	—
		% von N	1,5	1,2	1,5	2,7	2,0	1,1	0,4	—
	Maligne Tumoren	n_k	604	23	62	126	171	148	63	11
		% von N	22,0	4,5	15,1	28,0	34,4	27,0	23,3	16,9
19	Hirntumoren	n_k	25	5	3	10	5	2	—	—
		% von N	0,9	1,0	0,7	2,2	1,0	0,4	—	—

carcinome bedingt ist und sich in erster Linie in den jüngeren und älteren Altersklassen bemerkbar macht. Das Altersmaximum bleibt annähernd in den Altersklassen 60—79 (Tabellen 1 und 2, Abb. 3).

Frauen. Rückgang der Gesamthäufigkeit von 4,2 % auf 3,7 %, der bestimmt wird von der Abnahme der Gallenwegscarcinome, während Leber- und Pankreascarcinome leicht zugenommen haben. Abnahme in allen Altersklassen mit Ausnahme der niedrigsten und der höchsten. Das Altersmaximum verschiebt sich von der Klasse 50—59 (8,0 %) in die höchste Altersklasse (6,0 %) (Tabellen 3 und 4, Abb. 6).

11. Mammacarcinom

Männer. Naturgemäß unbedeutend mit 0,02 % bzw. 0,03 % der Sezierten (Tabellen 1 und 2).

Frauen. Häufigkeitszunahme von 1,9 % auf 3,0 % der Sezierten. Bevorzugt betroffen sind davon die Altersklassen 30—59 Jahre. Das Altersmaximum verschiebt sich von 50—59 (3,8 %) nach 40—49 (5,1 %) (Tabellen 3 und 4, Abb. 7).

Begnügt man sich wiederum mit der Jahresgruppe 1936—1938 stellvertretend für die ganze Gruppe I, so kann man an der allgemeinen Bevölkerungsstatistik vergleichend feststellen (vgl. Tabelle 7):

Männer. Mammacarcinom nicht klassifiziert.

Frauen. Wie im Sektionsmaterial Anstieg der relativen Mortalität von 2,4 % auf 3,1 %. Die absolute Mortalität steigt von 2,0 auf 2,6 je 10 000 Lebende. Die relative Mortalität nimmt in allen Altersklassen zu. Das Altersmaximum bleibt konstant in der Klasse 40—49.

12. Prostata- bzw. Uteruscarcinom

Männer. Zunahme der Gesamthäufigkeit des Prostatacarcinoms von 0,8 % auf 1,3 %. Die Einzelhäufigkeiten steigen kontinuierlich bis zur höchsten Altersklasse, in der das Altersmaximum mit 5,0 % bzw. 4,3 % unverändert liegt (Tabellen 1 und 2, Abb. 3).

Frauen. Ebenfalls Anstieg der Gesamthäufigkeit der Uteruscarcinome von 5,0 % auf 6,1 %, die in erster Linie die Altersklassen 30—59 betrifft. Das Altersmaximum liegt unverrückt in der Klasse 40—49 (8,9 % bzw. 12,2 %) (Tabellen 3 und 4, Abb. 8).

Tabelle 4. *Altersverteilung der Häufigkeit verschiedener maligner Tumoren der im Pathologischen Institut Düsseldorf in der Jahresgruppe 1946—1963 sezierten über 14 Jahre alten Frauen*

♀	Altersklassen		alle >14	15—29	30—39	40—49	50—59	60—69	70—79	>79
1946—63	Zahl der Sektionsfälle	N	4913	369	400	666	1082	1266	928	202
1	Carcinome des Mund-Rachen-Raumes	n_k	35	1	1	3	12	14	4	—
		% von N	0,7	0,3	0,3	0,5	1,1	1,1	0,4	—
2	Oesophaguscarcinom	n_k	7	—	—	—	3	3	1	—
		% von N	0,1	—	—	—	0,3	0,2	0,1	—
3	Magencarcinom	n_k	122	2	5	10	21	52	30	2
		% von N	2,5	0,5	1,3	1,5	1,9	4,1	3,2	1,0
4	Coloncarcinom	n_k	69	1	2	7	15	17	25	2
		% von N	1,4	0,3	0,5	1,1	1,4	1,3	2,7	1,0
5	Rectumcarcinom	n_k	45	—	—	6	14	16	6	3
		% von N	0,9	—	—	0,9	1,3	1,3	0,7	1,5
1—5	Carcinome des Verdauungskanals	n_k	278	4	8	26	65	102	66	7
		% von N	5,6	1,1	2,1	4,0	6,0	8,0	7,1	3,5
6	Kehlkopfcarcinom	n_k	4	—	—	1	1	1	1	—
		% von N	0,1	—	—	0,15	0,1	0,1	0,1	—
7	Bronchialcarcinom[a]	n_k	107	1	3	21	36	35	9	2
		% von N	2,2	0,3	0,8	3,2	3,3	2,8	1,0	1,0
8	Lebercarcinom	n_k	19	1	1	5	6	4	—	2
		% von N	0,4	0,3	0,3	0,8	0,6	0,3	—	1,0
9	Carcinome der Gallenblase und äußeren Gallengänge	n_k	128	—	—	8	35	43	33	9
		% von N	2,6	—	—	1,2	3,2	3,4	3,6	4,5
10	Pankreascarcinom	n_k	32	1	2	3	6	13	6	1
		% von N	0,7	0,3	0,5	0,5	0,6	1,0	0,7	0,5
8—10	Carcinome der großen Drüsen des Verdauungskanals	n_k	179	2	3	16	47	60	39	12
		% von N	3,7	0,6	0,8	2,5	4,4	4,7	4,3	6,0
11	Nierencarcinom	n_k	33	1	1	4	8	13	5	1
		% von N	0,7	0,3	0,3	0,6	0,7	1,0	0,5	0,5
12	Carcinome der ableitenden Harnwege	n_k	10	—	—	1	1	4	3	1
		% von N	0,2	—	—	0,15	0,1	0,3	0,3	0,5
13	Mammacarcinom	n_k	146	—	8	34	53	32	16	3
		% von N	3,0	—	2,0	5,1	4,9	2,5	1,7	1,5
14	Vulvacarcinom	n_k	13	—	2	2	1	3	4	1
		% von N	0,3	—	0,5	0,3	0,1	0,2	0,4	0,5
15	Uteruscarcinom	n_k	300	2	32	81	102	57	21	5
		% von N	6,1	0,5	8,0	12,2	9,4	4,5	2,3	2,5
16	Ovarialcarcinom[b]	n_k	122	2	3	21	50	31	12	3
		% von N	2,5	0,5	0,8	3,2	4,6	2,5	1,3	1,5
13—16	Mamma- und Genitalcarcinome	n_k	581	4	45	138	206	123	53	12
		% von N	11,9	1,0	11,3	20,8	19,0	9,7	5,7	6,0
11—16	Carcinome des Urogenitalsystems	n_k	624	5	46	143	215	140	61	14
		% von N	12,8	1,3	11,6	21,5	19,8	11,0	6,5	7,0
7 und 13—16	Bronchialcarcinom und Mamma- und Genitalcarcinome	n_k	688	5	48	159	242	158	62	14
		% von N	14,1	1,3	12,1	24,0	22,3	12,5	6,7	7,0
1—5 und 8—12	Carcinome der Verdauungs- und Ausscheidungsorgane	n_k	500	7	12	47	121	179	113	21
		% von N	10,2	2,0	3,0	7,3	11,2	14,0	12,2	10,5

[a] Einschließlich Trachealcarcinom.   [b] Einschließlich embryonales Teratom.

Tabelle 4. (Fortsetzung)

♀	Altersklassen		alle >14	15—29	30—39	40—49	50—59	60—69	70—79	>79
1946—63	Zahl der Sektionsfälle	N	4913	369	400	666	1082	1266	928	202
	Carcinome	n_k	1269	14	69	225	377	360	186	38
		% von N	25,8	3,8	17,3	33,8	34,8	28,4	20,0	18,8
17	Leukosen	n_k	97	13	12	15	23	20	11	3
		% von N	2,0	3,5	3,0	2,3	2,1	1,6	1,2	1,5
18	Sarkome	n_k	101	9	10	10	24	30	16	2
		% von N	2,1	2,4	2,5	1,5	2,2	2,4	1,7	1,0
	Maligne Tumoren	n_k	1467	36	91	250	424	410	213	43
		% von N	29,9	9,8	22,8	37,5	39,2	32,4	23,0	21,3
19	Hirntumoren	n_k	138	16	17	88	45	21	1	—
		% von N	2,8	4,3	4,3	5,7	4,2	1,7	0,1	—

Zieht man unter den oben genannten Vorbehalten den Vergleich zur allgemeinen Bevölkerungsstatistik, so ergibt sich (vgl. Tabelle 7):

Männer. Prostatacarcinom nicht klassifiziert.

Frauen. Im Gegensatz zum Sektionsmaterial Rückgang der relativen Mortalität des Uteruscarcinoms von 4,0% auf 2,8% aller Gestorbenen. Die absolute Mortalität sinkt von 3,4 auf 2,3 je 10000 Lebende. Das Altersmaximum bleibt konstant in der Klasse 40—49.

13. Hoden- bzw. Ovarialcarcinom

Männer. Mit 0,1% bzw. 0,17% nur sehr geringe Gesamtzahl an Hodencarcinomen (Tabellen 1 und 2).

Frauen. Kräftiger Anstieg der Gesamthäufigkeit der Ovarialcarcinome von 1,2% auf 2,5%. Von der Zunahme betroffen sind die mittleren und höheren Altersklassen. Das Altersmaximum bleibt in der Klasse 50—59 (Tabellen 3 und 4, Abb. 8).

14. Nierencarcinom

Männer. Unbedeutender Anstieg der Gesamthäufigkeit von 0,6% auf 0,7%. Verlagerung des Altersmaximums von der Altersklasse 60—69 (1,1%) in die Altersklasse 50—59 (1,1%). Geringe Gesamtzahl (Tabellen 1 und 2, Abb. 3).

Frauen. Leichte Zunahme der Gesamthäufigkeit von 0,3% auf 0,7%. Der Anstieg betrifft alle Altersklassen etwa gleichmäßig. Das Altersmaximum bleibt mit 0,6 bzw. 1,0% in der Altersklasse 60—69. Geringe Gesamtzahl (Tabellen 3 und 4, Abb. 7).

15. Carcinome der ableitenden Harnwege

Männer. Zunahme der Gesamthäufigkeit von 0,5% auf 0,8%. Anstieg in allen Altersklassen, ausgenommen die Klasse 60—69. Das Altersmaximum verlagert sich von der Klasse 60—69 (1,1%) in die höchste Altersklasse über 79 Jahre (1,2%) (Tabellen 1 und 2, Abb. 3).

Frauen. Mit 0,25% bzw. 0,2% aller Sezierten keine ins Gewicht fallende Veränderung der Gesamthäufigkeit (Tabellen 3 und 4, Abb. 7).

16. Alle Carcinome

(Alle epithelialen und unbestimmbaren bösartigen Neubildungen
einschließlich der Melanoblastome, aber ausgenommen
Leukosen und Sarkome)

Männer. Anstieg der Gesamthäufigkeit von 20,3% auf 27,7%. Der Anstieg betrifft besonders die jüngeren und mittleren Altersklassen, während die Häufigkeit in der Klasse 60—69 gleich bleibt und darüber abnimmt. Das

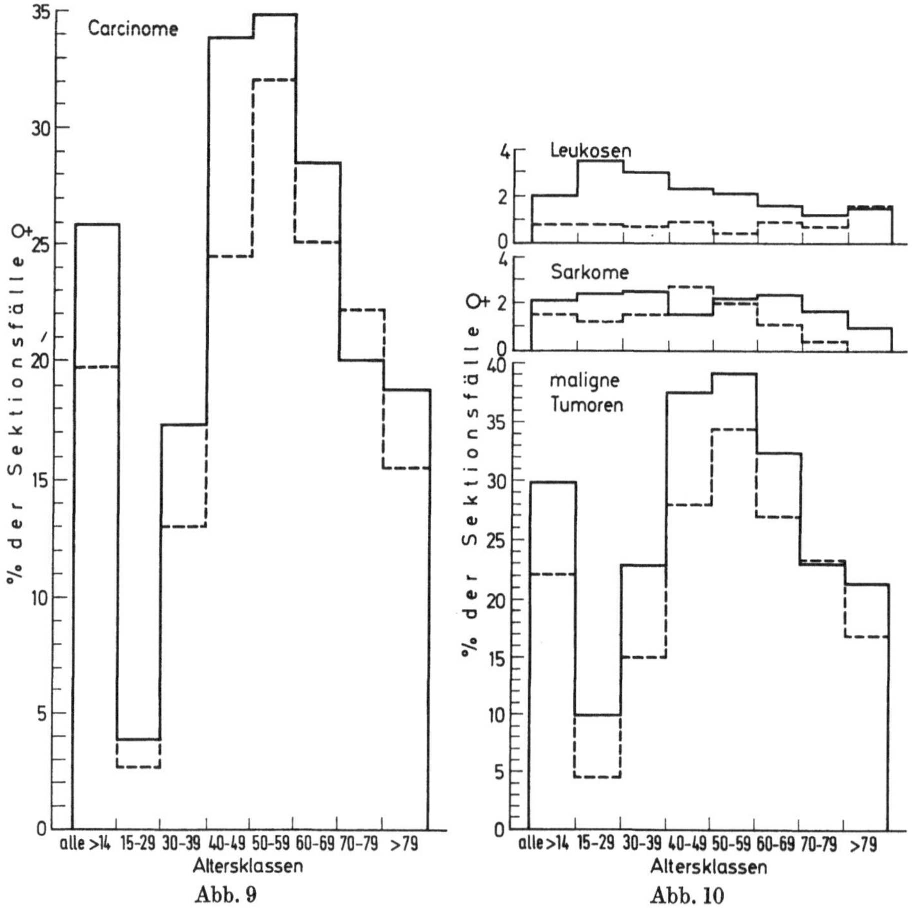

Abb. 9. Relative Alterskurven der Carcinome aller Lokalisationen bei den über 14 Jahre alten Frauen des Düsseldorfer Sektionsmaterials. 1908—1936: gestrichelte Linie, 1946—1964: durchgezogene Linie

Abb. 10. Relative Alterskuvren der Leukosen, der Sarkome und der malignen Tumoren aller Lokalisationen bei den über 14 Jahre alten Frauen des Düsseldorfer Sektionsmaterials. 1908—1936: gestrichelte Linie, 1946—1963: durchgezogene Linie

Altersmaximum verschiebt sich von 60—69 (32,6%) nach 50—59 (34,6%) (Tabellen 1 und 2, Abb. 4).

Frauen. Ebenfalls Zunahme der Gesamthäufigkeit von 19,8% auf 25,8%. Die Zunahme betrifft alle Altersklassen, am stärksten die Klasse 40—49. Das Altersmaximum verschiebt sich dadurch zwar etwas nach links, bleibt aber noch in der Klasse 50—59 (Tabellen 3 und 4, Abb. 9).

17. Leukosen

Männer. Zunahme der Gesamthäufigkeit von 0,7 % auf 1,6 %. In Gruppe I ungefähr gleiche Altersverteilung in allen Dezennien um 0,6—0,7 %. In Gruppe II Häufigkeitsverschiebung in die jüngeren Altersklassen mit Maximum in der Altersklasse 15—29 (3,6 %) (Tabellen 1 und 2, Abb. 5).

Frauen. Zunahme der Gesamthäufigkeit von 0,8 % auf 2,0 %. In Gruppe I ungefähr gleiche Altersverteilung über alle Lebensjahrzehnte um 0,7—0,8 %. In Gruppe II Häufigkeitsverschiebung zu den jüngeren Altersklassen mit Maximum in der Klasse 15—29 (3,5 %) (Tabellen 3 und 4, Abb. 10).

18. Sarkome

Männer. Zunahme der Gesamthäufigkeit von 1,5 % auf 1,9 %. Altersmaximum in den jüngeren bis mittleren Dezennien (Tabellen 1 und 2, Abb. 5).

Frauen. Gesamtzunahme von 1,5 % auf 2,1 %. Ziemlich gleichmäßige Verteilung über alle Dezennien (Tabellen 3 und 4, Abb. 10).

19. Hirntumoren

Männer. Zunahme der Häufigkeit bei allen über 14 Jahre alten Sezierten von 1,0 % auf 2,5 %. An der Zunahme sind alle Altersklassen, mit Ausnahme der höchsten, beteiligt, so daß die Häufigkeitskurve der Gruppe I mit der der Gruppe II parallel verläuft. Das Altersmaximum bleibt mit 1,9 % bzw. 5,0 % im 5. Lebensjahrzehnt (Tabellen 1 und 2).

Frauen. Ähnlich wie bei den Männern. Gesamtanstieg von 0,9 % auf 2,8 %. Die Kurven beider Gruppen verlaufen parallel, das Altersmaximum liegt mit 2,2 % bzw. 5,7 % im 5. Lebensjahrzehnt (Tabellen 3 und 4).

Veränderungen der Häufigkeit maligner Tumoren von 1908 bis 1964

Bei dem vorstehend durchgeführten Vergleich zweier großer Zeiträume vor und nach dem zweiten Weltkrieg muß man berücksichtigen, daß natürlich auch innerhalb dieser beiden Zeiträume Verschiebungen in der Häufigkeit der bösartigen Tumoren und der einzelnen Organkrebse eingetreten sind. Um diese darzustellen, werden die 11 erfaßten kleineren Zeiträume 1908 bis 1910, 1919/20, 1921—1924, 1928—1930, 1931/32, 1936—1938, 1946—1948, 1952—1955, 1956—1959, 1960—1963, 1964 miteinander verglichen (Tabellen 5 und 6, Abb. 11 und 12). Dabei ergibt sich:

1. Alle malignen Tumoren

Männer. Die Häufigkeit der malignen Tumoren im Sektionsmaterial, d.h. das Verhältnis aller malignen Tumoren zu allen Sezierten, liegt 1908 bis 1910 bei 21,7 %. Sie nimmt in den nächsten beiden Jahresgruppen ab bis auf 14,8 % (1921—1924) und steigt dann kontinuierlich an, um 1931/32 mit 28,7 % einen ersten Gipfel zu erreichen. Nach einem neuerlichen Rückgang (1936—1938: 24,3 %) wird 1952—1955 mit 32,3 % ein neuer Höchststand erreicht, der mit unwesentlichen Abweichungen während des restlichen Untersuchungszeitraumes als Plateau erhalten bleibt. Die Vergleichswerte aus dem Material der allgemeinen Bevölkerung sind in Tabelle 7 zusammengestellt.

Die Uneinheitlichkeit dieser Tabelle beruht darauf, daß in den statistischen Jahrbüchern 1908—1924 keine Trennung der Geschlechter vorgenommen wurde und eine Klassifizierung einzelner Tumoren erst seit 1936 erfolgte, seitdem aber mehrfach geändert wurde. Außerdem

Tabelle 5. *Veränderungen der Häufigkeit verschiedener maligner Tumoren bei den im Pathologischen Institut Düsseldorf sezierten über 14 Jahre alten Männern 1908—1964*

♂	Zeitabschnitte		1908 bis 1910	1919 und 1920	1921 bis 1924	1928 bis 1930	1931 und 1932	1936 bis 1938	1946 bis 1948	1952 bis 1955	1956 bis 1959	1960 bis 1963	1964
	Zahl der Sektionsfälle	N	396	350	687	965	781	992	1389	1987	2087	2109	619
1	Carcinom des Mund-Rachen-Raumes	n_k	6	7	6	10	3	11	19	21	26	25	9
		% von N	1,5	2,0	0,9	1,0	0,4	1,1	1,4	1,1	1,2	1,2	1,5
2	Oesophaguscarcinom	n_k	15	13	10	27	27	22	19	15	4	24	7
		% von N	3,8	3,7	1,5	2,8	3,5	2,2	1,4	0,8	0,2	1,1	1,1
3	Magencarcinom	n_k	19	13	28	58	60	55	58	69	71	76	19
		% von N	4,8	3,7	4,1	6,0	7,7	5,5	4,2	3,5	3,4	3,6	3,1
4	Coloncarcinom	n_k	7	1	6	12	8	8	14	22	23	29	9
		% von N	1,8	0,3	0,9	1,2	1,0	0,8	1,0	1,1	1,1	1,4	1,5
5	Rectumcarcinom	n_k	1	3	4	12	16	20	12	19	19	13	7
		% von N	0,3	0,9	0,6	1,2	2,1	2,0	0,9	1,0	0,9	0,6	1,1
1—5	Carcinome des Verdauungskanals	n_k	48	37	54	119	114	116	122	146	143	167	51
		% von N	12,2	10,6	8,0	12,2	14,7	11,6	8,9	7,5	6,8	7,9	8,3
6	Kehlkopfcarcinom	n_k	2	3	7	4	4	8	8	11	14	28	8
		% von N	0,5	0,9	1,0	0,4	0,5	0,8	0,6	0,6	0,7	1,3	1,3
7	Bronchialcarcinom[a]	n_k	4	8	8	25	29	43	121	267	271	249	78
		% von N	1,0	2,3	1,2	2,6	3,7	4,3	8,7	13,4	13,0	11,8	12,6
8	Lebercarcinom	n_k	3	2	—	2	3	5	15	18	19	20	4
		% von N	0,8	0,6	—	0,2	0,4	0,5	1,1	0,9	0,9	1,0	0,7
9	Carcinome der Gallenblase und äußeren Gallengänge	n_k	3	—	4	11	14	11	12	23	16	23	4
		% von N	0,8	—	0,6	1,1	1,8	1,1	0,9	1,2	0,8	1,1	0,7
10	Pankreascarcinom	n_k	1	1	3	3	10	3	5	12	23	14	13
		% von N	0,3	0,3	0,4	0,3	1,3	0,3	0,4	0,6	1,1	0,7	2,1
8—10	Carcinome der großen Drüsen des Verdauungskanals	n_k	7	3	7	16	27	19	32	53	58	57	21
		% von N	1,8	0,9	1,0	1,7	3,5	1,9	2,3	2,7	2,8	2,7	3,4
11	Nierencarcinom	n_k	3	1	4	4	8	6	7	12	24	13	14
		% von N	0,8	0,3	0,6	0,4	1,0	0,6	0,5	0,6	1,2	0,6	2,3
12	Carcinome der ableitenden Harnwege	n_k	6	1	2	6	—	4	6	15	14	28	9
		% von N	1,5	0,3	0,3	0,6	—	0,4	0,4	0,8	0,7	1,3	1,5
13	Mammacarcinom	n_k	1	—	—	—	—	—	—	—	—	2	—
		% von N	1,3	—	—	—	—	—	—	—	—	0,1	—
14	Peniscarcinom	n_k	—	1	1	—	—	1	1	—	2	2	—
		% von N	—	0,3	0,1	—	—	0,1	0,1	—	0,1	0,1	—
15	Prostatacarcinom	n_k	3	2	—	7	12	10	21	19	33	26	11
		% von N	0,8	0,6	—	0,7	1,5	1,0	1,5	1,0	1,6	1,2	1,8
16	Hodencarcinom[b]	n_k	—	—	2	1	—	—	1	2	6	4	1
		% von N	—	—	0,3	0,1	—	—	0,1	0,1	0,3	0,2	0,2
13—16	Mamma- und Genitalcarcinome	n_k	4	3	3	8	12	11	23	21	42	34	12
		% von N	1,1	0,9	0,4	0,8	1,5	1,1	1,7	1,1	2,0	1,6	2,0
11—16	Carcinome des Urogenitalsystems	n_k	13	5	9	18	20	21	36	48	79	75	35
		% von N	3,4	1,5	1,3	1,8	2,5	2,1	2,6	2,5	3,9	3,5	5,8
7 und 13—16	Bronchialcarcinom und Mamma- und Genitalcarcinome	n_k	8	11	11	33	41	54	143	288	312	283	90
		% von N	2,1	3,2	1,6	3,4	5,2	5,4	10,4	14,5	15,0	13,4	14,6
1—5 und 8—12	Carcinome der Verdauungs- und Ausscheidungsorgane	n_k	64	42	67	145	149	145	167	226	239	265	95
		% von N	16,3	12,1	9,9	14,9	19,2	14,5	12,1	11,6	11,5	12,5	15,5
	Carcinome	n_k	77	62	91	197	205	214	332	554	587	606	199
		% von N	19,4	17,7	13,2	20,4	26,3	21,4	23,9	27,9	28,1	28,7	32,2
17	Leukosen	n_k	—	2	6	5	7	8	14	45	30	32	7
		% von N	—	0,6	0,9	0,5	0,9	0,8	1,0	2,3	1,4	1,5	1,1
18	Sarkome	n_k	9	2	5	15	12	19	23	43	45	35	18
		% von N	2,3	0,6	0,7	1,6	1,5	1,9	1,7	2,2	2,2	1,7	2,9
	Maligne Tumoren	n_k	86	66	102	217	224	241	369	642	662	673	224
		% von N	21,7	18,8	14,8	22,5	28,7	24,3	26,6	32,3	31,2	31,9	36,2
19	Hirntumoren	n_k	1	3	4	12	10	11	32	58	53	48	19
		% von N	0,3	0,9	0,6	1,2	1,3	1,1	2,3	2,9	2,5	2,3	3,1

[a] Einschließlich Trachealcarcinom.   [b] Einschließlich embryonales Teratom.

Tabelle 6. *Veränderungen der Häufigkeit verschiedener maligner Tumoren bei den im Pathologischen Institut Düsseldorf sezierten über 14 Jahre alten Frauen 1908—1964*

♀	Zeitabschnitte		1908 bis 1910	1919 und 1920	1921 bis 1924	1928 bis 1930	1931 und 1932	1936 bis 1938	1946 bis 1948	1952 bis 1955	1956 bis 1959	1960 bis 1963	1964
	Zahl der Sektionsfälle	N	291	185	424	661	498	691	820	1163	1411	1519	373
1	Carcinome des Mund-Rachen-Raumes	n_k	—	—	1	1	1	3	3	9	11	12	6
		% von N	—	—	0,2	0,2	0,2	0,4	0,4	0,8	0,8	0,8	1,6
2	Oesophaguscarcinom	n_k	—	1	—	1	—	1	1	3	1	2	—
		% von N	—	0,5	—	0,2	—	0,1	0,1	0,3	0,1	0,1	—
3	Magencarcinom	n_k	13	3	12	27	20	9	19	32	34	37	8
		% von N	4,5	1,6	2,8	4,1	4,0	1,3	2,3	2,8	2,4	2,4	2,1
4	Coloncarcinom	n_k	4	1	6	10	8	10	12	14	20	23	10
		% von N	1,4	0,5	1,4	1,5	1,6	1,4	1,5	1,2	1,4	1,5	2,7
5	Rectumcarcinom	n_k	1	—	1	7	5	9	7	13	13	12	4
		% von N	0,3	—	0,2	1,1	1,0	1,3	0,9	1,1	0,9	0,8	1,1
1—5	Carcinome des Verdauungskanals	n_k	18	5	20	46	34	32	42	71	79	86	28
		% von N	6,2	2,6	4,6	7,1	6,8	4,5	5,2	6,2	5,6	5,6	7,5
6	Kehlkopfcarcinom	n_k	—	—	—	—	—	1	1	—	1	2	—
		% von N	—	—	—	—	—	0,1	0,1	—	0,1	0,1	—
7	Bronchialcarcinom[a]	n_k	—	—	—	4	5	2	13	36	33	25	7
		% von N	—	—	—	0,6	1,0	0,3	1,6	3,1	2,3	1,7	1,9
8	Lebercarcinom	n_k	1	—	2	1	1	—	5	3	9	2	1
		% von N	0,3	—	0,5	0,2	0,2	—	0,6	0,3	0,6	0,1	0,3
9	Carcinome der Gallenblase und äußeren Gallengänge	n_k	10	2	8	32	19	23	12	34	34	48	9
		% von N	3,4	1,0	1,9	4,8	3,8	3,3	1,5	2,9	2,4	3,2	2,4
10	Pankreascarcinom	n_k	1	—	1	2	5	6	3	10	10	9	3
		% von N	0,3	—	0,2	0,3	1,0	0,8	0,4	0,9	0,7	0,6	0,8
8—10	Carcinome der großen Drüsen des Verdauungskanals	n_k	12	2	11	35	25	29	20	47	53	59	13
		% von N	4,1	1,0	2,6	5,3	5,0	4,2	2,4	4,0	3,8	3,9	3,5
11	Nierencarcinom	n_k	1	1	1	2	3	1	1	13	9	10	2
		% von N	0,3	0,5	0,2	0,3	0,6	0,1	0,1	1,1	0,6	0,7	0,5
12	Carcinom der ableitenden Harnwege	n_k	3	—	1	1	—	2	2	—	5	3	1
		% von N	1,0	—	0,2	0,2	—	0,3	0,2	—	0,4	0,2	0,3
13	Mammacarcinom	n_k	7	—	5	13	8	19	17	40	48	41	8
		% von N	2,4	—	1,2	2,0	1,6	2,7	2,1	3,4	3,4	2,7	2,1
14	Vulvacarcinom	n_k	1	—	3	1	4	1	3	2	2	6	1
		% von N	0,3	—	0,7	0,2	0,8	0,1	0,4	0,2	0,1	0,4	0,3
15	Uteruscarcinom	n_k	15	7	23	29	23	39	42	65	95	98	32
		% von N	5,2	3,7	5,4	4,4	4,6	5,6	5,1	5,6	6,7	6,5	8,6
16	Ovarialcarcinom[b]	n_k	2	—	2	7	7	16	16	26	44	36	5
		% von N	0,7	—	0,5	1,1	1,4	2,3	2,0	2,2	3,1	2,4	1,3
13—16	Mamma- und Genitalcarcinome	u_k	25	7	33	50	42	75	78	133	189	181	46
		% von N	8,6	3,7	7,8	7,7	8,4	10,7	9,6	11,4	13,3	12,0	12,3
11—16	Carcinome des Urogenitalsystems	n_k	29	8	35	53	45	78	81	146	203	194	49
		% von N	9,9	4,2	8,2	8,2	9,0	11,1	9,9	12,5	14,3	12,9	13,1
7 und 13—16	Bronchialcarcinom und Mamma- und Genitalcarcinome	n_k	25	7	33	54	47	77	91	169	222	206	53
		% von N	8,6	3,7	7,8	8,3	9,4	11,0	11,2	14,5	15,6	13,7	14,2
1—5 und 8—12	Carcinome der Verdauungs- und Ausscheidungsorgane	n_k	34	8	33	84	62	63	65	131	146	158	44
		% von N	11,6	4,1	7,6	12,9	12,4	9,2	7,9	11,3	10,4	10,4	11,8
	Carcinome	n_k	61	16	68	140	113	144	164	314	386	405	100
		% von N	21,0	8,7	16,0	21,2	22,7	20,7	20,0	27,0	27,4	26,7	26,8
17	Leukosen	n_k	3	—	1	10	2	5	11	28	29	29	5
		% von N	1,0	—	0,2	1,5	0,4	0,7	1,3	2,4	2,1	1,9	1,3
18	Sarkome	n_k	4	4	5	8	9	11	17	18	39	27	5
		% von N	1,4	2,1	1,2	1,4	1,8	1,6	2,1	1,7	3,2	2,5	1,3
	Maligne Tumoren	n_k	68	20	74	158	124	160	192	360	454	461	110
		% von N	23,4	10,8	17,5	23,9	24,9	23,2	23,4	30,9	32,2	30,4	29,5
19	Hirntumoren	n_k	1	2	1	6	4	11	19	37	39	45	11
		% von N	0,3	1,0	0,2	0,9	0,8	1,6	2,3	3,2	3,2	3,0	3,0

[a] Einschließlich Trachealcarcinom.   [b] Einschließlich embryonales Teratom.

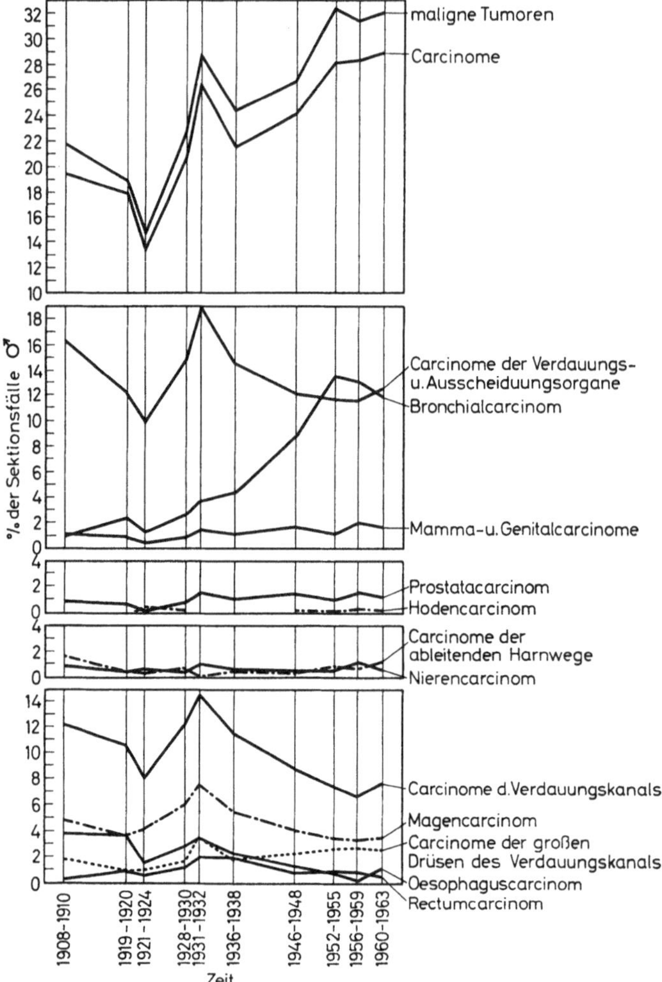

Abb. 11. Relative Häufigkeitskurven verschiedener maligner Tumoren bei den im pathologischen Institut Düsseldorf sezierten über 14 Jahre alten Männern 1908—1963

wird eine Aufschlüsselung der Lebenden nach Altersklassen erst seit 1952 vorgenommen, während die Verstorbenen bereits seit 1908 in Altersgruppen aufgegliedert werden. Da in der vorliegenden Arbeit aber nur über 14 Jahre alte Tumorfälle und Verstorbene berücksichtigt werden, ist eine exakte Berechnung der absoluten Mortalität erst seit 1952 möglich. Die vorher berechneten Werte beziehen sich auf alle Lebenden einschließlich der Kinder unter 14 Jahren, liegen also etwas zu niedrig; sie erscheinen in Tabelle 7 eingeklammert. Um die Größe des dadurch entstandenen Fehlers abschätzen zu können, sind für die folgenden Jahre entsprechend berechnete Werte der absoluten Mortalität den exakten Werten eingeklammert nachgesetzt.

Unter Berücksichtigung der genannten Mängel des Materials der allgemeinen Bevölkerungsstatistik ergibt der Vergleich mit dem Sektionsmaterial folgendes: Die Werte für die relative Mortalität an malignen Tumoren liegen durchwegs unter denen der Häufigkeit der malignen Tumoren im Sektionsmaterial. Ihre Veränderungen sind jedoch stets gleichsinnig, so daß die beiden Häufigkeitskurven parallel verlaufen. Die Kurven der absoluten Mortalität an malignen Tumoren machen die Tendenz des Verlaufes der beiden anderen Kurven dagegen nicht oder nur sehr zögernd mit.

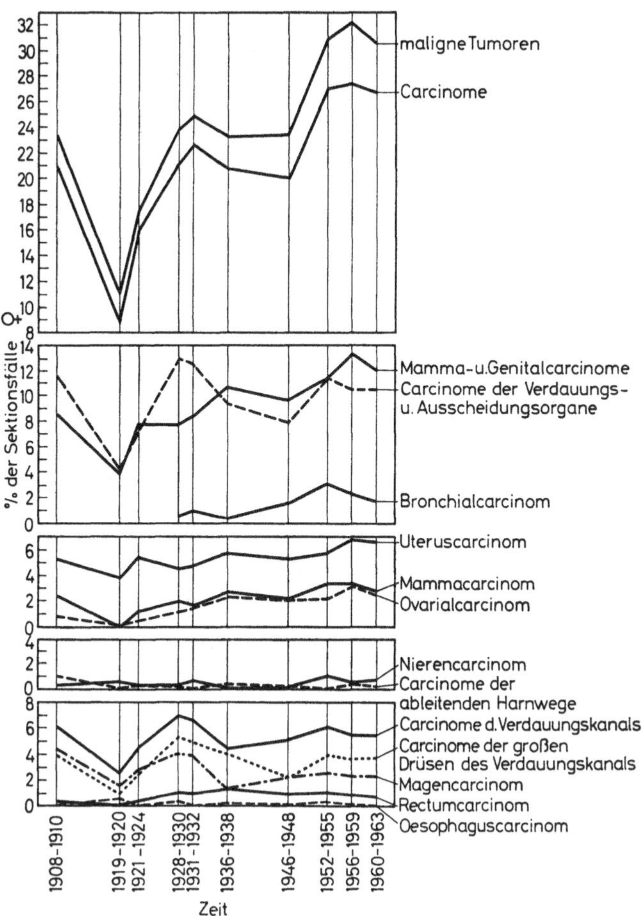

Abb. 12. Relative Häufigkeitskurven verschiedener maligner Tumoren bei den im Pathologischen Institut Düsseldorf sezierten über 14 Jahre alten Frauen 1908—1963

Frauen. Auch hier ist die relative Häufigkeit der malignen Tumoren im Sektionsmaterial mit Ausnahme der Jahre 1946—1948 höher als ihre relative Mortalität in der allgemeinen Bevölkerungsstatistik. Die Gleichsinnigkeit des Kurvenverlaufes ist jedoch etwas weniger ausgeprägt als bei den Männern. Dieses zeigt sich besonders beim Vergleich der Jahresgruppen 1946—1948 und 1952—1955, bei dem der Prozentsatz der malignen Tumoren im Sektionsmaterial von 23,4 % auf 30,9 % ansteigt, während er sich in der allgemeinen Bevölkerungsstatistik kaum verändert. Die absolute Mortalität an malignen Tumoren steigt dagegen kontinuierlich von 1,35$^0/_{00}$ in den Jahren 1928—1930 auf 2,13$^0/_{00}$ in der Jahresgruppe 1960—1963 an.

Der durchschnittliche Prozentsatz der malignen Tumoren aller 10 Jahresgruppen beträgt im Sektionsmaterial bei den Männern 25,2 % und bei den Frauen 24,1 %, während im Material der allgemeinen Bevölkerung die relative Mortalität an malignen Tumoren bei den Männern 19,5 % und bei den Frauen 21,9 % ausmacht. Die absolute Mortalität an malignen Tumoren liegt mit 1,90$^0/_{00}$ bei den Männern höher als bei den Frauen mit 1,76$^0/_{00}$.

46 R. Poche und U. Hoffmann:

2. Bronchialcarcinom und Magencarcinom

Männer. Die beiden Carcinome sind bei den Männern die häufigsten Organkrebse. Beide Tumoren zusammen machen im Durchschnitt aller 10 Jahresgruppen 10,85 % aller Sektionsfälle aus, in der letzten Jahresgruppe 1960—1963 sogar 15,4 %. Das Bronchialcarcinom steigt, 1908—1910

Tabelle 7. *Absolute Zahlen der klassifizierten Tumoren (n) sowie absolute (A) und relative (R) Mortalität an diesen Tumoren in der über 14 Jahre alten Düsseldorfer allgemeinen Bevölkerung 1908—1964. Trennung von Männern und Frauen ist erst seit 1928 durchgeführt. Die eingeklammerten Zahlen von l und A beziehen sich auf alle Lebenden einschließlich der unter 14 Jahre alten, da eine Aufschlüsselung der Lebenden nach Altersklassen in den Statistischen Jahrbüchern der Stadt Düsseldorf regelmäßig erst seit 1952 vorgenommen wird*

Zeitabschnitte	♂ + ♀	1908—10	1919—20	1921—24
Lebende	l	(959 300)	(822 240)	(17 000 200)
Verstorbene	d	6476	7195	13 496
Krebs und andere Neubildungen	n	817	764	1624
	A	(0,85 ‰)	(0,93 ‰)	(0,96 ‰)
	R	12,6 %	10,6 %	12,0 %

Zeitabschnitte	♂	1928—30	1931/32	1936—38	1946—48	1952—55	1956—59	1960—63	1964
Lebende	l					873 493	1 018 882	1 055 626	263 854
		(655 200)	(476 000)	(738 870)	(599 329)	(1 090 601)	(1 253 134)	(1 304 778)	
Verstorbene	d	5303	3616	7288	5964	11 118	13 226	14 446	3517
Krebs und andere Neubildungen	n	764	687	1297	1124	2526	2800	3271	860
	A					2,89 ‰	2,75 ‰	3,10 ‰	3,26 ‰
		(1,17 ‰)	(1,44 ‰)	(1,75 ‰)	(1,87 ‰)	(2,32 ‰)	(2,23 ‰)	(2,51 ‰)	
	R	14,4 %	19,0 %	17,8 %	18,8 %	22,7 %	21,2 %	22,6 %	24,4 %
Carcinome des Verdauungskanals	n			660	470	860			
	A					0,89 ‰			
				(0,89 ‰)	(0,78 ‰)	(0,79 ‰)			
	R			9,1 %	7,9 %	7,7 %			
Carcinome der Verdauungsorgane	n						1119	1297	304
	A						1,09 ‰	1,23 ‰	1,15 ‰
							(0,89 ‰)	(0,99 ‰)	
	R						8,5 %	9,0 %	8,6 %
Carcinome der Atmungsorgane	n			162	218	659	828	1016	282
	A					0,75 ‰	0,81 ‰	0,96 ‰	1,07 ‰
				(0,22 ‰)	(0,36 ‰)	(0,60 ‰)	(0,66 ‰)	(0,78 ‰)	
	R			2,2 %	3,7 %	5,9 %	6,3 %	7,0 %	8,0 %
Carcinome der Harn- und Geschlechtsorgane	n			147	139				
	A			(0,20 ‰)	(0,23 ‰)				
	R			2,0 %	2,3 %				
Prostatacarcinom	n					170			
	A					0,20 ‰			
						(0,16 ‰)			
	R					1,5 %			

mit 1,0 % aller Sektionsfälle beginnend und von einer Unterbrechung 1921—1924 abgesehen, kontinuierlich an bis 1952—1955, wo es mit 13,4 % seinen Gipfel erreicht. Das Magencarcinom, das 1908—1910 mit 4,8 % bedeutend häufiger ist als der Bronchialkrebs, nimmt zunächst stark ab und steigt dann auf seinen Höchstwert von 7,7 % in den Jahren 1931/32. Danach fällt es — zunächst steil und dann flacher werdend — bis auf 3,4 % in den Jahren 1956—1959 ab. Abb. 11 enthält außerdem den Prozentsatz aller Carcinome des Verdauungskanals. Sie haben seit 1921—1924 dieselbe Verlaufstendenz wie das Magencarcinom.

Frauen. Beide Carcinome sind durchwegs seltener als bei den Männern. Das Bronchialcarcinom steigt zwar auch an, besonders seit 1936—1938, erreicht aber mit 3,1 % in den Jahren 1952—1955 einen vergleichsweise bescheidenen Höchstwert. Das Magencarcinom beginnt 1908—1910 mit 4,5 %, erreicht nach einem vorübergehenden Abfall in der Jahresgruppe 1928—1930 noch einmal 4,1 %, fällt steil ab und nimmt dann ebenso wie der Bronchialkrebs bis 1952—1955 wieder leicht zu.

Tabelle 7 (Fortsetzung)

Zeitabschnitte	♀	1928—30	1931/32	1936—38	1946—48	1952—55	1956—59	1960—63	1964
Lebende	l					1 022 634	1 190 967	1 254 217	315 233
		(708 400)	(518 300)	(815 630)	(722 348)	(1 233 886)	(1 417 598)	(1 493 466)	
Verstorbene	d	5552	3804	6906	5335	10 294	11 983	13 187	3301
Krebs und andere Neubildungen	n	956	751	1437	1274	2429	2834	3185	787
	A					2,38 ‰	2,38 ‰	2,54 ‰	2,50 ‰
		(1,35 ‰)	(1,45 ‰)	(1,69 ‰)	(1,76 ‰)	(1,97 ‰)	(2,00 ‰)	(2,13 ‰)	
	R	17,2 %	19,7 %	20,8 %	23,9 %	23,6 %	23,7 %	24,2 %	23,7 %
Carcinome des Verdauungskanals	n			424	345	656			
	A					0,64 ‰			
				(0,52 ‰)	(0,48 ‰)	(0,53 ‰)			
	R			6,1 %	6,5 %	6,4 %			
Carcinome der Verdauungsorgane	n						1188	1186	341
	A						1,0 ‰	0,95 ‰	1,08 ‰
							(0,84 ‰)	(0,80 ‰)	
	R						9,9 %	9,0 %	10,3 %
Carcinome der Atmungsorgane	n			26	37	84	126	136	37
	A					0,08 ‰	0,11 ‰	0,11 ‰	0,12 ‰
				(0,032 ‰)	(0,051 ‰)	(0,07 ‰)	(0,09 ‰)	(0,09 ‰)	
	R			0,4 %	0,7 %	0,8 %	1,1 %	1,0 %	1,1 %
Uteruscarcinom	n			275	215	325	296	294	75
	A					0,32 ‰	0,25 ‰	0,23 ‰	0,24 ‰
				(0,34 ‰)	(0,30 ‰)	(0,26 ‰)	(0,21 ‰)	(0,20 ‰)	
	R			4,0 %	4,0 %	3,2 %	2,5 %	2,2 %	2,3 %
Mammacarcinom	n			168	137	316	368	427	97
	A					0,31 ‰	0,31 ‰	0,34 ‰	0,31 ‰
				(0,20 ‰)	(0,19 ‰)	(0,26 ‰)	(0,26 ‰)	(0,29 ‰)	
	R			2,4 %	2,6 %	3,1 %	3,1 %	3,2 %	2,9 %

3. Oesophagus-, Colon- und Rectumcarcinom

Männer. Das Oesophaguscarcinom stellt in der Jahresgruppe 1908—1910 3,8 % aller Sektionen, es fällt dann zunächst flach und später steil ab, hat mit 3,5 % einen zweiten Gipfel 1931/32, um dann bis 1956—1959 kontinuierlich auf 0,2 % abzunehmen. Die Carcinome des Colon und des Rectum bewegen sich ungefähr in dem Bereich von 0,5—1,5 %. 1931/32 und 1936—1938 erreicht das Rectumcarcinom 2,0 %.

Frauen. Das Oesophaguscarcinom ist mit 0,0—0,3 % äußerst selten. Häufiger dagegen sind die Carcinome des Colon und des Rectum, deren Häufigkeit sich um 1,0—1,5 % bewegt, dabei liegt das Coloncarcinom stets über dem Rectumcarcinom.

4. Prostata- und Hodencarcinom bzw. Uterus- und Ovarialcarcinom und Mammacarcinom

Männer. Das einzige nennenswerte Genitalcarcinom des Mannes, das Prostatacarcinom, hat 1921—1924 sein Minimum mit 0 % und pendelt dann in der Zeit von 1931/32 bis 1960—1963 zwischen 1,0 % und 1,5 %. Das Hodencarcinom ist oft überhaupt nicht vertreten und erreicht maximal 0,3 %. Das Mammacarcinom spielt mit insgesamt 3 Fällen beim Manne keine Rolle.

Frauen. Die Krebse der anatomisch und entwicklungsgeschichtlich vergleichbaren Organe der Frau sind ungleich häufiger als beim Manne. Der Uteruskrebs ist im Sektionsmaterial der häufigste weibliche Tumor. Er hat 1919/20 mit 3,7 % sein Minimum und nimmt mit Unterbrechungen langsam zu bis auf 6,7 % in den Jahren 1956—1959, um in der letzten Jahresgruppe wieder leicht zurückzugehen. Das Ovarialcarcinom und das Mammacarcinom, die 1919/20 beide 0 % betragen, erreichen 1956—1959 mit 3,1 % bzw. 3,4 % ihren Höchstwert, nehmen dann 1960—1963 stärker ab als das Uteruscarcinom. Seit 1928—1930 verlaufen die Kurven des Uterus- und des Ovarialcarcinoms annähernd parallel.

5. Carcinome der Gallenwege, der Leber und des Pankreas

Männer. Alle drei Organkrebse sind nicht sehr häufig, sie bewegen sich ohne große Schwankungen um 1 % herum.

Frauen. Das Carcinom der Gallenwege ist häufiger als die beiden anderen Carcinome zusammen. Im Durchschnitt aller 10 Jahresgruppen erreicht es die Häufigkeit des Magenkrebses. Es beginnt 1908—1910 mit 3,4 % aller Sektionen, sinkt 1919/20 auf 1,0 % ab und erreicht 1928—1930 mit 4,8 % seinen höchsten Wert. Bis 1946—1948 fällt es auf 1,5 % ab und nimmt dann bis 1960—1963 wieder auf 3,2 % zu. Die Carcinome der Leber und des Pankreas bleiben durchwegs unter der 1 %-Grenze.

6. Carcinome der Niere und der ableitenden Harnwege

Männer. Der Krebs der ableitenden Harnwege, in erster Linie also der Harnblase, hat seinen höchsten Wert 1908—1910 mit 1,5 %, bewegt sich dann bis 1956—1959 um 0,5 %; 1960—1963 erreicht er 1,3 %. Das Nierencarcinom pendelt ohne größere Schwankungen zwischen 0,3 % und 1,2 %.

Frauen. Das Carcinom der ableitenden Harnwege hat 1908—1910 mit 1,0% seine größte Häufigkeit, später erreicht es nie mehr als 0,4%. Das Nierencarcinom liegt bis 1946—1948 immer unter 0,6%, nimmt dann aber etwas zu und beträgt 1952—1955 1,1% und 1960—1963 0,7% aller Sezierten.

7. Carcinome des Mund- und Rachenraumes und Kehlkopfcarcinom

Männer. Das Carcinom des Mund- und Rachenraumes hat seinen Höchstwert 1919—1920 mit 2,0%, sinkt dann bis 1931/32 auf 0,4% ab und liegt in den folgenden Jahresgruppen konstant leicht über 1,0%. Das Kehlkopfcarcinom erreicht 1921—1924 1,0%, liegt bis 1956—1959 durchwegs unter 1,0% und erreicht 1960—1963 den Wert von 1,3% aller Sektionsfälle.

Frauen. Beide Carcinome sind selten. Das Carcinom des Mund-Rachenraumes steigt von 0% auf 0,8% an. Das Kehlkopfcarcinom spielt mit insgesamt 5 Fällen keine Rolle.

8. Sarkome und Leukosen

Männer. Die Sarkome haben 1908—1910 mit 2,3% ihre größte Häufigkeit, fallen dann bis 1919/20 auf 0,6% ab und steigen in einer nicht kontinuierlichen, flachen Kurve bis auf 2,2% in den Jahren 1952—1955 und 1956—1959 an, um 1960—1963 auf 1,7% abzunehmen. Die Leukosen, deren Häufigkeit bis 1946—1948 unter 1,0% liegt, erreichen 1952—1955 mit 2,3% ihren Höchstwert und fallen 1956—1959 auf 1,4% bzw. 1960—1963 auf 1,5% ab.

Frauen. Die Häufigkeit der Sarkome wechselt sprunghafter als beim Manne; der Höchstwert liegt mit 3,2% in den Jahren 1956—1959. Die Leukosen haben 1929/30 mit 1,5% ihren ersten Gipfel, dem nach einem vorübergehenden Abfall 1952—1955 mit 2,4% ein zweiter Gipfel folgt.

9. Hirntumoren

Sowohl bei den Männern wie bei den Frauen steigen die Hirntumoren von 0,3% in den Jahren 1908—1910 mit kleinen Unterbrechungen bis auf 2,9% bzw. 3,2% in den Jahren 1952—1955 an und fallen dann bei beiden Geschlechtern vorübergehend geringgradig ab.

Erörterung der Ergebnisse

Zur Beurteilung der vorstehenden Ergebnisse muß zunächst erörtert werden, welche Aussagekraft das untersuchte Material besitzt. Das Sektionsmaterial hat den großen Vorteil der sicheren Diagnose, ist aber nicht repräsentativ für die Gesamtbevölkerung. Beispielsweise findet eine gewisse Selektion durch Zentrenbildung in den vorgeschalteten Kliniken statt (vgl. POCHE, MITTMANN und KNELLER, 1964a; POCHE und ALTENKÄMPER, 1968; MÜNTEFERING und KAISER, 1968). So ist in unserem Sektionsmaterial das Verhalten der Carcinome des Mund-Rachen-Raumes, die insgesamt geringgradig zugenommen haben — obwohl das Altersmaximum in der Altersklasse 60—69 liegt und in den drei Altersklassen 50—59, 60—69 und 70—79 eine geringe Abnahme erfolgte — möglicherweise dadurch zu erklären, daß es in Düsseldorf ein entsprechendes Zentrum, nämlich eine Kieferchirurgische Klinik mit großem Einzugsgebiet gibt, die nun auch Patienten der früher im Sektionsmaterial dieser Tumoren nicht vertretenen Altersklassen 30—39 und über 80 anzieht. Über die Bedeutung einer Chirurgischen Klinik, in der Thoraxchirurgie betrieben wird, für die Häufigkeit des Bronchialcarcinoms haben POCHE, MITTMANN und KNELLER (1964a) bereits Stellung genommen. Daß die Uteruscarcinome im Düsseldorfer Sektionsmaterial zugenommen, in der allgemeinen Bevölkerung aber abgenommen haben, ließe sich wie folgt erklären: Die Abnahme in der Gesamtbevölkerung ist durch die beim Uteruscarcinom besonders guten therapeutischen Erfolge bedingt (vgl. DIBBELT und EHLERS, 1965). Im Sektionsmaterial aber kommt es deshalb zu einer Zunahme des Uteruscarcinoms, weil durch die aus den therapeutischen Erfolgen abgeleitete erweiterte Indikation zur stationären Behandlung auch mehr prognostisch ungünstige Fälle in die Klinik kommen und dort z.T. auch sterben. Insgesamt sind die Veränderungen des Sektionsmaterials durch die vorgeschalteten Kliniken jedoch überschaubar. Das Material der allgemeinen Bevölkerungsstatistik repräsentiert zwar die Gesamtbevölkerung, hat aber den Nachteil der unsicheren Diagnose, weil es sich nur auf Todesbescheinigungen stützt (vgl. POCHE, MITTMANN und KNELLER, 1964c). Dazu kommen die im Kapitel „Material und Methode" erwähnten Mängel der allgemeinen Bevölkerungsstatistik, die einen Vergleich über lange Zeiträume hinweg nicht oder nur unter Vorbehalten erlauben. Unter diesen Voraussetzungen ist in der vorliegenden Arbeit dem Sektionsmaterial die größere Aussagekraft zuzumessen. Trotzdem wäre es nach dem Prinzip der Materialvariation (vgl. MITTMANN, 1964; ZSCHOCH, 1966) bedeutungsvoll, wenn die allgemeine Bevölkerungsstatistik und das Sektionsmaterial den gleichen Trend aufweisen würden. Nach den vorliegenden Untersuchungen ist dieses nun tatsächlich der Fall: Die Veränderungen der Krebshäufigkeit im Sektionsmaterial und im Material der allgemeinen Bevölkerung — soweit dieses eine entsprechende Auswertung zuließ — stimmen in ihrer Tendenz überein. Wenn man die allgemeine Krebshäufigkeit betrachtet, stellt man eine Zunahme der Krebse im Sektionsmaterial sowie auch eine Zunahme der relativen und der absoluten Krebsmortalität in der allgemeinen Bevölkerung fest. Wenn man jedoch die einzelnen Organkrebse und ihre Altersverteilung in Betracht zieht, dann entsprechen sich nur noch das Sektionsmaterial und die relative Mortalität in der allgemeinen Bevölkerung, während die absolute Mortalität in der allgemeinen Bevölkerung eine andere Tendenz zeigt. So liegen beispielsweise das Altersmaximum des Bronchialcarcinoms im Sektionsmaterial und das Altersmaximum der relativen Mortalität an Krebsen der Atmungsorgane in der allgemeinen Bevölkerung dicht unterhalb des 60. Lebensjahres, während das Altersmaximum der absoluten Mortalität an Krebsen der Atmungsorgane in höheren Altersklassen liegt.

Die Bedeutung der Altersmaxima der verschiedenen Organkrebse ist bisher nur wenig beachtet worden, ein Umstand, der nicht zuletzt darauf zurückzuführen sein dürfte, daß FREUDENBERG (1952, 1964, 1965) das Arbeiten mit der relativen Mortalität als „Fehler" und „ohne Aussagewert" bezeichnet. Er begründet seine Ablehnung damit, daß die Summe der Anteilsziffern für alle Todesursachen immer 100% sein muß; dadurch müsse, wenn die Häufigkeit einer Todesursache A abnimmt, während die Häufigkeit aller anderen Todesursachen unverändert bleibt, eine Zunahme der Mortalität an jeder dieser anderen Todesursachen vorgetäuscht werden. Diese Ansicht von FREUDENBERG würde nur zutreffen, wenn die durch die Abnahme der Todesursache A vom Tode verschonten Menschen überhaupt nicht sterben würden. Wenn sie aber an einer der anderen bekannten Todesursachen sterben, dann hat die Sterblichkeit an dieser Todesursache nicht nur scheinbar, sondern tatsächlich zugenommen. Ob diese Zunahme nur durch den Rückgang der Todesursache A zustande gekommen ist, oder ob sie aus anderen Gründen erfolgte, ist dann eine zweite Frage. Nach PRINZING (1930), den FREUDENBERG als Kronzeugen gegen die relative Mortalität anführt, erlaubt diese Methode eine Aussage darüber, ,,ob ein etwaiger Unterschied in der Bedrohung durch gewisse Krankheiten im Verhältnis zur Bedrohung durch sämtliche Krankheiten besteht''; und gerade dieses interessiert den Arzt. Die Ablehnung der relativen Mortalität als ,,methodologischen Fehler'' durch FREUDENBERG erscheint besonders unverständlich, wenn man bedenkt, daß zwischen der relativen Mortalität und der absoluten Mortalität (nach FREUDENBERG als ,,Mortalität'' bzw. ,,Sterblichkeit'' schlechthin bezeichnet) ganz einfache mathematische Beziehungen bestehen (vgl. POCHE, MITTMANN und KNELLER, 1964b): Die absolute Mortalität (A) ist das Verhältnis der Zahl der an einer bestimmten Krankheit Gestorbenen (d_k) zu der Zahl aller zu Beginn des Untersuchungszeitraumes Lebenden (l):

$$A = \frac{d_k}{l} \tag{I}$$

Die relative Mortalität (R) ist das Verhältnis der an einer bestimmten Krankheit Gestorbenen (d_k) zu der Zahl aller Gestorbenen (d):

$$R = \frac{d_k}{d} \tag{II}$$

Die totale Mortalität (T) ist das Verhältnis der Zahl aller Gestorbenen (d) zu der Zahl aller zu Beginn des Untersuchungszeitraumes Lebenden (l):

$$T = \frac{d}{l} \tag{III}$$

Wenn man den Quotienten der absoluten Mortalität mit d erweitert, gilt die Gleichung

$$\frac{d_k}{l} = \frac{d_k}{d} \cdot \frac{d}{l} \; ; \text{ oder} \tag{IV}$$

$$A = R \cdot T . \tag{V}$$

Die absolute Mortalität ist also das Produkt aus relativer Mortalität und totaler Mortalität, d.h. das Produkt aus zwei veränderlichen Faktoren. Wenn einer dieser Faktoren konstant bleibt, wie etwa die Lage des Altersmaximums der relativen Mortalität bestimmter Organkrebse, dann ändert sich die absolute Mortalität mit dem zweiten Faktor, der totalen Mortalität. Auf diese Weise erklärt sich auch das von KOLLER (1960) herausgestellte Verhalten der absoluten Mortalität an Bronchialcarcinom, die sich mit der Zunahme des Bronchialcarcinoms ,,wie eine Welle'' in immer höhere Altersklassen verlagert. Ein Grund für diese Welle ist, daß im Untersuchungszeitraum die Lage des Altersmaximums der relativen Mortalität an Bronchialcarcinom konstant geblieben ist, während die totale Mortalität mit Zunahme

der allgemeinen Lebenserwartung in den jüngeren und mittleren Altersklassen zurückgegangen ist und dementsprechend in der höchsten Altersklasse stark zugenommen hat; das Produkt aus relativer Mortalität und
totaler Mortalität, nämlich die absolute Mortalität, muß in diesem Falle
dem veränderlichen Faktor, nämlich der totalen Mortalität, folgen. Koller
hält zwar die mit Hilfe der relativen Mortalität ermittelten Werte nicht
für irrelevant (vgl. Wagner et al., 1966), vermeidet es aber, von einer
allgemeinen Krebssterblichkeit zu sprechen. Er hält die einzelnen Organkrebse für selbständige Erkrankungen, die er wegen ihres — bei Betrachtung der absoluten Mortalität — unterschiedlichen statistischen Ver-
haltens nicht als Krankheitseinheit ansieht (Koller, 1960). Im übrigen hält
Koller die Zerlegung der absoluten Mortalität in Morbidität und Letalität
für biologisch sinnvoller als die Zerlegung in relative Mortalität und totale
Mortalität (vgl. Wagner et al., 1966). Daß es am sinnvollsten wäre, mit
Morbiditätsstatistiken zu arbeiten, ist auch unsere Meinung (Poche, 1964);
leider verfügen wir aber — wenn man von den Infektionskrankheiten
absieht — nicht über ein entsprechendes Meldesystem zur Erfassung aller
Krankheiten oder zumindest der Krebskrankheiten, so daß uns entsprechendes Zahlenmaterial überhaupt nicht zur Verfügung steht. Nachstehend sollen
die Beziehungen zwischen Mortalität, Morbidität und Letalität formelmäßig
dargestellt werden: Die Morbidität (M) an einer Krankheit ist das Verhältnis der Zahl aller von der Krankheit Betroffenen (k) zu der Zahl aller
zu Beginn des Untersuchungszeitraumes Lebenden (l)

$$M = \frac{k}{l} \tag{VI}$$

und die Letalität (L) das Verhältnis der Zahl der an dieser Krankheit Verstorbenen (d_k) zu der Zahl aller von dieser Krankheit Betroffenen (k)

$$L = \frac{d_k}{k}. \tag{VII}$$

Wenn man den Quotienten der absoluten Mortalität mit k erweitert, gilt
die Gleichung:

$$\frac{d_k}{l} = \frac{k}{l} \cdot \frac{d_k}{k} \tag{VIII}$$

Eingesetzt in Gl. (IV):

$$\frac{d_k}{l} = \frac{d_k}{d} \cdot \frac{d}{l} = \frac{k}{l} \cdot \frac{d_k}{k} \text{ oder} \tag{IX}$$

$$A = R \cdot T = M \cdot L, \tag{X}$$

d.h. die absolute Mortalität ist das Produkt aus relativer und totaler Mortalität einerseits und aus Morbidität und Letalität andererseits. Koller
(vgl. Wagner et al., 1966) schließt aus diesen Zusammenhängen, daß die
absolute Mortalität dem biologischen Geschehen in der Bevölkerung ge-
rechter würde als die relative Mortalität. Gerade dieses aber bestreitet
Mittmann (1966; vgl. auch Wagner et al., 1966). Er führt aus, daß rein
rechnerisch bei gleichbleibendem Krankheitsspektrum der Bevölkerung die
absolute Mortalität abnimmt, wenn die Lebenslänge wächst. Im übrigen
lassen sich nach Mittmann die gleichen Einwände, die Freudenberg

gegen die relative Mortalität erhebt, auch gegen die absolute Mortalität anführen. Darüber hinaus hält MITTMANN das alleinige Arbeiten mit der absoluten Mortalität wegen des Bezuges eines Teiles der Gestorbenen auf eine andere Kategorie, nämlich die Gesamtheit der Lebenden, aus mathemaitsch-statistischen Gründen für bedenklich. Schließlich gehört der Tod genauso zur menschlichen Biologie wie das Leben oder die Krankheit. Gerade bei den Krebskrankheiten ist es biologisch sinnvoll, mit den verschiedenen Mortalitätsbegriffen zu arbeiten, weil Dauerheilungen auch heute noch relativ selten sind, so daß man — von wenigen Ausnahmen abgesehen und unter Berücksichtigung der Krankheitsdauer — im allgemeinen beim Krebs die Erkrankungshäufigkeit und die Sterblichkeit annäherungsweise gleichsetzen kann. Dabei scheint uns die relative Mortalität die Verhältnisse am sinnvollsten zu beschreiben, weil sie sich nicht — wie die absolute Mortalität — aus zwei veränderlichen Faktoren zusammensetzt.

Die vorstehenden Untersuchungen am Sektionsmaterial des Düsseldorfer Pathologischen Instituts und am Material der allgemeinen Bevölkerungsstatistik der Stadt Düsseldorf unter Verwendung der relativen und der absoluten Mortalität haben ergeben:

1. Beim Vergleich der Jahre 1908—1938 und 1946—1963 hat der Prozentsatz der Carcinome — wie auch der aller malignen Tumoren — im Sektionsmaterial beim männlichen und beim weiblichen Geschlecht stark zugenommen. Ebenso haben in der allgemeinen Bevölkerung die relative und die absolute Mortalität an „Krebs und anderen Neubildungen" bei beiden Geschlechtern zugenommen.

2. Das Altersmaximum der Krebskrankheit, d. h. der Gesamtheit aller Carcinome, hat sich im Sektionsmaterial bei beiden Geschlechtern in Richtung auf jüngere Lebensalter verschoben: Bei Männern ist es von der Altersklasse 60—69 in die Altersklasse 50—59 vorgerückt; bei den Frauen ist es in der Altersklasse 50—59 geblieben, die größte Zunahme erfolgte jedoch in der Altersklasse 40—49, wobei sich das Altersmaximum innerhalb der Klasse 50—59 nach links verschoben hat. In der allgemeinen Bevölkerung hat sich das Altersmaximum der relativen Mortalität an „Krebs und anderen Neubildungen" bei den Männern von der Altersklasse 60—69 in die Altersklasse 50—59 und bei den Frauen von der Altersklasse 50—59 in die Altersklasse 40—49 verlagert. (Ein Vergleich der absoluten Mortalitäten ist nicht möglich, da eine Aufschlüsselung der Lebenden nach Altersklassen in den statistischen Jahrbüchern der Stadt Düsseldorf erst seit 1952 durchgeführt wird.)

3. Im Sektionsmaterial hat sich die Häufigkeit der einzelnen Organkrebse sehr stark verändert. Die Verschiebung ist bei beiden Geschlechtern ganz unterschiedlich, obwohl die Gesamtkrebshäufigkeit, die beim männlichen Geschlecht von 20,3 % auf 27,7 % und beim weiblichen Geschlecht von 19,8 % auf 25,8 % angestiegen ist, innerhalb der statistischen Fehlerbreite bei beiden Geschlechtern etwa gleichgeblieben ist. Beim männlichen Geschlecht hat das Bronchialcarcinom besonders stark zugenommen, während die Carcinome des Magens, des Oesophagus und des Rectum deutlich abgenommen haben und die übrigen Carcinome keine charakteristischen Veränderungen ihrer Häufigkeit erkennen lassen. Beim weiblichen Geschlecht haben das Bronchialcarcinom, das Uteruscarcinom, das Ovarial-

carcinom und das Mammacarcinom zugenommen, während die Carcinome des Magens und der großen Drüsen des Verdauungskanals abgenommen haben; die übrigen Carcinome zeigen keine charakteristischen Veränderungen ihrer Häufigkeit. Bei beiden Geschlechtern liegt das Altersmaximum der Carcinome, die zugenommen haben, vor dem 60. Lebensjahr, und das Altersmaximum der Carcinome, die abgenommen haben, jenseits des 60. Lebensjahres. Eine Ausnahme macht nur das Prostatacarcinom, das von 0,8% auf 1,3% zugenommen hat und eine von Altersklasse zu Altersklasse steigende Häufigkeit mit dem Maximum in der höchsten Altersklasse aufweist.

4. Wenn man die Carcinome von 1908 ab kontinuierlich verfolgt, ergibt sich: Im Sektionsmaterial nimmt beim männlichen Geschlecht die Gesamthäufigkeit der Carcinome und der malignen Tumoren von 1908—1910 bis 1919/20 und 1921—1924 ab, steigt 1928—1930 und 1931/32 steil an, fällt 1936—1938 wieder ab, um 1946—1948 leicht und 1952—1955 stark anzusteigen; bis 1963 tritt dann keine wesentliche Veränderung der Krebshäufigkeit mehr ein. In der allgemeinen Bevölkerung zeigt die relative Mortalität an „Krebs und anderen Neubildungen" einen ganz entsprechenden Kurvenverlauf, während die absolute Mortalität im allgemeinen kontinuierlich ansteigt. Bei den Männern ist der Gipfel 1931/32 im wesentlichen durch die Carcinome der Verdauungs- und Ausscheidungsorgane bedingt, während der Gipfel 1952—1955 und das angrenzende Plateau im wesentlichen durch eine Zunahme des Bronchialcarcinoms zustande gekommen sind.

Die wichtigsten von den vorstehend genannten Untersuchungsergebnissen berührten Probleme sind die Frage der Zunahme der allgemeinen Krebshäufigkeit und die Frage der Altersmaxima einzelner Organkrebse.

Eine Zunahme der allgemeinen Krebssterblichkeit wird von verschiedenen Autoren bestritten (Freudenberg, 1952, 1954, 1955, 1956, 1957, 1965; Grosse, 1956; Jahn und Schulz, 1956; Körbler und Frank, 1962; Schönbauer und Ueberreiter, 1950; Strauch, 1961; Westphal, 1954 u. a.). Demgegenüber haben sich Bauer (1963), Denk, Hansluwka und Karrer (1963), Jeuther, Koeper und Piontek (1947), Kretz (1963), Pascua (1953), Poche (1964), Schinz und Reich (1954, 1955, 1959) sowie Zylmann (1952) u. a. für eine echte Zunahme des Krebses seit der Jahrhundertwende ausgesprochen. Die Hauptargumente Freudenbergs gegen eine echte Zunahme des Krebses sind: Die Verbesserung der klinischen Diagnostik, durch die viele Fälle von Altersschwäche als Carcinome erkannt worden seien, und die Zunahme der allgemeinen Lebenserwartung; außerdem verlangt er, die Sterbeziffern zu standardisieren. Für die vorliegende Arbeit treffen die angeführten Einwände nicht zu. In dem untersuchten Sektionsmaterial, für das die Sicherheit der Diagnose charakteristisch ist, spielt die Verbesserung der klinischen Krebsdiagnostik keine Rolle. Die zunehmende Lebenserwartung der Bevölkerung würde nur gegen eine echte Krebszunahme sprechen, wenn die relative Krebsmortalität in der höchsten Altersklasse am größten wäre. Dieses ist aber — abgesehen vom Prostatacarcinom — nach unseren Untersuchungen weder in der allgemeinen Bevölkerung noch im Sektionsmaterial der Fall: Die Krebshäufigkeit erreicht vielmehr in einer bestimmten Altersklasse ein Maximum und fällt danach in den höheren Altersklassen wieder ab. Es kann deshalb unterstellt werden, daß die in der vorliegenden Arbeit seit 1908 nachgewiesene

Zunahme der allgemeinen Krebshäufigkeit reell ist. Wenn man die Sterbeziffern standardisiert — d.h., wenn die tatsächlich gefundenen Zahlen beim Vergleich zweier Zeiträume entweder auf eine „Standardbevölkerung" oder auf eine „Standardsterblichkeit" bezogen werden — erhält man fiktive Zahlen, bei denen die Faktoren, die das Krankheitsspektrum der Bevölkerung stören bzw. verändern, weitgehend ausgeschaltet sind. Solche fiktiven Zahlen sind aber für den Arzt, den gerade diese Störfaktoren besonders interessieren müssen, nur von beschränktem Wert. FREUDENBERGs Aussage, daß nach Standardisierung der Sterbeziffern keine wesentliche Krebszunahme mehr zu erkennen sei (1965), würde also nur bedeuten, daß die endogenen Faktoren der Krebsentstehung keine wesentlichen Veränderungen erfahren hätten. Zusammenfassend stimmen wir mit BAUER (1964) überein, der feststellt: „Von den Menschen, die sterben, stirbt ein immer höherer Prozentsatz an Krebs." Allerdings scheint die allgemeine Krebszunahme vorübergehend zum Stillstand gekommen zu sein. So läßt unser Sektionsmaterial von 1955—1963 keine wesentliche Krebszunahme mehr erkennen, zeigt aber 1964 wieder einen leichten Anstieg. Die relative Krebsmortalität der allgemeinen Bevölkerung zeigt ganz das gleiche Verhalten (vgl. Tabelle 7). Eine auffallend gleichsinnige Tendenz lassen auch das Düsseldorfer Sektionsmaterial und das Material der allgemeinen Bevölkerung des Landes Nordrhein-Westfalen hinsichtlich der Häufigkeit des Bronchialcarcinoms erkennen (vgl. Tabellen 5, 6 und 8). Im Sektionsmaterial hat die Häufigkeit des Bronchialcarcinoms nach einem Höchststand 1952—1955 bei beiden Geschlechtern leicht abgenommen. Das Material der allgemeinen Bevölkerung folgt mit einer Latenz von 7 Jahren und zeigt 1963 einen geringen Abfall der relativen und der absoluten Mortalität an Lungenkrebs und damit erstmalig eine Unterbrechung des Trend dieses Krebses, von Jahr zu Jahr ständig zuzunehmen. Wir können also feststellen, daß in der vorliegenden Arbeit das diagnostisch sichere und nicht durch Todesfälle von ungeklärter Altersschwäche belastete Sektionsmaterial hinsichtlich der Krebshäufigkeit gleichsinnige Tendenzen zeigt, wie die relative und die absolute Krebsmortalität in der allgemeinen Bevölkerung. Abschließend ergeben sich *keine* zwingenden Gründe dafür, die in beiden Materialien zum Ausdruck kommende Zunahme der Gesamtkrebshäufigkeit beim Vergleich der Jahre 1908—1936 und 1946—1963 als nur vorgetäuscht anzusehen, d.h. *die allgemeine Krebssterblichkeit bzw. Krebshäufigkeit hat im untersuchten Zeitraum des letzten halben Jahrhunderts tatsächlich zugenommen. Daß sich das Altersmaximum der relativen Gesamtkrebssterblichkeit bzw. Gesamtkrebshäufigkeit dabei in jüngere Altersklassen verschoben hat, spricht für die Mitwirkung exogener Faktoren bei der Krebsentstehung* (POCHE, 1967). Dem entspricht, daß die mit steigender Zivilisationshöhe verbundene Zunahme der Industrialisierung, Verstädterung und Motorisierung zu einer ständigen Zunahme von Cancerogenen in der Umgebung des Menschen geführt hat (vgl. BAUER, 1963; GRIMMER, 1966; HUEPER, 1961, 1964, 1966; HETTCHE, 1964, 1966; SCHLIPKÖTER, 1964), und die meisten Cancerogene sog. ct-Gifte sind.

Eine Konstanz der Lage der Altersmaxima der einzelnen Organkrebse wurde bereits von DORMANNS (1936, 1957) vorausgesagt; der Autor sieht in den relativen Alterskurven der Organkrebse „biologische Konstanten", die s.E. wesentliche Hinweise für die Bedeutung endogener konstitutioneller

Tabelle 8. *Absolute Zahlen (n) sowie absolute (A) und relative (R) Mortalität an allen Krebsen und den Krebsen der Atmungsorgane bzw. der Bronchien in der allgemeinen Bevölkerungsstatistik von Nordrhein-Westfalen 1959—1963*[a]

Zeitabschnitte	$\male+\female$	1959	1960	1961	1962	1963
Lebende	l	15653613	15852476	16028919	16194670	16361108
Verstorbene	d	139916	150764	147378	153300	161625
Carcinome	n	29175	30225	31040	31955	32382
	A	1,864 $^0/_{00}$	1,906 $^0/_{00}$	1,934 $^0/_{00}$	1,976 $^0/_{00}$	1,980 $^0/_{00}$
	R	20,8%	20,1%	21,1%	20,9%	20,0%
Carcinome der Atmungsorgane	n	4560	4823	5225	5553	5566
	A	0,292 $^0/_{00}$	0,304 $^0/_{00}$	0,326 $^0/_{00}$	0,344 $^0/_{00}$	0,341 $^0/_{00}$
	R	3,3%	3,2%	3,5%	3,6%	3,4%
Bronchialcarcinom	n	4154	4428	4786	5094	5085
	A	0,266 $^0/_{00}$	0,279 $^0/_{00}$	0,298 $^0/_{00}$	0,314 $^0/_{00}$	0,313 $^0/_{00}$
	R	3,0%	3,0%	3,2%	3,3%	3,1%

[a] Ohne Kinder unter 15 Jahren, Unfälle u.a. unnatürliche Todesursachen.

Faktoren bei der Krebsentstehung geben können. Für das Bronchialcarcinom konnten wir eine Konstanz der Lage des Altersmaximums in der Altersklasse 50—59 im Düsseldorfer Sektionsmaterial 1908—1963, im Bonner Sektionsmaterial 1957—1959 und im Solinger Sektionsmaterial 1955—1957 sowie im Material der allgemeinen Bevölkerungsstatistik 1959 der Länder Deutschland (Bundesrepublik), Norwegen, Italien, Frankreich, Dänemark, Holland, Belgien, Großbritannien, USA und im Material der allgemeinen Bevölkerungsstatistik der Schweiz 1899—1955 feststellen (Poche, Mittmann und Kneller, 1964a—c). An der gleichen Stelle wurde das Altersmaximum des Bronchialcarcinoms in folgenden Materialien gefunden: Im Hamburger Sektionsmaterial 1889—1923 (Kikuth, 1925) und 1935—1950 (Zylmann, 1952), in der Reichscarcinomstatistik 1925—1933 (Dormanns, 1936), im Leipziger Sektionsmaterial 1920—1951 (Werner, 1953) und 1951—1960 (Langsch, 1963), im Berliner Sektionsmaterial 1895—1950 (H. Leschke, 1952), im Dresdner Sektionsmaterial 1852—1951 (Grosse, 1953) und im Haller Sektionsmaterial (W. Leschke, 1957). In der vorliegenden Arbeit liegt das Altersmaximum der relativen Mortalität an Carcinomen der Atmungsorgane der allgemeinen Bevölkerung der Stadt Düsseldorf bei den Männern ebenfalls in der Altersklasse 50—59, bei den Frauen sogar in der Altersklasse 40—49 (Tabellen 9 und 10). Auf die Konstanz der Lage der Altersmaxima verschiedener Organkrebse haben Grosse (1953) und Langsch (1963) hingewiesen. Grosse fand im Dresdner Sektionsmaterial 1852—1901 und 1928—1951 mit Ausnahme des Oesophaguscarcinoms beim Manne keine wesentlichen Verschiebungen der relativen Altersverteilungskurven der einzelnen Organkrebse. Langsch, der in Leipzig die Sektionsstatistik der Jahre 1920—1951 von Werner (1953) fortsetzte und mit der der Jahre 1951—1960 verglich, fand von den wesentlichen Organkrebsen beider Geschlechter nur beim Coloncarcinom eine Verschiebung des Altersmaximums von der Altersklasse 60—69 in die Altersklasse 70—79. Nach der Ausgleichshypothese (Poche, Mittmann und Kneller, 1964a; Mittmann,

Tabelle 9. *Altersverteilung der Todesfälle (n) sowie der absoluten (A) und relativen (R) Mortalität an den klassifizierten Tumoren (alle Krebse, Krebse der Verdauungsorgane und Krebse der Atmungsorgane) der über 14 Jahre alten Männer in der Düsseldorfer allgemeinen Bevölkerungsstatistik 1952—1963*

Altersklassen	♂	alle > 14	15—29	30—39	40—49	50—59	60—69	70—79	> 79
Lebende	l	2946001	911940	487661	511512	532151	310927	154632	37178
Verstorbene	d	38790	417	565	1914	6685	10614	12367	6228
Krebs und andere Neubildungen	n	8597	115	144	489	1947	2767	2397	738
	A	2,91 ‰	0,13 ‰	0,30 ‰	0,76 ‰	3,66 ‰	8,9 ‰	15,15 ‰	19,89 ‰
	R	22,2%	27,6%	25,5%	25,6%	29,2%	26,0%	19,4%	11,8%
Carcinome des Verdauungstraktes bzw. der Verdauungsorgane	n	3276	14	30	140	617	997	1102	376
	A	1,11 ‰	0,01 ‰	0,06 ‰	0,27 ‰	1,16 ‰	3,20 ‰	7,14 ‰	10,11 ‰
	R	8,4%	3,4%	5,3%	7,3%	9,4%	9,4%	8,9%	6,0%
Carcinome der Atmungsorgane	n	2503	7	17	158	758	1000	480	83
	A	0,85 ‰	0,008 ‰	0,03 ‰	0,31 ‰	1,42 ‰	3,22 ‰	3,11 ‰	2,24 ‰
	R	6,5%	1,7%	3,0%	8,3%	11,4%	9,4%	3,9%	1,3%

Tabelle 10. *Altersverteilung der Todesfälle (n) sowie der absoluten (A) und relativen (R) Mortalität an den klassifizierten Tumoren (alle Krebse, Krebse der Verdauungsorgane, Krebse der Atmungsorgane, sowie Gebärmutter- und Brustdrüsenkrebse) der über 14 Jahre alten Frauen in der Düsseldorfer allgemeinen Bevölkerungsstatistik 1952—1963*

Altersklassen	♀	alle > 14	15—29	30—39	40—49	50—59	60—69	70—79	> 79
Lebende	l	3467818	905763	597516	643069	624858	426678	215093	54841
Verstorbene	d	35464	451	685	1807	4182	8112	12282	7945
Krebs und andere Neubildungen	n	8448	88	237	901	1767	2337	2308	810
	A	2,44 ‰	0,10 ‰	0,40 ‰	1,40 ‰	2,83 ‰	5,49 ‰	10,74 ‰	14,80 ‰
	R	23,8%	23,5%	34,6%	50,0%	42,2%	28,8%	18,8%	10,2%
Carcinome des Verdauungstraktes bzw. der Verdauungsorgane	n	3030	9	34	148	474	876	1084	405
	A	0,87 ‰	0,009 ‰	0,057 ‰	0,23 ‰	0,76 ‰	2,06 ‰	5,05 ‰	7,39 ‰
	R	8,5%	2,0%	5,0%	8,2%	11,3%	10,8%	8,8%	5,1%
Carcinome der Atmungsorgane	n	346	2	9	42	81	101	88	23
	A	0,10 ‰	0,002 ‰	0,015 ‰	0,07 ‰	0,13 ‰	0,24 ‰	0,41 ‰	0,42 ‰
	R	1,0%	0,4%	1,3%	2,3%	1,9%	1,2%	0,7%	0,3%
Uteruscarcinom	n	915	3	68	193	235	226	147	43
	A	0,26 ‰	0,003 ‰	0,11 ‰	0,30 ‰	0,38 ‰	0,53 ‰	0,68 ‰	0,79 ‰
	R	2,6%	0,7%	9,9%	10,7%	5,6%	2,8%	1,2%	0,5%
Mammacarcinom	n	1111	4	33	169	318	307	211	69
	A	0,32 ‰	0,04 ‰	0,05 ‰	0,26 ‰	0,51 ‰	0,72 ‰	0,98 ‰	1,26 ‰
	R	3,1%	0,9%	4,8%	9,4%	7,6%	3,8%	1,7%	0,9%

1963, 1964) bleibt das Verhältnis des Prozentsatzes der malignen Tumoren bei beiden Geschlechtern im Laufe der Zeit etwa gleich, auch wenn einzelne Organkrebse bei beiden Geschlechtern unterschiedlich stark zu- oder abnehmen. Eine ausgleichende Verschiebung der Carcinome nimmt auch

Peller (1954) an. Sein Gesetz der „inversen Assoziation" besagt, daß die Krebsfrequenz gewisser Organe abnimmt, wenn bei einer Vermehrung von cancerogenen Faktoren die Krebsfrequenz in den besonders exponierten Organen ansteigt. Junghans und Sachs (1962) fanden dieses Gesetz in umgekehrter Weise bestätigt: Bei einer Gruppe von 1197 Frauen, bei denen 1948—1956 eine Uterusexstirpation oder eine Amputation bzw. Elektrocoagulation der Portio als Prophylaxe gegen das Collumcarcinom vorgenommen worden war, entstanden zwar keine Collumcarcinome; die Gesamtkrebsfrequenz dieser Gruppe war jedoch gleichgroß wie in einer Vergleichsgruppe einer gleichen Zahl gleichaltriger Frauen, bei denen keine Prophylaxe betrieben worden war. Dieses Verhalten ist nur zu verstehen, wenn man der Konstitution bzw. Disposition bei der Krebsentstehung eine Bedeutung beimißt. In der vorliegenden Arbeit konnte beim Vergleich der Jahresgruppen 1908—1936 und 1946—1963 nachgewiesen werden, daß die wichtigsten Organkrebse bei beiden Geschlechtern ihre Altersmaxima nicht wesentlich verschoben haben. Aus diesen Untersuchungsergebnissen und den angeführten Zahlen der Literatur, die sich noch weiter ergänzen lassen, ist der Schluß zu ziehen, daß die einzelnen Organkrebse charakteristische Altersverteilungskurven besitzen, deren Altersmaxima sich trotz erheblicher vertikaler Verschiebungen im Verlaufe des letzten Jahrhunderts auffallend wenig verlagert haben. Unter Berücksichtigung der statistischen Variationsbreite im biologischen Material kann man also eine Konstanz der Lage der Altersmaxima der wichtigsten Organkrebse bei beiden Geschlechtern als tatsächlich gegeben unterstellen. *Diese trotz teilweise sehr starker vertikaler Verschiebungen konstante Lage der Altersmaxima der meisten Organkrebse spricht für die Mitwirkung endogener konstitutioneller Faktoren bei der Krebsentstehung* (Poche, 1967). Daß aber auch die Konstitution bzw. Disposition durch exogene Faktoren beeinflußt werden können, zeigen u.a. die Arbeiten von Schwartz (1964, 1965) über den Zusammenhang zwischen Tuberkulose und Bronchialcarcinom.

In der vorliegenden Arbeit konnte gezeigt werden, daß das Altersmaximum aller Krebse, die von 1908—1936 bis 1946—1963 zugenommen haben, unterhalb des 60. Lebensjahres liegt. Dieses sind beim männlichen Geschlecht im wesentlichen das Bronchialcarcinom, beim weiblichen Geschlecht das Bronchialcarcinom, das Uteruscarcinom, das Ovarialcarcinom und das Mammacarcinom. Dagegen liegen die Altersmaxima der Krebse, die abgenommen haben, im allgemeinen oberhalb des 60. Lebensjahres. Dieses sind beim männlichen Geschlecht die Carcinome des Oesophagus, des Magens und des Rectums, beim weiblichen Geschlecht die Carcinome des Magens und der Gallenwege. Auch in der allgemeinen Bevölkerung Düsseldorfs liegen die Altersmaxima der Krebse, die zugenommen haben, in jüngeren Altersklassen als die Altersmaxima der Krebse, die abgenommen haben (vgl. Tabellen 9 und 10). Vergleicht man bei beiden Geschlechtern die Gesamtkrebshäufigkeit und die Häufigkeit einzelner Organkrebse nach dem Kriterium ihrer Zu- oder Abnahme, dann stellt man fest, daß bei der Frau das Bronchialcarcinom (2,2%) und die Uterus-, Ovarial- und Mammacarcinome (11,9%) mit zusammengenommen 14,1% etwa die gleiche Häufigkeit aufweisen, wie beim Manne die Gruppe Bronchialcarcinom (12,0%), Mammacarcinom und Genitalcarcinome (1,6%), die zusammen 13,6% ausmachen. Da die Häufigkeit der Krebse mit Altersmaximum vor dem 60. Lebensjahr wie die Gesamtkrebshäufigkeit bei beiden Geschlechtern etwa gleich ist, muß die Häufigkeit des Bronchialcarcinoms bei der Frau wesentlich geringer sein als beim Mann, weil die dem Bronchialcarcinom gegenüberstehende Gruppe der Genital- und Mammacarcinome bei der Frau sehr groß ist, beim Manne dagegen nur eine untergeordnete Rolle spielt. Die Betrachtung der relativen Alterskurven der Organkrebse und ihrer Altersmaxima ist also auch geeignet, den vielumstrittenen Geschlechtsunterschied beim Bronchialcarcinom statistisch zu erklären. Ähnliche Überlegungen führten SCHWARTZ (1965) zur Aufstellung der Theorie des „Numerus clausus" der Geschwulstentstehung.

Zusammenfassung

Ein Vergleich der Sektionsstatistik der Jahre 1908—1938 und 1946—1963 des Düsseldorfer Pathologischen Instituts sowie entsprechende Untersuchungen an der allgemeinen Bevölkerungsstatistik der Stadt Düsseldorf haben ergeben:

1. Die allgemeine Krebshäufigkeit hat bei beiden Geschlechtern zugenommen. Beim männlichen Geschlecht steigt die Gesamtkrebshäufigkeit im Sektionsmaterial von 20,3% auf 27,7% und in der allgemeinen Bevölkerungsstatistik von 17,0% auf 21,7%, beim weiblichen Geschlecht im Sektionsmaterial von 19,8% auf 25,8% und in der allgemeinen Bevölkerungsstatistik von 19,3% auf 23,8%. Der Anstieg erfolgte nicht kontinuierlich, er wird vielmehr durch Perioden eines geringen Rückganges oder einer Plateaubildung unterbrochen. Das Altersmaximum der relativen Gesamtkrebshäufigkeit hat sich bei beiden Geschlechtern in Richtung auf jüngere Altersklassen verschoben.

2. In der Häufigkeit der einzelnen Organkrebse sind bei beiden Geschlechtern unterschiedlich starke Verschiebungen eingetreten. Beim männlichen Geschlecht hat das Bronchialcarcinom stark zugenommen, während die Carcinome des Oesophagus, des Magens und des Rectums abgenommen haben. Beim weiblichen Geschlecht haben das Bronchialcarcinom, das Uteruscarcinom (nur im Sektionsmaterial), das Ovarialcarcinom und das Mammacarcinom zugenommen, die Carcinome des Magens und der Gallenwege dagegen haben abgenommen. Trotz dieser starken Verschiebungen weisen die einzelnen Organkrebse charakteristische relative Alterskurven auf, deren Maxima innerhalb der Altersskala eine bemerkenswert konstante Lage aufweisen. Die Altersmaxima der Krebse, die zugenommen haben, liegen konstant in den jüngeren Altersklassen unterhalb des 60. Lebensjahres, während sich die Altersmaxima der Krebse, die abgenommen haben, konstant in den höheren Altersklassen oberhalb des 60. Lebensjahres finden.

3. Die Summe der Anteilsziffern aller Krebse, die zugenommen haben und deren Altersmaximum vor dem 60. Lebensjahr liegt, ist wie die Gesamtkrebshäufigkeit bei beiden Geschlechtern annähernd gleich, d.h. 1946—1963 ist die Häufigkeit des Bronchialcarcinoms beim männlichen Geschlecht etwa so groß wie beim weiblichen Geschlecht die Häufigkeit der Carcinome der Bronchien, des Uterus, der Ovarien und der Mammae zusammen.

Aus diesen Ergebnissen kann vorsichtig geschlossen werden:

a) Die Zunahme der Gesamtkrebshäufigkeit unter gleichzeitiger Vorverlegung ihres Altersmaximums spricht für eine Mitwirkung exogener Faktoren bei der Krebsentstehung.

b) Die konstante Lage der Altersmaxima der einzelnen Organkrebse trotz erheblicher vertikaler Verschiebungen in der Häufigkeit dieser Krebse weist auf die Bedeutung endogener konstitutioneller Faktoren bei der Krebsentstehung hin.

c) Die vergleichende Betrachtung der Altersmaxima der Krebse, die zugenommen haben, und die bei beiden Geschlechtern etwa gleichbleibende Summe ihrer Anteilsziffern geben eine Möglichkeit zur Erklärung des Geschlechtsunterschiedes beim Bronchialcarcinom.

Literatur

Bauer, K. H.: Das Krebsproblem, 2. Aufl. Berlin-Göttingen-Heidelberg: Springer 1963.
— Krebs und Härteausgleich nach § 89 Abs. 2 BVG. Schriftenreihe des Bundesversorgungsblattes, H. 2. Stuttgart u. Köln: Kohlhammer 1964.
Denk, W., H. Hansluwka u. K. Karrer: Zur Epidemiologie des Carcinoms. I. Mitt. Z. Krebsforsch. 65, 488—505 (1963).
Dibbelt, L., u. F. Ehlers: Methoden und Ergebnisse der Behandlung des Kollum-Karzinoms an der Akademischen Frauenklinik in Düsseldorf. Geburtsh. u. Frauenheilk. 25, 486—501 (1965).
Dormanns, E.: Die vergleichende geographisch-pathologische Reichs-Carcinomstatistik 1925—1933. Verh. II. Internat. Kongr. für Krebsforschung und Krebsbekämpfung. Brüssel 1936, Bd. I, S. 460—482.
— Konstitution und Krebs. In: Martius u. Hartl, Krebs und Krebsbekämpfung, Bd. II, S. 50—89. Berlin-München: Urban & Schwarzenberg 1957.
Freudenberg, K.: Die scheinbare Zunahme der Krebssterblichkeit. Arch. Hyg. (Berl.) 136, 129—138 (1952).
— Eine neue Berechnung der bereinigten Krebssterblichkeit. Ärztl. Wschr. 9, 1240—1242 (1954).
— Die Sterblichkeitsentwicklung in Westdeutschland. Öff. Gesundh.-Dienst 18, 363—373 (1956).
— Vorzüge und Gefahren der Sektionsstatistik. In: K. Köhn u. H. H. Jansen, Gestaltwandel klassischer Krankheitsbilder. Berlin-Göttingen-Heidelberg: Springer 1957.
— Fehlschlüsse aus einer Sektionsstatistik über das Bronchialcarcinom. Bundesgesundheitsblatt 7, 99—102 (1964).
— Statistische Überlegungen zur Karzinogenese. Dtsch. med. Wschr. 90, 944—947 (1965).
Grimmer, G.: Cancerogene Kohlenwasserstoffe in der Umgebung des Menschen. Erdöl und Kohle, Erdgas, Petrochemie 19, 578—583 (1966).
Grosse, H.: Kritische Gedanken zur Krebsstatistik auf Grund der Sektionen des Stadtkrankenhauses Dresden-Friedrichstadt 1852—1951. Z. Krebsforsch. 59, 316—339 (1953).
— Echte oder nur scheinbare Krebszunahme? Arch. Geschwulstforsch. 9, 280—289 (1956).
Hettche, O.: Gesundheitsgefährdung durch Kraftfahrzeugabgase. Öff. Gesundh.-Dienst 26, 480—488 (1964).
— Die Gefahren der Luftverunreinigung für die Gesundheit. Med. Welt 17, 2552—2554 (1966).
Hueper, W. C.: Environmental carcinogenesis and cancers. Cancer Res. 21, 842—857 (1961).
— Berufskrebs. Beitr. zur Krebsforsch., Bd. 9. Dresden u. Leipzig: Theodor Steinkopff 1964.
— Occupational and environmental cancers of the respiratory system. Berlin-Heidelberg-New York: Springer 1966.
Jahn, A., u. M. Schulz: Die Veränderung der Krebssterblichkeit unter eingehender Berücksichtigung der krebserkrankten Organe 1933—1954 in Berlin. Z. Krebsforsch. 61, 152—164 (1956).
Jeuther, A., H. Koeper u. H. Piontek: Die bösartigen Geschwülste, Lungenkrebs und tödliche Lungenembolien unter den Prager Leichenöffnungen 1894—1943. Virchows Arch. path. Anat. 314, 242—259 (1947).

JUNGHANS, W., u. V. SACHS: Über die Prophylaxe des Kollum-Karzinoms. Ärztl. Forsch. 16, I/300—I/308 (1962).

KIKUTH, W.: Über Lungencarcinom. Virchows Arch. path. Anat. 255, 107—128 (1925).

KÖRBLER, J., u. P. FRANK: Verschiebung des Krebsalters im Laufe eines halben Jahrhunderts. Krebsarzt 17, 158—165 (1962).

KOLLER, S.: Statistik der Krebsverbreitung. Therapiewoche 10, 15—24 (1960).

KRETZ, J.: Krebsvorbeugung. Krebsarzt 18, 1—13 (1963).

LANGSCH, H.-G.: Die Fortsetzung einer Karzinom-Sektionsstatistik von 1951—1960. Zbl. allg. Path. path. Anat. 105, 129—141 (1963).

LESCHKE, H.: Die Zunahme des Bronchialcarcinoms in einer Sektionsstatistik (1895—1950). Virchows Arch. path. Anat. 321, 101—120 (1952).

LESCHKE, W.: Das Bronchialcarcinom, seine Häufigkeit, Metastasierung und Frühdiagnose. Arch. Geschwulstforsch. 11, 294—311 (1957).

MITTMANN, O.: Über ausgleichende Verteilungen maligner Tumoren. Krebsarzt 18, 337—340 (1963); 19, 196—199 (1964).

— Rückschlüsse von Sektionskollektiven. Virchows Arch. path. Anat. 337, 579—582 (1964).

— Zum Mortalitätsbegriff. Ärztl. Forsch. 20, 57—59 (1966).

MÜNTEFERING, H., u. G. KAISER: Art und Häufigkeit der Mißbildungen im Obduktionsgut des Pathologischen Instituts der Universität Düsseldorf in den Jahren 1929—1939 und 1952—1964. Erg. Path. 50, 63—103 (1968).

PASCUA, M.: Die Entwicklung der Krebssterblichkeit in Europa im 20. Jahrhundert. Krebsarzt 8, 149—153 (1953).

PELLER, S.: Berufskrebs, Krebslehre und gewerbliche Krebshygiene. Arch. Gewerbepath. Gewerbehyg. 13, 29—57 (1954).

POCHE, R.: Krebs und Umwelt. Ein Beitrag zur Frage der Bedeutung von Luftverunreinigungen für den Lungenkrebs. In: Luftverunreinigung, S. 1—10. Düsseldorf: Dtsch. Kommunal-Verlag GmbH 1964.

— Allgemein-pathologische Gesichtspunkte zum Krebsproblem. Vortrag auf dem I. Wilhelm-Warner-Symposion am 1. 5. 1967 und Bielefelder Ärztl. Fortbild.-Kurse 20, II, 1—3 (1967).

—, u. H. ALTENKÄMPER: Vergleichende Untersuchungen über die Altersverteilung der Sterbefälle der allgemeinen Bevölkerung und der Obduktionsfälle des Pathologischen Instituts in Düsseldorf. Erg. Path. 50, 1—25 (1968).

— O. MITTMANN u. O. KNELLER: Statistische Untersuchungen über das Bronchialcarcinom in Nordrhein-Westfalen. Z. Krebsforsch. 66, 87—108 (1964a).

— — — Statistische Untersuchungen über das Bronchialcarcinom in Nordrhein-Westfalen. Schlußwort zu den Bemerkungen von S. KOLLER in Z. Krebsforsch. 66, 187—192 (1964). Z. Krebsforsch. 66, 250—262 (1964b).

— — — „Fehlschlüsse aus einer Sektionsstatistik über das Bronchialcarcinom". Erwiderung an Professor FREUDENBERG. Bundesgesundheitsblatt 9, 129—132 (1964c).

— — — Bemerkungen zur Ätiologie des Bronchialcarcinoms. Ärztl. Forsch. 8, 417—421 (1965).

PRINZING, F.: Handbuch der medizinischen Statistik. Jena: Gustav Fischer 1930.

SCHINZ, H. R., u. TH. REICH: Zur Altersdisposition der Karzinome in der Schweiz im Jahre 1952. Oncologia (Basel) 7, 257—306 (1954).

— — Die Wandlungen der Karzinomgefährdung in der Schweiz seit der Jahrhundertwende und deren Erklärung durch vorgetäuschte Altersdisposition. Oncologia (Basel) 8, 136—175 (1955).

— — Wandlungen der Karzinomgefährdung in England und Wales und in Japan im Vergleich mit der Bundesrepublik Deutschland, Frankreich und der Schweiz. Dtsch. med. Wschr. 84, 1328—1330 (1959).

— — Wandlungen der Karzinomhäufigkeit in der Bundesrepublik Deutschland im Vergleich mit Frankreich und der Schweiz. Oncologia (Basel) 12, 1—13 (1959).

SCHLIPKÖTER, H.-W.: Vorkommen und Gefahren der Luftverunreinigungen in Großstädten von Nordrhein-Westfalen. In: Jahrbuch des Landesamtes für Forschung Nordrhein-Westfalen 1964.

SCHÖNBAUER, L., u. H. ÜBERREITER: Erlaubt das vorliegende statistische Material ein Urteil über eine Zunahme der Krebskrankheit? Wien. med. Wschr. 100, 554—556 (1950).

SCHWARTZ, PH.: Lymph node tuberculosis, pulmonary tuberculosis and pulmonary cancer. Acta tuberc. pneumol. scand. 44, 1—38 (1964).

Schwartz, Ph.: Beziehungen zwischen tuberkulösen Lungenveränderungen und primären Lungengeschwülsten. Prax. Pneumol. 19, 80—93 (1965).

Strauch, G.: Untersuchungen über die Veränderungen der Krebshäufigkeit. Arch. Geschwulstforsch. 18, 119—127 (1961).

Wagner, G., J. Clemmesen, K. Freudenberg, H. Hansluwka, S. Koller u. O. Mittmann: Podiumgespräch über Krebsmortalität. Krebs-Dokumentation und Statistik maligner Tumoren. Verh. Ber. 10. Int. Jahrestagg d. Arbeitsaussch. Medizin in der Dtsch. Ges. für Dokumentation, S. 421—426. Stuttgart: Schattauer 1966.

Werner, W.: Eine Karzinom-Sektionsstatistik 1920—1951 (22 619 Sektionen, 4377 Karzinome). Arch. Geschwulstforsch. 5, 334—351 (1953).

Westphal, K. H.: Bereinigte Häufigkeit von Krebs als Todesursache. Beiträge zur Statistik in Einzeldarstellungen. Herausgeg. vom Statistischen Amt der Stadt Düsseldorf 1954, Nr. 13.

Zschoch, H.: Probleme der Sektionsstatistik. Zbl. allg. Path. path. Anat. 108, 511—520 (1966).

Zylmann, E.: Ein statistischer Beitrag zur Krebshäufigkeit. Unter besonderer Berücksichtigung der Möglichkeit einer erblichen Krebsdisposition. Z. Krebsforsch. 58, 239—274 (1952).

Die Mißbildungen im Obduktionsgut des Pathologischen Instituts der Universität Düsseldorf in den Jahren 1929 bis 1939 und 1952 bis 1965*

Von

Horst Müntefering und **Gretel Kaiser**

Inhaltsverzeichnis

Einleitung

Trotz der umfangreichen Literatur zum Problem der Mißbildungen sind unsere Kenntnisse über deren Häufigkeit und damit über ihre Bedeutung innerhalb des Spektrums der menschlichen Erkrankungen noch unzureichend. Folgende wesentliche Gesichtspunkte gaben Anlaß zu der vorliegenden Dokumentation:

1. Die große Anzahl pathologisch-anatomisch exakt untersuchter Fälle: Aus den bearbeiteten Zeiträumen standen insgesamt 29 198 Protokolle über Obduktionsfälle, darunter 2234 Fälle mit Mißbildungen zur Verfügung.

2. Die gleichbleibend hohe Obduktionsrate der Sterbefälle: Sie betrug in den bearbeiteten Jahrgängen durchschnittlich 73,45 %.

3. Die zentrale Bedeutung des hiesigen Instituts für den Stadtbezirk Düsseldorf. Der Durchgang auswärtiger Patienten ist darüber hinaus überprüfbar.

4. Das Vorliegen umfangreicher statistischer, für den internen Gebrauch bestimmter Unterlagen der Städtischen Krankenanstalten: Insbesondere bieten Zahlenangaben über die in den einzelnen Kliniken behandelten Patienten, klinische Angaben über Todesursachen und Adressenangaben wertvolle Ergänzungen zu den eigenen Unterlagen.

Bei der vorliegenden Untersuchung wurde zunächst auf die Umrechnung der Ergebnisse auf die Gesamtbevölkerung verzichtet. Die Arbeit stellt vielmehr, vorwiegend in Tabellenform, eine Dokumentation über die hiesigen Verhältnisse in bezug auf die allgemeinen Häufigkeitswerte sowie das Vorkommen einzelner Mißbildungsformen dar und enthält Angaben, die zum Ausschluß von Störfaktoren bei der statistischen Auswertung wichtig erscheinen.

* Aus dem Pathologischen Institut der Universität Düsseldorf (Direktor: Prof. Dr. med. Dr. h. c. H. MEESSEN). — Die Untersuchungen wurden mit Unterstützung der Deutschen Forschungsgemeinschaft durchgeführt.

Definition

Mißbildungen sind Folgen von Entwicklungsstörungen mit schweren formalen Defekten.

Es wird kein Unterschied gemacht, ob eine Deformation durch Störung der Anlage oder durch sekundäre Zerstörung eines bereits primitiv ausgebildeten Organes verursacht wurde.

Ausgeschlossen sind: Anomalien und Varietäten, makroskopisch nicht erfaßbare „Betriebsstörungen", z. B. Totgeburt, Lebensschwäche, Unreife, Frühgeburt, Enzymopathien („inborn errors of metabolism"), außerdem harmonische Mehrfachbildungen (eineiige normal gestaltete Zwillinge bzw. Mehrlinge).

Material und Methodik

Zum Häufigkeitsvergleich wurden die Mißbildungen aus 11 Jahrgängen der Vorkriegszeit und 13 Jahrgängen der Nachkriegszeit bearbeitet. Aus den Archivakten des Pathologischen Instituts der Universität Düsseldorf wurden sämtliche Obduktionsprotokolle der Jahre 1929—1939 (insgesamt 10880) und 1952—1964 (insgesamt 18318) gesichtet.

Die gefundenen Mißbildungen wurden nach der folgenden, für die *„Kommission für teratologische Fragen der Deutschen Forschungsgemeinschaft"* von Prof. Dr. Klaus Goerttler entworfenen Klassifizierung* in 36 morphologische Gruppen eingeteilt:

A. Doppelbildungen.
1. Abartige Gestaltung eines oder beider Mehrlinge einschließlich Akardier.
2. Miteinander verwachsene Mehrlinge mit erkennbaren Individualteilen (z. B. Cephalo-Thoraco-Ischiopagus u. a.).
3. Teratome (z. B. Sacralparasiten, Epignathus).

B. Individualmißbildungen
(isoliert oder als Teile von Kombinationen; Syndrome außerdem unter C).
1. *Äußerlich sichtbare Mißbildungen an Kopf und Hals.*
   a) *Gesicht mit Nase und Kiefer* (grobe Störungen der Gesichtsbildung, Spalten, Ober- und Unterkieferdeformitäten höheren Grades).
   b) *Ohren* (Riesenwuchs, erhebliche Mikrotie bzw. schwere Deformation, äußerlich erkennbare Gehörgangsatresie).
   c) *Auge und Gehirn* (z. B. Anophthalmie, Synophthalmie, Mikrophthalmie, Cyclopie, Encephalocele, Hydrocephalus).
   d) *Schädel* (viel zu groß, zu klein, abartig in der Form, aber keine geburtstraumatisch bedingten Deformationen).
   e) *Hals* (abnorme Verkürzung, Pterygium colli, Hygrome, Fisteln).
2. *Äußerlich sichtbare Mißbildungen des Rumpfes*
   (ohne Schulter- und Beckengürtel).
   a) *Vordere Spaltbildungen* (z. B. Ectopia cordis, große Eingeweidebzw. Nabelbrüche).
   b) Äußerlich sichtbare *urogenitale und Störungen der Analregion* einschließlich Zwitterbildungen.

---

* Herrn Professor Dr. med. K. Goerttler danken wir für die Überlassung der Unterlagen.

c) Hintere Spaltbildungen (Rachischisis, Myelomeningocele, aber keine Spina bifida).

3. *Mißbildungen der Extremitäten*
(einschließlich Schulter- und Beckengürtel).

a) Überzählige Teile der oberen Extremitäten und des Schultergürtels.

b) Verwachsungen bzw. Spaltungen oder Fehlen von Teilen der oberen Extremitäten und des Schultergürtels [proximal, distal, Gelenkfehlbildungen; Adaktylie, Aphalangie, Acheirie, Syndaktylie (aber keine Schwimmhautbildungen), Peromelie, Phokomelie, Amelie].

c) Grobe Fehlstellungen der oberen Extremitäten und des Schultergürtels oder einzelner Teile, aber ohne die unter b) genannten Schäden (z.B. Pronations- und Supinationsstellungen, Klumphand).

d) Überzählige Teile der unteren Extremitäten und des Beckengürtels.

e) Verwachsungen bzw. Spaltungen oder Fehlen von Teilen der unteren Extremitäten und des Beckengürtels (proximal, distal, Gelenkfehlbildungen; Adaktylie, Aphalangie, Apodie; Peromelie, Phokomelie, Amelie; Syndaktylie, aber keine Schwimmhautbildungen).

f) Grobe Fehlstellungen der unteren Extremitäten und des Beckengürtels oder einzelner Teile, aber ohne die unter e) genannten Schäden (z.B. Klumpfüße, angeborene Hüftgelenksluxation).

4. *Mißbildungen der Organe.*

a) Mißbildungen des Integumentes (einschließlich sog. amniotischer Stränge und Tumoren; Hämangiome und Lymphangiome sind unter 1. aufzuführen).

b) Zentrales und peripheres Nervensystem (auch bei äußerlich sichtbaren und bereits aufgeführten Mißbildungen des Kopfes und Rumpfes, z.B. Gesichtsmißbildungen und Rachischisis).

c) Zentrales und peripheres Nervensystem ohne die unter 1. und 2. genannten äußerlich sichtbaren Schäden.

d) Respirations- und Digestionstrakt sowie inkretorisches System einschließlich der unter 1. und 2. genannten Schäden.

e) Respirations- und Digestionstrakt sowie inkretorisches System *ohne* äußerlich sichtbare Schäden (einschließlich schwere muskuläre Pylorusstenose).

f) Urogenitaltrakt einschließlich äußerlich sichtbarer und unter 2. genannter Schäden.

g) Urogenitaltrakt ohne äußerlich sichtbare Schäden.

h) Stützgewebs- und Bewegungsapparat (Knochen, Bänder, Gelenke, Muskeln einschließlich Zwerchfell) *einschließlich* der unter 1., 2. und 3. genannten sichtbaren Schäden (z.B. Klumpfuß-Stellung, Hüftgelenksluxation, Haltungsschäden, Überstreckbarkeit der Gelenke, Chondrodystrophie, Osteogenesis imperfecta u.a.).

i) Stützgewebs- und Bewegungsapparat ohne äußerlich sichtbare Schäden (z.B. auch Relaxatio diaphragmatica und Zwerchfellhernien, Keil- und Blockwirbelbildungen).

k) Kardiovasculäres, hämatopoetisches und lymphoretikuläres System (Herz, Gefäße, Knochenmark; Milz, Lymphknoten, Lymphgefäße) *ohne* Hämangiome (Leukämien hier einordnen) und Aneurysmen, ohne Blutgruppenunverträglichkeiten.

*l) Hämangiome, Lymphangiome und konnatale Aneurysmen, äußer*lich sichtbar.

*m) Hämangiome, Lymphangiome und konnatale Aneurysmen, äußer*lich *nicht* sichtbar.

C. Kombinierte Mißbildungen im Rahmen bereits abgrenzbarer Syndrome.

1. *Äußerlich sichtbare Mißbildungen (einschließlich Bewegungs- und Stützgewebsapparat, aber ohne Hämangiome, ohne sichere Kombination mit Abnormitäten innerer Organe),*
   z.B. Zwergwuchs (proportioniert und disproportioniert);
   Riesenwuchs (total und partiell);
   Dysostosis craniofacialis;
   Robin-Syndrom;
   Klippel-Feil-Deformität;
   Osteogenesis imperfecta Vrolik;
   Osteopsatyrosis;
   Gargoylismus (Arthrogryphosis);
   Chondrodystrophie (Chondrodysplasie);
   Myatonia congenita Oppenheim;
   Dyscranio-Dysphalangien (z.B. Apert-Syndrom).

2. *Äußerlich sichtbare Mißbildungssyndrome einschließlich Bewegungs- und Stützgewebsapparat, aber ohne Hämangiome und mit Kombination mit Abnormitäten innerer Organe,*
   z.B. Klinefelter-Syndrom;
   Mongolismus (Morbus Langdon-Down);
   Marfan-Syndrom;
   Syndrom von Turner-Albright-Ullrich;
   Fanconi-Anämie;
   Pigmentfleckenpolypose (Peutz-Syndrom).

3. *Mißbildungen innerer Organe ausschließlich Bewegungs- und Stützgewebsapparat, äußerlich nicht erkennbar,*
   z.B. Arnold-Chiari-Mißbildung;
   Hirschsprungsche Anomalie;
   Phakomatosen (z.B. Hippel-Lindau);
   Sturge-Webersche Erkrankung;
   Milz-Aplasie (Alienie-Syndrom).

4. *Situs viscerum inversus totalis* (keine partiellen Inversionen; letztere sind unter den jeweiligen Organmißbildungen aufzuführen).

In dem ersten Teil der Arbeit werden die allgemeinen Häufigkeitswerte aus den oben angegebenen Zeiträumen, zumeist nach Jahrgängen gegliedert, unter verschiedenen Gesichtspunkten vergleichend untersucht. Da sich erhebliche Unterschiede in den Häufigkeitswerten für die Vor- und Nachkriegszeit ergaben, werden zur Absicherung gegen größere Störfaktoren, die Änderungen der Häufigkeit der Mißbildungen vortäuschen können, Angaben aus den statistischen Jahrbüchern der Städtischen Krankenanstalten, aus den Durchgangsbüchern der einzelnen Kliniken sowie aus den eigenen Durchgangs- und Überführungsbüchern zu Hilfe genommen. Für die chirurgische Klinik, die sich in den letzten 10 Jahren zu einem Zentrum für Thoraxchirurgie entwickelt hat, werden detailliertere Daten über die Zusammensetzung des Krankengutes gemacht.

Der zweite Teil der Arbeit gibt in tabellarischen Übersichten vergleichend für die Jahrgänge 1929—1939 und 1952—1965 Aufschluß über die Häufigkeit der einzelnen, nach den morphologischen Gruppen eingeteilten Mißbildungen. Dabei werden die verschiedenen Mißbildungen eines Falles und auch ein und dieselbe Mißbildung jeweils der entsprechenden Gruppe zugeordnet.

I. Allgemeine Häufigkeitswerte

1. Vergleich mit den Todesursachentabellen der statistischen Jahrbücher

Laut Todesursachentabellen der statistischen Jahrbücher ist die Häufigkeit der Mißbildungen in den letzten Jahren angestiegen. Dieser Anstieg wird durch fast alle einschlägigen Statistiken bestätigt und läßt sich auch im Untersuchungsgut des Pathologischen Instituts der Universität Düsseldorf eindeutig nachweisen.

Tabelle 1 gibt einen Überblick über die entsprechenden Zahlenwerte aus der Vor- und Nachkriegszeit. Selbst wenn ausschließlich die zum Tode führenden Mißbildungen berücksichtigt werden, liegt der Prozentsatz, zumindest für den Zeitraum 1952—1965 um ein Vielfaches über dem der statistischen Jahrbücher. Diese Diskrepanz erklärt sich zwanglos aus der Tatsache, daß die statistischen Jahrbücher sich auf Fälle beziehen, die zum weitaus größten Anteil nur klinisch untersucht worden sind, so daß nur grobe, äußerlich erkennbare Mißbildungen berücksichtigt werden können.

Differenziertere Angaben über die Wertigkeit der bei der vorliegenden Untersuchung gefundenen Mißbildungen für die „Todesursache" folgen an anderer Stelle.

Tabelle 1. *Vergleich der prozentualen Häufigkeitswerte unmittelbar zum Tode führender Mißbildungen in den statistischen Jahrbüchern, der Todesursachenstatistik der Städtischen Krankenanstalten Düsseldorf und im Sektionsgut des Pathologischen Instituts der Universität Düsseldorf*

Deutsches Reich 1932—1936, 1938 und 1939	Preußen 1929—1939	Sektionsmaterial Path. Institut Düsseldorf 1929—1939
0,61%	0,65%	0,92%

Bundesrepublik 1952—1963	NRW 1952—1964	Düsseldorf 1952—1964	Städt. Krankenanstalten Düsseldorf 1952—1964	Sektionsmaterial Path. Institut Düsseldorf 1952—1965
0,89 %	1,04 %	0,73 %	3,74 %	4,79 %

2. Zuwachsrate der Mißbildungen

Im Sektionsgut des hiesigen Instituts wurden in den Zeiträumen 1929—1939 3,61% und in den Zeiträumen 1952—1964 9,02% Mißbildungen beobachtet (vgl. Tabelle 2). Bei diesem enormen Anstieg liegt der Verdacht nahe, daß hier bei der Anlieferung der Sektionsfälle oder bei der Krankenhauseinweisung eine Selektion erfolgt ist.

Tabelle 2. *Vergleich der absoluten und prozentualen Häufigkeit der Mißbildungen bei Außensektionen und Sektionsfällen der Städtischen Krankenanstalten, für die Zeiträume 1929—1939 und 1952—1964*

	1929—1939			
	absolut	%	MB absolut	MB %
Sektionen der Städtischen Krankenanstalten	8153	74,93	303	3,72
Außensektionen	2727	25,06	90	3,30
Sektionen insgesamt	10880	~100	393	3,61

	1952—1964			
	absolut	%	MB absolut	MB %
Sektionen der Städtischen Krankenanstalten	13199	72,05	1475	11,18
Außensektionen	5119	27,95	178	3,48
Sektionen, insgesamt	18318	100	1653	9,02

Das Sektionsgut bestand in beiden Vergleichszeiträumen etwa zu 25% aus Fällen anderer Krankenhäuser der Stadt oder der Umgebung. Bei diesen Fällen besteht die Möglichkeit der Selektion, da sie nach dem Gesichtspunkt der Besonderheit der Erkrankung ausgewählt sind. Es zeigt sich jedoch in Tabelle 2 eindeutig, daß die Mißbildungsrate bei diesen sog. Außensektionen nicht angestiegen ist. Die Zunahme der Häufigkeit liegt eindeutig bei den Fällen aus den Städtischen Krankenanstalten.

Da für die Außensektionen eine negative oder positive Auswahl jedoch nicht sicher ausgeschlossen werden kann, sollen im folgenden nur die Fälle der Städtischen Krankenanstalten berücksichtigt werden.

Die durchschnittliche Frequenz der Obduktionen betrug in den Jahren 1929—1939 70, 18% der Sterbefälle, in den Jahren 1952—1964 76,73% (vgl.

Tabelle 3. *Anzahl der Sterbefälle, Sektionsfrequenz und Häufigkeit der Mißbildungsfälle im Sektionsgut in den Jahrgängen 1929—1939 und 1952—1964*

Jahrgänge	Anzahl der Sterbefälle der Städt. Krankenanstalten	Sektionen der Städt. Krankenanstalten		MB innerhalb der Sektionsfälle	
		absolut	%	absolut	%
1929	980	866	88,4	20	2,3
1930	869	757	87,1	29	3,8
1931	987	726	73,6	28	3,9
1932	974	836	85,8	28	3,3
1933	1060	742	70,0	32	4,3
1934	1020	821	80,5	25	3,0
1935	1022	929	90,9	32	3,4
1936	1086	746	68,7	29	3,9
1937	1196	400	33,4	15	3,8
1938	1108	758	68,4	29	3,8
1939	1058	572	54,1	36	6,3
Summe	11360	8153	70,18	303	3,72

Tabelle 3 (Fortsetzung)

Jahrgänge	Anzahl der Sterbefälle der Städt. Krankenanstalten	Sektionen der Städt. Krankenanstalten		MB innerhalb der Sektionsfälle	
		absolut	%	absolut	%
1952	970	782	80,6	61	7,8
1953	1 049	888	84,7	99	11,1
1954	1 038	846	81,5	87	10,3
1955	1 176	952	80,9	110	11,5
1956	1 267	1 033	81,5	105	10,2
1957	1 220	960	78,7	78	8,1
1958	1 188	970	81,6	69	7,1
1959	1 418	1 087	76,6	102	9,4
1960	1 551	1 173	75,6	132	11,3
1961	1 639	1 096	66,9	180	16,4
1962	1 560	1 105	70,8	168	15,2
1963	1 498	1 073	71,6	142	13,2
1964	1 628	1 234	75,8	141	11,4
Summe	17 202	13 199	76,73	1475	11,18

Tabelle 3). Der Ausschluß von der Obduktion erfolgte immer aus äußeren Gründen, niemals war die Art der Erkrankung dafür von Bedeutung.

Während die Sektionsrate nur gering angestiegen ist, hat sich die prozentuale Häufigkeit der Mißbildungen um mehr als das Zweifache erhöht.

Damit stellt sich die Frage, ob die Zunahme der Häufigkeit durch eine irgendwie geartete Umschichtung des Patientengutes der zuliefernden Kliniken bedingt ist.

Tabelle 4. *Absolute und prozentuale Häufigkeit der Mißbildungsfälle in den verschiedenen Altersstufen, bezogen auf die Gesamtzahl der Mißbildungsfälle für die Zeiträume 1929–1939 und 1952–1965*

| | 1929—1939 | | | | | |
| | ♂ | | ♀ | | ♂ + ♀ | |
	absolut	%	absolut	%	absolut	%
Totgeborene	17	4,33	9	2,29	26	6,62
1.—10. Tag	45	11,45	30	7,63	75	19,08
Rest des 1. Jahres	85	21,63	56	14,25	141	35,88
1 bis unter 15	19	4,83	20	5,09	39	9,92
15 bis unter 40	26	6,62	20	5,09	46	11,70
40 und älter	37	9,41	29	7,38	66	16,19

| | 1952—1965 | | | | | |
| | ♂ | | ♀ | | ♂ + ♀ | |
	absolut	%	absolut	%	absolut	%
Totgeborene	45	2,44	43	2,34	88	4,78
1 .—10. Tag	265	14,39	185	10,05	450	24,44
Rest des 1. Jahres	256	13,91	168	9,12	424	23,02
1 bis unter 15	150	8,15	119	6,46	269	14,61
15 bis unter 40	139	7,35	105	5,75	244	13,25
40 und älter	187	10,16	179	9,72	366	19,88

Tabelle 4a. *Absolute und prozentuale Häufigkeit der Mißbildungsfälle*

	Totgeborene						1.—10. Tag						Rest des 1. Jahres					
	♂		♀		♂+♀		♂		♀		♂+♀		♂		♀		♂+♀	
	abs.	%	abs.	%	abs.	%	abs.	%	abs.	%	abs.	%	abs.	%	abs.	%	abs.	%
1929	1	4,55			1	4,55	3	13,64	3	13,64	6	27,28	3	13,64	3	13,64	6	27,28
1930			1	3,33	1	3,33	3	10,0	6	20,0	9	30,0	5	16,67	3	10,0	8	26,67
1931	2	6,06	3	9,09	5	15,15	3	9,09			3	9,09	8	24,24	5	15,15	13	39,39
1932	3	7,32			3	7,32	5	12,19	3	7,32	8	19,57	7	17,07	4	9,76	11	26,83
1933	3	7,50			3	7,50	4	10,0	1	2,50	5	12,50	8	20,0	4	10,0	12	30,0
1934	2	6,25	2	6,25	4	12,5	5	15,63	3	9,38	8	25,01	9	28,13	4	12,5	13	40,63
1935	3	6,25			3	6,25	5	10,41	5	10,41	10	20,82	12	25,0	8	16,67	20	41,67
1936	1	2,44	1	2,44	2	4,88	3	7,32	4	9,75	7	17,07	13	31,70	2	4,88	15	36,58
1937	1	6,25			1	6,25	4	25,0	1	6,25	5	31,25	1	6,25	4	25,0	5	31,25
1938	1	2,44			1	2,44	5	12,19	3	7,32	8	19,51	6	14,64	10	24,39	16	39,03
1939			2	4,08	2	4,08	5	10,2	1	2,04	6	12,24	13	26,53	9	18,37	22	44,90

Tabelle 4b. *Absolute und prozentuale Häufigkeit der Mißbildungsfälle*

	Totgeborene						1.—10. Tag						Rest des 1. Jahres					
	♂		♀		♂+♀		♂		♀		♂+♀		♂		♀		♂+♀	
	abs.	%	abs.	%	abs.	%	abs.	%	abs.	%	abs.	%	abs.	%	abs.	%	abs.	%
1952	4	5,26	1	1,31	5	6,57	7	9,21	6	7,89	13	17,10	11	14,48	10	13,16	21	27,64
1953			3	2,77	3	2,77	11	10,18	14	12,96	25	23,14	18	16,66	10	9,26	28	25,92
1954			2	1,90	2	1,90	11	10,47	9	8,58	20	19,05	18	17,14	6	5,71	24	22,85
1955	4	3,10	6	4,65	10	7,75	21	16,27	17	13,18	38	29,45	21	16,27	9	6,98	30	23,25
1956	3	2,54	3	2,54	6	5,08	21	17,79	15	12,71	36	30,50	18	15,25	12	10,17	30	25,42
1957	1	1,12	2	2,25	3	3,37	16	17,98	10	11,23	26	29,41	14	15,73	11	12,36	25	28,09
1958			4	5,19	4	5,19	15	19,48	11	14,29	26	33,77	13	16,88	8	10,39	21	27,27
1959	1	0,88			1	0,88	20	17,54	12	10,52	32	28,06	16	14,03	13	11,40	29	25,43
1960	6	4,11	2	1,37	8	5,48	22	15,07	16	10,95	38	26,02	19	13,01	10	6,84	29	19,85
1961	8	4,07	5	2,54	13	6,61	38	19,29	21	10,60	59	29,95	31	15,74	19	9,64	50	25,38
1962	4	2,16	2	1,08	6	3,24	26	14,08	20	10,87	46	24,86	22	11,89	11	5,94	33	17,83
1963	3	1,89	5	3,14	8	5,03	19	11,95	9	5,66	28	17,61	20	12,57	17	10,69	37	23,26
1964	5	3,33	3	2,0	8	5,33	14	9,33	8	5,33	22	14,66	12	8,0	12	8,0	24	16,0
1965	6	3,19	5	2,66	11	5,85	24	12,76	17	9,04	41	21,80	23	12,23	20	10,64	43	22,87

In dem Zeitraum 1952—1964 liegt die Mißbildungshäufigkeit bei den höheren Altersklassen etwas höher, während sie bei Kindern im 1. Lebensjahr geringer zu sein scheint als in dem Vergleichszeitraum der Vorkriegszeit.

Eine geringere Mißbildungsfrequenz findet sich in den Jahren 1952—1964 auch bei Totgeborenen, während sie in der postnatalen Periode höher liegt als in den Jahren 1929—1939 (vgl. Tabelle 4, 4a und 4b).

Diese Tatsache findet jedoch wahrscheinlich ihre Erklärung in der verbesserten Schwangerenbetreuung und Geburtshilfe, durch die Kinder, die früher intrauterin starben, heute noch lebend zur Geburt gelangen.

Der Verdacht, daß die Zunahme der Mißbildungshäufigkeit durch eine wesentlich geänderte Alterszusammensetzung des Obduktionsgutes bedingt sein könnte, bestätigt sich nicht.

in den verschiedenen Altersstufen für die Jahrgänge 1929—1939

| 1 bis unter 15 | | | | | | 15 bis unter 40 | | | | | | 40 und älter | | | | | |
| ♂ | | ♀ | | ♂+♀ | | ♂ | | ♀ | | ♂+♀ | | ♂ | | ♀ | | ♂+♀ | |
abs.	%	abs.	%	abs.	%	abs.	%	abs.	%	abs.	%	abs.	%	abs.	%	abs.	%
1	4,55			1	4,55	1	4,55			1	4,55	5	22,75	2	9,09	7	31,82
2	6,67	3	10,0	5	16,67	2	6,67	4	13,33	6	20,0			1	3,33	1	3,33
3	9,09	2	6,06	5	15,15	3	9,09	2	6,06	5	15,15			2	6,06	2	6,06
2	4,88	1	2,44	3	7,32	2	4,88	4	9,76	6	14,64	3	7,32	7	17,07	10	24,39
1	2,50	2	5,0	3	7,5	5	12,5	4	10,0	9	22,5	6	15,0	2	5,0	8	20,0
		2	6,25	2	6,25	1	3,13	2	6,25	3	9,38	1	3,13	1	3,13	2	6,25
1	2,08	1	2,08	2	4,16	3	6,25	2	4,16	5	10,41	7	14,58	1	2,08	8	16,66
1	2,44	2	4,88	3	7,32	5	12,19			5	12,19	2	4,88	7	17,07	9	21,95
1	6,25			1	6,25							2	12,5	2	12,5	4	25,0
2	4,88	4	9,75	6	14,63	2	4,88	1	2,44	3	7,32	6	14,63	1	2,44	7	17,07
5	10,20	3	6,12	8	16,32	2	4,08	1	2,04	3	6,12	5	10,2	3	6,12	8	16,32

in den verschiedenen Altersstufen für die Jahrgänge 1952—1965

| 1 bis unter 15 | | | | | | 15 bis unter 40 | | | | | | 40 und älter | | | | | |
| ♂ | | ♀ | | ♂+♀ | | ♂ | | ♀ | | ♂+♀ | | ♂ | | ♀ | | ♂+♀ | |
abs.	%	abs.	%	abs.	%	abs.	%	abs.	%	abs.	%	abs.	%	abs.	%	abs.	%
11	14,48	3	3,95	14	18,43	5	6,57	2	2,63	7	9,20	10	13,16	6	7,89	16	21,05
10	9,26	7	6,48	17	15,74	5	4,63	7	6,48	12	11,11	11	10,18	12	11,11	23	21,29
11	10,47	8	7,62	19	18,09	7	6,66	5	4,77	12	11,43	16	15,23	12	11,43	28	26,66
6	4,65	8	6,20	14	10,85	9	6,98	9	6,98	18	13,96	7	5,43	12	9,3	19	14,73
5	4,24	6	5,08	11	9,32	8	6,98	6	5,08	14	11,86	11	9,32	10	8,47	21	17,79
4	4,49	7	7,86	11	13,35	4	4,49	7	7,86	11	12,35	6	6,74	7	7,86	13	14,60
4	5,19	5	6,49	9	11,68	3	3,89	1	1,29	4	5,18	7	9,09	6	7,79	13	16,88
13	11,46	8	7,02	21	18,42	8	7,02	7	6,14	15	13,16	9	7,89	7	6,14	16	14,03
17	11,64	9	6,16	26	17,80	14	9,59	12	8,21	26	17,80	10	6,85	9	6,16	19	13,01
6	3,05	7	3,55	13	6,60	15	7,61	7	3,35	22	11,16	21	10,65	19	9,64	40	20,29
14	7,56	11	5,94	25	13,50	19	10,27	12	6,49	31	16,76	21	11,35	23	12,43	44	23,78
12	7,55	12	7,55	24	15,10	16	10,06	11	6,91	27	16,97	17	10,69	18	11,32	35	22,01
23	15,33	13	8,66	36	23,99	12	8,0	9	6,0	21	14,0	22	14,66	17	11,35	39	25,99
14	7,45	15	7,98	29	15,43	14	7,45	10	5,32	24	12,77	19	10,11	21	11,17	40	21,28

Wesentliche Faktoren für die Zunahme der Mißbildungsrate könnten die Erhöhung der Bettenzahl und die Erhöhung der Patientendurchgänge in den einzelnen Kliniken darstellen.

Tabelle 5 zeigt, daß sich tatsächlich die Patientendurchgänge aller Kliniken gesteigert haben.

Vergleicht man die Zahlen für die einzelnen Kliniken, so lassen sich jedoch keine eindeutigen Korrelationen zwischen der Zunahme der Mißbildungsrate und der Erhöhung der Patientendurchgänge finden.

Besonders stark ist der Anstieg der Häufigkeit der Mißbildungen bei den Fällen der Chirurgie, der Frauenklinik, der Infektions-Kinderklinik, der Kinderklinik, der Kieferklinik und der Urologischen Klinik.

Tabelle 5. *Patientendurchgang und Sterbefälle, Anteil der Sektionen an den Sterbefällen und Häufigkeit der Mißbildungen bei den Sektionsfällen der einzelnen Kliniken der Städtischen Krankenanstalten (ohne Außensektionen)*

1929—1933 und 1937

	Patienten-durchgang	Sterbe-fälle	Sterbefälle in % des Patienten-durchgangs	Sek-tionen	Sektionen in % der Sterbefälle	Mißbil-dungen	MB in % der Sektionen	MB in % des Patienten-durchgangs
Augen	3550	14	0,39	3	21,42			
Chirurgie	19456	1284	6,69	954	74,29	18	1,89	0,09
Frauen	18060	508	2,81	343	67,52	29	8,46	0,16
Haut	10717	125	1,17	79	63,20			
HNO	7278	109	1,49	67	61,47	1	1,49	0,01
Infektion	12665	446	3,52	319	71,52	7	2,19	0,05
Kinder	9495	1060	11,16	815	76,89	65	7,98	0,7
Kiefer	8195	33	0,41	14	42,43			
Med. I	21648	2189	10,12	1583	72,32	24	1,52	0,1
Med. II	4041	190	4,70	95	50,0	1	1,05	0,2
Neurologie								
Neurochir.								
Orthopädie	4200	43	1,02	28	65,12	5	17,86	0,12
Strahlen								
Urologie								
Summe	119305	6001	5,03	4300	71,65	150	3,48	0,12

1952—1964

	Patienten-durchgang	Sterbe-fälle	Sterbefälle in % des Patienten-durchgangs	Sek-tionen	Sektionen in % der Sterbefälle	Mißbil-dungen	MB in % der Sektionen	MB in % des Patienten-durchgangs
Augen	21585	9	0,9	7	77,78			
Chirurgie	69254	3734	5,39	2855	76,46	496	17,37	0,72
Frauen	60614	1268	2,09	1018	80,28	111	10,9	0,18
Haut	24037	212	0,89	170	80,19	3	1,76	0,02
HNO	24140	238	0,98	135	56,72	5	3,70	0,02
Infektion	16668	507	3,04	415	81,85	43	10,36	0,25
Kinder	29199	2951	10,11	2463	83,18	569	23,10	1,9
Kiefer	16169	129	0,79	87	67,4	11	12,65	0,07
Med. I	54210	4617	8,52	3573	77,39	137	3,83	0,25
Med. II	30365	2178	7,17	1582	72,64	46	2,91	0,15
Neurologie	10398	321	3,09	249	76,01	17	6,96	0,16
Neurochir.	5778	577	9,99	414	71,75	30	7,25	0,52
Orthopädie	11576	33	0,29	25	75,76	3	12,0	0,03
Strahlen	1007	151	14,9	47	31,13	2	4,26	0,19
Urologie	7064	284	4,02	159	55,96	2	12,58	0,03
Summe	382064	17209	4,50	13199	76,67	1475	11,18	0,38

Vergleicht man Tabelle 5 mit Tabelle 6 und 6a, so ist mit Ausnahme der Frauenklinik bei allen Kliniken mit besonders hoher Mißbildungsrate auch ein besonders hoher Prozentsatz an Fällen mit Heimatadressen außerhalb des Stadtgebietes Düsseldorf erkennbar.

Tabelle 6. *Anteil der Fälle mit Heimatadresse außerhalb des Stadtgebietes Düsseldorf an der Gesamtzahl der Sektionsfälle aus den einzelnen Kliniken der Städtischen Krankenanstalten*

Kliniken	Augen		Chirurgie		Frauen		Haut		HNO		Infektion		Kinder		Kiefer	
Jahrg.	abs.	%	abs.	%	abs.	%	abs.	%	abs.	%	abs.	%	abs.	%	abs.	%
1952			98	43,2	7	9,6	2	15,4	10	83,3	12	40,0	19	14,3	3	100,0
1953	1	100,0	79	33,9	5	7,0	4	33,3	1	20,0	2	14,3	25	14,6	3	60,0
1954			90	37,0	10	13,5	2	11,1	3	75,0	18	85,7	31	20,9	6	100,0
1955	1	100,0	100	41,7	7	10,4	3	27,3			4	7,1	30	19,5	8	80,0
1956			95	36,9	1	1,5			4	44,4	19	42,2	42	21,3	6	75,0
1957			78	35,7	12	15,0	6	42,8	5	33,3	5	19,2	36	20,3	4	57,1
1958			71	36,9	9	11,4	1	12,5	5	100,0	10	38,4	65	30,9	5	100,0
1959	1	100,0	47	23,9	11	12,0	2	22,2	3	37,5	9	23,0	46	20,4	2	40,0
1960			45	20,0	2	2,2	1	6,7	5	29,4	19	44,5	45	19,7	6	75,0
1961			76	39,4	4	5,1			8	50,0	8	25,8	62	25,7	4	57,1
1962			71	37,2	6	6,9	5	31,3	8	47,1	9	26,5	49	23,2	4	100,0
1963			39	19,8	4	5,4	5	35,7	5	83,3	5	14,3	27	15,4	6	60,0
1964			74	30,7	4	4,3	3	23,1			5	33,3	32	16,3	6	17,1
Summe	3	42,9	963	33,7	82	8,1	34	20,0	57	42,2	125	30,1	509	20,7	63	72,4

Kliniken	Med. I		Med. II		Neur.		NC		Orthop.		Rö.		Urolog.		Summe	
Jahrg.	abs.	%	abs.	%	abs.	%	abs.	%	abs.	%	abs.	%	abs.	%	abs.	%
1952	31	14,1	24	29,6											206	26,3
1953	27	10,5	28	24,8											175	19,5
1954	36	14,6	19	23,2	3	75,0			3	100,0					220	26,0
1955	45	14,8	18	22,2	3	15,8									219	23,0
1956	30	10,0	9	8,5	10	35,7							1	100,0	217	21,0
1957	27	10,0	15	12,7	11	32,3									199	20,7
1958	25	10,5	15	11,6	10	37,0	12	41,4			4	40,0			232	23,9
1959	51	18,9	12	9,9	36	100,0	13	22,0			5	38,5	3	14,3	241	22,2
1960	85	30,9	7	4,9	20	74,0	25	37,3			1	10,0	3	15,0	264	22,5
1961	19	7,5	12	8,2	5	18,5	37	58,7					4	23,5	239	21,8
1962	22	7,5	7	4,9	9	39,1	34	59,6					5	17,8	229	20,7
1963	51	15,8	10	8,1	12	85,7	36	53,7	1	100,0	3	60,0	4	14,3	208	19,1
1964	28	8,6	12	6,0	1	6,3	37	51,3	3	100,0			9	26,5	214	17,3
Summe	477	13,4	188	11,9	120	45,8	194	46,8	7	24,0	13	27,6	29	17,6	2863	21,6

Diese Tatsache könnte darauf hinweisen, daß die festgestellte Mißbildungszunahme zumindest zum Teil auf einer Selektion durch Einweisung besonders zahlreicher Patienten mit Mißbildung aus anderen Städten beruht. Bei der Frauenklinik ist allerdings die Zahl der Auswärtigen gering und trifft nicht für die Wöchnerinnen, sondern für Frauen mit gynäkologischen Erkrankungen zu. Diese Tatsache spricht eher für eine echte Zunahme der Mißbildungsrate.

Weiterhin geht aus Tabelle 7 hervor, daß bei den auswärtigen Fällen wesentlich häufiger Obduktionsverweigerungen bzw. vorzeitiger Abtransport der Leichen vorkommen, so daß der Verdacht einer Zunahme der Mißbildungen durch diese Fälle weniger berechtigt erscheint.

Tabelle 6a. *Prozentualer Anteil der Fälle mit Heimatadresse innerhalb und außerhalb des Stadtgebietes Düsseldorf an der Gesamtzahl der Obduktionen aus den einzelnen Kliniken*

Kliniken	Gesamt-sektionsfälle	Davon Einheimische		Davon Auswärtige	
		absolut	in % der Sektionen	absolut	in % der Sektionen
Augen	7	4	57,1	3	42,9
Chirurgie	2855	1886	66,3	963	33,7
Frauen	1018	936	91,9	82	8,0
Haut	170	136	80,0	34	20,0
HNO	135	78	57,8	57	42,2
Infektion	415	290	69,8	125	30,5
Kinder	2463	1954	79,3	509	20,7
Kiefer	87	24	28,5	63	72,4
Med. I	3573	3096	86,6	477	13,4
Med. II	1582	1394	88,1	188	11,9
Neurologie	249	135	54,2	120	45,8
NC	414	220	55,6	194	44,4
Orthopädie	25	19	76,0	7	24,0
Urologie	159	131	82,4	29	17,6
Strahlen	47	34	72,3	13	27,7
Summe	13199	10336	78,4	2863	21,6

Tabelle 7. *Häufigkeit der Obduktionen bei Sterbefällen in den Kliniken der Städtischen Kranken-anstalten mit Heimatadresse innerhalb und außerhalb des Stadtgebietes Düsseldorf*

Jahrgang	Sterbe-fälle	Auswärtige	In % der Sterbe-fälle	Sezierte Auswärtige	In % der Auswärtigen Sterbe-fälle	Einheimische	In % der Sterbe-fälle	Sezierte Einheimische	In % der Einheimischen Sterbe-fälle
1952	970	286	21	206	73	684	79	576	84
1953	1049	240	23	175	73	809	77	713	88
1954	1038	305	30	220	72	733	70	626	86
1955	1170	291	25	219	80	879	75	733	84
1956	1267	293	23	217	79	974	77	816	85
1957	1220	279	23	199	70	941	77	761	80
1958	1188	322	27	232	72	966	73	738	76
1959	1418	359	25	241	70	1059	75	846	85
1960	1551	394	25	264	66	1157	75	909	79
1961	1639	399	24	239	64	1240	76	857	70
1962	1560	367	23	229	63	1193	77	876	74
1963	1498	311	21	208	67	1187	79	865	73
1964	1628	315	19	214	69	1313	81	1020	78

Durch Verlagerung des Arbeitsgebietes einzelner Kliniken, insbesondere aber durch Spezialisierung, könnte eine Zunahme der Mißbildungshäufigkeit vorgetäuscht werden. Es wurde deshalb untersucht, ob bei den Sektionsfällen mit Heimatadresse außerhalb des Stadtgebietes tatsächlich eine höhere Frequenz der Mißbildungen zu finden ist als bei den Einheimischen. Die Zahlen wurden für die Kinderklinik und die Chirurgie als Vertreter der Kliniken mit den höchsten Mißbildungsziffern berechnet.

Tabelle 8. *Mißbildungshäufigkeit bei den Obduktionsfällen aus der Kinderklinik mit Heimat-adresse innerhalb und außerhalb des Stadtgebietes Düsseldorf*

Kinderklinik

Jahreszahlen	1952	1953	1954	1955	1956	1957	1958	1959	1960	1961	1962	1963	1964	Insgesamt
Sektionsfälle	129	171	148	154	197	177	210	225	229	241	211	175	196	2463
Davon Einheimische	110	146	117	124	155	141	145	179	184	179	162	148	164	1954
In % der Sektionsfälle	85,2	85,3	79,0	80,5	78,6	79,7	69,0	79,5	80,3	74,2	76,8	84,6	83,7	79,3
MB Einheimische,	11	22	18	26	25	29	32	24	27	41	31	30	30	346
In % der einheimischen Sektionsfälle	10,0	15,1	15,4	20,9	16,1	20,6	22,1	13,4	14,7	23,9	19,1	20,5	18,3	17,7
Auswärtige Sektionsfälle	19	25	31	30	42	36	65	46	45	62	49	27	32	509
In % der Sektionsfälle	14,7	14,6	20,9	19,5	21,3	20,3	30,9	20,4	19,6	25,7	23,2	15,4	16,3	20,7
MB, Auswärtige	8	7	5	13	10	8	12	9	13	23	19	13	17	157
In % der auswärtigen Sektionsfälle	42,1	28,0	16,1	43,3	23,8	22,2	18,4	19,6	28,9	37,0	38,8	48,1	53,1	30,8
MB, keine Adressenangabe	5	3	4	3	1	4	2	4	5	9	12	9	5	66
In % der Sektionsfälle	3,9	1,75	2,7	1,9	0,5	2,3	0,9	1,8	2,2	3,7	5,6	5,1	2,6	2,8
MB, insgesamt	24	32	27	42	36	41	46	37	45	73	62	52	52	569
In % der Sektionsfälle	18,6	18,7	18,2	27,3	18,3	23,2	21,9	16,4	19,6	30,3	29,4	29,7	26,5	23,1

Tabelle 9. *Mißbildungshäufigkeit bei den Obduktionsfällen der chirurgischen Klinik mit Heimat-adresse innerhalb und außerhalb des Stadtgebietes Düsseldorf*

Chirurgische Klinik

Jahreszahlen	1952	1953	1954	1955	1956	1957	1958	1959	1960	1961	1962	1963	1964	Insgesamt
Sektionsfälle	227	233	243	240	259	218	192	196	225	193	191	197	241	2855
Davon Einheimische	129	154	153	140	164	140	121	149	180	111	120	158	167	1886
In % der Sektionsfälle	56,8	66,1	62,9	58,3	63,3	64,2	63,0	76,0	80,0	57,5	62,8	80,2	69,3	66,3
MB, Einheimische	10	14	13	7	10	8	6	5	11	6	9	4	11	114
In % der einheimischen Sektionsfälle	7,8	9,1	8,5	5,0	6,1	5,7	4,9	3,4	6,1	5,4	7,5	2,5	6,6	6,0
Auswärtige Sektionsfälle	98	79	90	100	95	78	71	47	45	76	71	39	74	963
In % der Sektionsfälle	43,2	33,9	37,0	41,7	36,7	35,8	36,9	23,9	20,0	39,4	37,2	19,8	30,7	33,7
MB, Auswärtige	11	17	19	23	21	23	19	35	45	25	35	23	25	321
In % der auswärtigen Sektionen	11,2	21,5	21,1	23,0	22,1	29,4	26,7	74,4	~100,0	32,9	49,2	58,9	33,8	33,3
MB, ohne Adressenangabe	2	4	7	5	3	3	4	3	14	1	2	3	10	61
In % der Sektionsfälle	0,9	1,8	2,8	2,0	1,2	1,4	2,1	1,5	6,2	0,51	1,04	1,5	4,1	2,1
MB, insgesamt	23	35	39	35	34	34	29	43	70	32	46	30	46	496
In % der Sektionsfälle	10,1	15,0	16,0	14,6	13,1	15,6	15,1	21,9	31,1	16,6	24,1	15,2	19,1	17,4

Tabelle 8 und 9 zeigen, daß die Mißbildungsrate bei den auswärtigen Fällen dieser Kliniken eindeutig höher liegt. Es besteht demnach eine Zentrenbildung in diesen Kliniken, die sich auf die Mißbildungshäufigkeit im Obduktionsgut auswirkt.

Tabelle 10. *Absolute und prozentuale Häufigkeit der Fälle aus der Chirurgie innerhalb der gesamten Sektionsfälle der Städtischen Krankenanstalten*

Jahrgänge	1929	1930	1931	1932	1933	1934	1935	1936	1937	1938	1939			Summe
Grundzahlen	170	181	148	198	159	184	209	193	98	169	112			1821
%-Zahlen	19,57	23,81	20,31	23,60	21,34	22,34	22,42	25,76	24,37	22,18	19,48			22,24

Jahrgänge	1952	1953	1954	1955	1956	1957	1958	1959	1960	1961	1962	1963	1964	Summe
Grundzahlen	227	233	243	240	259	218	192	196	225	193	191	197	241	2855
%-Zahlen	29,0	26,2	28,7	25,2	25,1	22,7	19,8	18,0	19,2	17,6	17,3	18,4	19,5	21,6

Tabelle 10a. *Absolute und prozentuale Häufigkeit der Fälle mit thorakalem Eingriff innerhalb des Sektionsgutes aus der Chirurgie*

Jahrgänge	1929	1930	1931	1932	1933	1934	1935	1936	1937	1938	1939			Summe
Grundzahlen	9	8	7	11	15	13	17	8	2	12	9			111
%-Zahlen	5,29	4,42	4,73	5,55	9,43	7,06	8,13	4,14	2,04	7,11	8,04			6,09

Jahrgänge	1952	1953	1954	1955	1956	1957	1958	1959	1960	1961	1962	1963	1964	Summe
Grundzahlen	70	61	76	66	68	47	50	73	105	71	69	65	76	897
%-Zahlen	30,8	26,2	31,3	27,5	26,3	21,6	26	37,2	46,7	36,8	36,1	32,9	31,5	31,4

Tabelle 10b. *(Ergänzung zu Tabelle 10 und 10a). 1958 teilt sich die Chirurgie in: 1. Thorax-Bauch-Unfallchirurgie; 2. Neurochirurgie; 3. Urologie*

Jahrgänge	Sektionsfälle von C, NC, Urologie	Sektionsfälle aus der Thoraxchirurgie	In % der Sektionsfälle
1957	218	47	21,6
1958	231	50	21,6
1959	276	73	26,4
1960	312	105	33,5
1961	273	71	26,0
1962	276	69	25,0
1963	292	65	22,3
1964	347	76	21,9

Tabelle 10c. *Häufigkeit des Vorkommens von Mißbildungen bei Sektionsfällen aus der Thoraxchirurgie mit Heimatadressen innerhalb und außerhalb des Stadtgebietes Düsseldorf*

Jahrgänge		1952	1953	1954	1955	1956	1957	1958	1959	1960	1961	1962	1963	1964	Summe
Thoraxfälle		70	61	76	66	68	47	50	73	105	71	69	65	76	897
Davon Mißbildungsfälle von auswärts	abs.	11	17	18	22	21	21	19	35	45	22	35	33	25	324
	%	15,7	27,8	23,6	33,3	30,8	44,6	38,0	47,9	42,8	30,9	50,7	50,8	32,8	36,1
Davon Mißbildungsfälle einheimisch	abs.	3	5	11	4	5	3	3	5	5	5	1	2	7	59
	%	4,3	8,2	14,4	6,1	7,4	6,4	6,0	6,9	4,8	7,0	1,4	3,1	9,2	6,1

Immerhin liegt die Mißbildungsrate auch bei den einheimischen Fällen für die Zeit von 1952 bis 1965 beträchtlich höher als in dem Vergleichszeitraum. Diese Tatsache könnte für eine echte Zunahme der Häufigkeit sprechen. Zu bedenken ist allerdings, daß aufgrund der verbesserten Behandlungsmöglichkeiten auch Ortsansässige in die Klinik kommen, die früher zu Hause verblieben.

In der chirurgischen Klinik zeichnet sich eine besonders starke Zentrenbildung ab.

Abb. 10 und 10a vermitteln einen Überblick über die Zunahme des Anteils der Fälle aus der chirurgischen Klinik am gesamten Obduktionsgut des Pathologischen Instituts. Weiterhin tritt die Verlagerung des Arbeitsgebietes der Klinik auf die Thoraxchirurgie deutlich hervor. Der aus Tabelle 10 und 10a ersichtliche Abfall der Häufigkeitswerte für die Sektionsfälle aus der Chirurgie in der Zeit ab 1958 ist durch die Abspaltung der Neurochirurgischen Klinik und der Urologischen Klinik bedingt. In Tabelle 10b sind die entsprechenden Werte für alle drei Kliniken gemeinsam aufgeführt. In Tabelle 10c zeigt sich wiederum der ungewöhnlich hohe Prozentsatz der Mißbildungen bei auswärtigen Operationsfällen gegenüber einheimischen Fällen der Thoraxchirurgie.

3. Schweregrade der gefundenen Mißbildungen

(vgl. Tabellen 11, 11a, 11b)

Bei einer Differenzierung der gefundenen Mißbildungen nach ihrer Auswirkung auf den Eintritt des Todes zeigt sich für die Vergleichszeiträume

Tabelle 11. *Auswirkung der Mißbildungen auf den Eintritt des Todes*

1929—1939

	♂		♀		insgesamt	
	absolut	%	absolut	%	absolut	%
MB als unmittelbare Todesursache	55	14,0	45	11,45	100	25,45
MB als mittelbare Todesursache	45	11,45	30	7,63	75	19,08
MB ohne Auswirkung auf den Todeseintritt	129	32,82	89	22,65	218	55,47

1952—1965

	♂		♀		insgesamt	
	absolut	%	absolut	%	absolut	%
MB als unmittelbare Todesursache	542	29,44	411	22,3	953	51,8
MB als mittelbare Todesursache	146	7,9	127	6,9	273	14,8
MB ohne Auswirkung auf den Todeseintritt	355	19,3	260	14,12	615	33,4

Tabelle 11a. *Auswirkung der Mißbildungen auf den Eintritt des Todes in den untersuchten Jahrgängen 1929—1939*

Jahrgänge	1929						1930						1931					
	♂		♀		insgesamt		♂		♀		insgesamt		♂		♀		insgesamt	
	abs.	%	abs.	%	abs.	%	abs.	%	abs.	%	abs.	%	abs.	%	abs.	%	abs.	%
MB als unmittelbare Todesursache	2	9,1	4	18,2	6	27,3	2	6,7	3	10,0	5	16,7	8	24,2	6	18,2	14	42,4
MB als mittelbare Todesursache	1	4,5			1	4,5	3	10,0	6	20,0	9	30,0	2	6,1	1	3,0	3	9,1
MB ohne Auswirkung auf Todeseintritt	11	50,8	4	18,2	15	68,2	7	23,3	9	30,0	16	53,3	9	27,3	7	21,2	16	48,5

Jahrgänge	1932						1933						1934					
	♂		♀		insgesamt		♂		♀		insgesamt		♂		♀		insgesamt	
	abs.	%	abs.	%	abs.	%	abs.	%	abs.	%	abs.	%	abs.	%	abs.	%	abs.	%
MB als unmittelbare Todesursache	6	14,6	2	4,9	8	19,5	4	10,0	3	7,5	7	17,5	5	15,6	6	18,7	11	34,4
MB als mittelbare Todesursache	3	7,3	5	12,2	8	19,5	5	12,5	3	7,5	8	20,0	5	15,6			5	15,6
MB ohne Auswirkung auf Todeseintritt	13	31,7	12	29,3	25	61 0	18	45,0	7	17,5	25	62,5	8	25,0	8	25,0	16	50,0

Jahrgänge	1935						1936						1937					
	♂		♀		insgesamt		♂		♀		insgesamt		♂		♀		insgesamt	
	abs.	%	abs.	%	abs.	%	abs.	%	abs.	%	abs.	%	abs.	%	abs.	%	abs.	%
MB als unmittelbare Todesursache	7	14,9	6	12,5	13	27,1	9	21,9	6	14,6	15	36,6	2	12,5	4	25,0	6	37,5
MB als mittelbare Todesursache	9	18,7	5	10,4	14	29,2	8	19,5	4	9,7	12	29,3			1	3,6	1	3,6
MB ohne Auswirkung auf Todeseintritt	15	31,2	6	12,5	21	43,7	8	19,5	6	14,6	14	34,1	7	43,7	2	12,5	9	56,2

Jahrgänge	1938						1939					
	♂		♀		insgesamt		♂		♀		insgesamt	
	abs.	%	abs.	%	abs.	%	abs.	%	abs.	%	abs.	%
MB als unmittelbare Totesursache	3	7,3	3	7,3	14	14,6	7	14,3	2	4,1	9	18,4
MB als mittelbare Todesursache	4	9,7	4	9,7	8	19,4	5	10,2	1	2,0	6	12,2
MB ohne Auswirkung auf Todeseintritt	15	36,6	12	29,3	27	65,9	18	36,7	16	32,6	34	69,4

Tabelle 11b. *Auswirkung der Mißbildungen auf den Eintritt*

Jahrgänge	1952						1953					
	♂		♀		insgesamt		♂		♀		insgesamt	
	abs.	%	abs.	%	abs.	%	abs.	%	abs.	%	abs.	%
MB als unmittelbare Todesursache	26	34,2	14	18,4	40	58,6	22	20,4	20	18,5	42	38,9
MB als mittelbare Todesursache	4	5,3	5	6,6	9	11,8	9	8,3	10	9,3	19	17,6
MB ohne Auswirkung auf Todeseintritt	19	25,0	8	10,5	27	35,5	24	22,2	23	21,3	47	43,5

Jahrgänge	1957						1958					
	♂		♀		insgesamt		♂		♀		insgesamt	
	abs.	%	abs.	%	abs.	%	abs.	%	abs.	%	abs.	%
MB als unmittelbare Todesursache	30	33,7	24	26,9	54	60,7	27	35,1	20	25,9	47	61,0
MB als mittelbare Todesursache	4	4,5	7	7,9	11	12,4	4	5,2	9	11,7	13	16,9
MB ohne Auswirkung auf Todeseintritt	11	12,4	13	14,6	24	26,9	11	14,3	6	7,8	17	22,1

Jahrgänge	1962						1963					
	♂		♀		insgesamt		♂		♀		insgesamt	
	abs.	%	abs.	%	abs.	%	abs.	%	abs.	%	abs.	%
MB als unmittelbare Todesursache	53	28,6	44	23,8	97	52,4	42	26,4	40	25,2	82	51,6
MB als mittelbare Todesursache	10	5,4	5	2,7	15	8,1	9	5,6	3	1,9	12	7,5
MB ohne Auswirkung auf Todeseintritt	43	23,2	30	16,2	73	39,4	36	22,6	29	14,5	65	47,1

zahlenmäßig eine deutliche Zunahme höherer Schweregrade. Diese Feststellung deckt sich mit den Angaben aus der Literatur. Inwieweit bei dem vorliegenden Material auch in dieser Hinsicht eine Selektion der besonders schweren Mißbildungsformen infolge der Zentrenbildung eingetreten ist, läßt sich schwer entscheiden.

II. Einteilung der gefundenen Mißbildungen nach morphologischen Gruppen (vgl. S. 64)

Die in der Literatur bisher veröffentlichten Angaben über die Häufigkeit einzelner Mißbildungsformen sind immer auf die Interessen der jeweiligen Untersucher zugeschnitten, die oft neben der Dokumentation noch andere Ziele verfolgen, etwa die Klärung der Ätiologie. Bereits die den Untersuchungen zugrunde gelegten Definitionen der Mißbildungen sind so unterschiedlich, daß ein Vergleich erschwert wird. Weiterhin sind die gegebenen *des Todes in den untersuchten Jahrgängen 1952—1965*

1954						1955						1956					
♂		♀		insgesamt		♂		♀		insgesamt		♂		♀		insgesamt	
abs.	%	abs.	%	abs.	%	abs.	%	abs.	%	abs.	%	abs.	%	abs.	%	abs.	%
25	23,8	16	15,2	41	39,0	30	23,4	27	20,9	57	44,2	34	28,8	26	22,0	60	50,8
9	8,6	5	4,8	14	13,4	9	6,9	6	4,6	15	11,6	13	11,0	10	8,5	23	19,5
29	27,6	21	20,0	50	47,6	29	22,5	28	21,7	57	44,2	19	16,1	16	13,5	35	29,6

1959						1960						1961					
♂		♀		insgesamt		♂		♀		insgesamt		♂		♀		insgesamt	
abs.	%	abs.	%	abs.	%	abs.	%	abs.	%	abs.	%	abs.	%	abs.	%	abs.	%
40	35,1	24	21,1	64	56,2	56	38,4	31	21,2	87	59,6	58	29,4	42	21,3	100	50,8
13	11,4	15	13,2	28	24,6	18	12,3	20	13,7	38	26,0	21	10,6	10	5,1	31	15,7
14	12,3	8	7,0	22	19,3	14	9,6	7	4,8	21	14,4	40	20,3	26	13,2	66	33,5

1964						1965					
♂		♀		insgesamt		♂		♀		insgesamt	
abs.	%	abs.	%	abs.	%	abs.	%	abs.	%	abs.	%
42	28,0	28	18,6	70	46,6	57	30,3	55	29,3	112	59,6
14	9,3	11	7,3	25	16,6	9	4,8	11	5,8	20	10,2
32	21,3	23	15,3	55	36,6	34	18,1	22	11,7	56	29,8

Klassifizierungen sehr verschieden und, vornehmlich aus Gründen der Übersichtlichkeit, oft stark gerafft. Spezielle vergleichende Betrachtungen der Literaturangaben sind deshalb nicht möglich. Wie sich am Beispiel der Thalidomidembryopathie gezeigt hat, kann aber die möglichst frühzeitige Kenntnis vom Auftreten bestimmter Mißbildungsformen auch für deren Abwendung von großer Bedeutung sein. Es soll deshalb der Versuch unternommen werden, von den hiesigen Mißbildungsformen eine möglichst differenzierte Übersicht zu geben, die gleichzeitig jedem anderen Untersucher erlaubt, Vergleichszahlen zu seinem Material zu gewinnen. Die von K. GOERTTLER für statistische Untersuchungen der *Kommission für teratologische Fragen der Deutschen Forschungsgemeinschaft* ausgearbeitete Klassifizierung erscheint für diesen Zweck geeignet. Bei der einerseits wünschenswerten Ausführlichkeit dieser Klassifizierung muß aber eine gewisse Unübersichtlichkeit in Kauf genommen werden.

Tabelle 12 (Legende S. 84)

	A 1		A 2		A 3		C 1		C 2		C 3		C 4		Anzahl der MB-Fälle	
	♂	♀	♂	♀	♂	♀	♂	♀	♂	♀	♂	♀	♂	♀	♂	♀
1929:																
Totgeburt															1	
1.—10. Tag										1					3	3
Rest des 1. Jahres									1	1					3	3
1 bis unter 15															1	
15 bis unter 40															1	
40 bis †															5	2
Summe									1	2					14	8
1930:																
Totgeburt							1									1
1.—10. Tag									2	2					3	6
Rest des 1. Jahres									1						5	3
1 bis unter 15										1					2	3
15 bis unter 40															2	4
40 bis †																1
Summe							1		3	3					12	18
1931:																
Totgeburt											1				2	3
1.—10. Tag															3	
Rest des 1. Jahres										2					8	5
1 bis unter 15										1	1	1			3	2
15 bis unter 40															3	2
40 bis †																2
Summe										3	2	1			19	14
1932:																
Totgeburt															3	
1.—10. Tag															5	3
Rest des 1. Jahres									1	1					7	4
1 bis unter 15															2	1
15 bis unter 40															2	4
40 bis †															3	7
Summe									1	1					22	19
1933:																
Totgeburt															3	
1.—10. Tag									1						4	1
Rest des 1. Jahres							1								8	4
1 bis unter 15															1	2
15 bis unter 40														1	5	4
40 bis †															6	2
Summe							1		1					1	27	13

Tabelle 12 (Fortsetzung)

	A 1		A 2		A 3		C 1		C 2		C 3		C 4		Anzahl der MB-Fälle	
	♂	♀	♂	♀	♂	♀	♂	♀	♂	♀	♂	♀	♂	♀	♂	♀
1934:																
Totgeburt									1	2					2	2
1.—10. Tag									1						5	3
Rest des 1. Jahres										1					9	4
1 bis unter 15																2
15 bis unter 40															1	2
40 bis †															1	1
Summe									2	3					18	14
1935:																
Totgeburt									1						3	
1.—10. Tag											1				5	5
Rest des 1. Jahres									2	2	1				12	8
1 bis unter 15															1	1
15 bis unter 40															3	2
40 bis †											1		1		7	1
Summe									3	2	3		1		31	17
1936:																
Totgeburt															1	1
1.—10. Tag															3	4
Rest des 1. Jahres													1		13	2
1 bis unter 15								1							1	2
15 bis unter 40															5	
40 bis †															2	7
Summe								1					1		25	16
1937:																
Totgeburt															1	
1.—10. Tag															4	1
Rest des 1. Jahres															1	4
1 bis unter 15															1	
15 bis unter 40																
40 bis †															2	2
Summe															9	7
1938:																
Totgeburt															1	
1.—10. Tag											1				5	3
Rest des 1. Jahres															6	10
1 bis unter 15															2	4
15 bis unter 40															2	1
40 bis †															6	1
Summe											1				22	19

Tabelle 12 (Fortsetzung)

	A 1		A 2		A 3		C 1		C 2		C 3		C 4		Anzahl der MB-Fälle	
	♂	♀	♂	♀	♂	♀	♂	♀	♂	♀	♂	♀	♂	♀	♂	♀
1939:																
Totgeburt																2
1.—10. Tag															5	1
Rest des 1. Jahres								1							13	9
1 bis unter 15															5	3
15 bis unter 40									1						2	1
40 bis †								1							5	3
Summe								2	1						30	19

Da die Dokumentation am hiesigen Institut jetzt ohne besonders großen Aufwand fortgesetzt werden kann, sind wir der Meinung, daß auf diese Weise in Zukunft frühzeitig Veränderungen und Bewegungen in bezug auf die Häufigkeit einzelner Mißbildungsformen erkennbar werden. Ähnliche Untersuchungen an anderen Instituten könnten darüber hinaus wahrscheinlich auch regionale Unterschiede aufdecken und würden eine überregionale Sektionsstatistik ermöglichen, die letzten Endes zu repräsentativen Ergebnissen für die lebende Bevölkerung führen könnte. Auf eine detaillierte Besprechung der Tabellen wurde verzichtet, weil die Übersichtlichkeit dadurch kaum größer würde und weil Folgerungen aus dem Zahlenmaterial bei dem derzeitigen Stand der Untersuchungen und ohne entsprechendes Vergleichsmaterial nocht nicht möglich sind.

Tabellen 12—15. Häufigkeit des Vorkommens der einzelnen Mißbildungsformen bei männlichen und weiblichen Individuen der verschiedenen Altersstufen, gegliedert nach Jahrgängen. Jeweils rechte Spalte: Anzahl der männlichen und weiblichen Mißbildungsfälle in den verschiedenen Altersstufen gegliedert nach Jahrgängen.

Beispiel (Tabelle 12): Im Jahre 1930 kamen bei 6 weiblichen Mißbildungsfällen der Altersstufe 1.—10. Tag Mißbildungsformen der Gruppe C 2 dreimal vor, bei 3 männlichen Mißbildungsfällen der gleichen Altersstufe zweimal.

Mißbildungen der Gruppen A und C (Tabelle 12 und 13):

A. *Doppelbildungen.*
   1. Abartige Gestaltung eines oder beider Mehrlinge einschließlich Akardier.
   2. Miteinander verwachsene Mehrlinge mit erkennbaren Individualteilen.
   3. Teratome.

C. *Kombinierte Mißbildungen im Rahmen bereits abgrenzbarer Syndrome.*
   1. Äußerlich sichtbare, ohne sichere Kombination mit Abnormitäten innerer Organe.
   2. Äußerlich sichtbare, mit Kombination mit Abnormitäten innerer Organe.
   3. Mißbildungen innerer Organe, äußerlich nicht sichtbar.
   4. Situs viscerum inversus totalis.

Ausführliche Klassifizierung S. 64—66.

Tabelle 13 (Legende S. 84)

	A 1		A 2		A 3		C 1		C 2		C 3		C 4		Anzahl der MB-Fälle	
	♂	♀	♂	♀	♂	♀	♂	♀	♂	♀	♂	♀	♂	♀	♂	♀
1952:																
Totgeburt									1	1					4	1
1.—10. Tag										1					7	6
Rest des 1. Jahres															11	10
1 bis unter 15															11	3
15 bis unter 40															5	2
40 bis †															10	6
Summe									1	2					48	28
1953:																
Totgeburt										1						3
1.—10. Tag										2					11	14
Rest des 1. Jahres															18	10
1 bis unter 15								1				1		1	10	7
15 bis unter 40															5	7
40 bis †								1							11	12
Summe								2		3		1		1	55	53
1954:																
Totgeburt										1						2
1.—10. Tag							1			1					11	9
Rest des 1. Jahres							2			1	2		1		18	6
1 bis unter 15								1							11	8
15 bis unter 40										1					7	5
40 bis †															16	12
Summe							3	1		4	2		1		63	42
1955:																
Totgeburt	1						2								4	6
1.—10. Tag										2					21	17
Rest des 1. Jahres									1						21	9
1 bis unter 15															6	8
15 bis unter 40															9	9
40 bis †															7	12
Summe	1						2		1	2					68	61
1956:																
Totgeburt	1														3	3
1.—10. Tag								1	2	1				1	21	15
Rest des 1. Jahres							1								18	12
1 bis unter 15							1					1			5	6
15 bis unter 40															8	6
40 bis †															11	10
Summe	1						2	1	2	1		1		1	66	52

Tabelle 13 (Fortsetzug)

	A 1		A 2		A 3		C 1		C 2		C 3		C 4		Anzahl der MB-Fälle	
	♂	♀	♂	♀	♂	♀	♂	♀	♂	♀	♂	♀	♂	♀	♂	♀
1957:																
Totgeburt															1	2
1.—10. Tag								1	1		1				16	10
Rest des 1. Jahres										2					14	11
1 bis unter 15															4	7
15 bis unter 40														1	4	7
40 bis †															6	7
Summe								1	1	2	1				1	45	44
1958:																
Totgeburt								1								4
1.—10. Tag											1		1		15	11
Rest des 1. Jahres								1							13	8
1 bis unter 15															4	5
15 bis unter 40															3	1
40 bis †															7	6
Summe								2			1		1		42	35
1959:																
Totgeburt															1	
1.—10. Tag							1	1							20	12
Rest des 1. Jahres						1			1	1					16	13
1 bis unter 15											1				13	8
15 bis unter 40															8	7
40 bis †						1									9	7
Summe						2	1	1	1	1	1				67	47
1960:																
Totgeburt															6	2
1.—10. Tag									1						22	16
Rest des 1. Jahres									1	3					19	10
1 bis unter 15										2					17	9
15 bis unter 40															14	12
40 bis †															10	9
Summe									2	5					88	58
1961:																
Totgeburt															8	5
1.—10. Tag									1						38	21
Rest des 1. Jahres										2	1	1			31	19
1 bis unter 15									1	1					6	7
15 bis unter 40															15	7
40 bis †															21	19
Summe									2	3	1	1			119	78

Tabelle 13 (Fortsetzung)

	A 1		A 2		A 3		C 1		C 2		C 3		C 4		Anzahl der MB-Fälle	
	♂	♀	♂	♀	♂	♀	♂	♀	♂	♀	♂	♀	♂	♀	♂	♀
1962:																
Totgeburt															4	2
1.—10. Tag						2			1		1			1	26	20
Rest des 1. Jahres							1					1			22	11
1 bis unter 15								1			1	1			14	11
15 bis unter 40								1	1						19	12
40 bis †															21	23
Summe						2	1	2	2		2	2		1	106	79
1963:																
Totgeburt										1					3	5
1.—10. Tag									2	2					19	9
Rest des 1. Jahres								1			1	3			20	17
1 bis unter 15						1			1						12	12
15 bis unter 40						1									16	11
40 bis †															17	18
Summe						2		1	3	3	1	3			87	72
1964:																
Totgeburt					1										5	3
1.—10. Tag											2	1			14	8
Rest des 1. Jahres								1			1	1			12	12
1 bis unter 15					1						1				23	13
15 bis unter 40															12	9
40 bis †										1					22	17
Summe					2			1		1	4	2			88	62
1965:																
Totgeburt								1							6	5
1.—10. Tag								1				3			24	17
Rest des 1. Jahres							1		2	2	1	1			23	20
1 bis unter 15									1	2	1				14	15
15 bis unter 40					1										14	10
40 bis †										1					19	21
Summe					1		1	2	3	5	2	4			100	88

Tabelle 14 (Legende S. 84,

Gruppen B 1a – 2b

	B1a ♂	B1a ♀	1b ♂	1b ♀	1c ♂	1c ♀	1d ♂	1d ♀	1e ♂	1e ♀	B2a ♂	B2a ♀	2b ♂	2b ♀
1929:														
Totgeburt													1	
1.—10. Tag						1		1		1			1	
Rest des 1. Jahres	1				1									1
1 bis unter 15													1	
15 bis unter 40														
40 bis †													2	
Summe	1				1	1		1		1			5	1
1930:														
Totgeburt														
1.—10. Tag	1	1			2	1	1	2					1	
Rest des 1. Jahres	1	1			1		1	1						1
1 bis unter 15													2	
15 bis unter 40														
40 bis †														
Summe	2	2			3	1	2	3					3	1
1931:														
Totgeburt		1				1		1					1	
1.—10. Tag	2													
Rest des 1. Jahres	3	1			1	1		1					2	
1 bis unter 15	1	1												
15 bis unter 40														
40 bis †														
Summe	6	3			1	2		2					3	
1932:														
Totgeburt	1													
1.—10. Tag	1					1							1	
Rest des 1. Jahres	1	2			1	1								
1 bis unter 15													2	1
15 bis unter 40														1
40 bis †													1	
Summe	3	2			1	2							4	2
1933:														
Totgeburt	1												1	
1.—10. Tag	1				1	1								
Rest des 1. Jahres	1				1	1		1					2	
1 bis unter 15		1											1	
15 bis unter 40					1								2	
40 bis †					1									
Summe	3	1			4	2		1					6	

Gruppen 2c – 3f

	2c ♂	2c ♀	B3a ♂	B3a ♀	3b ♂	3b ♀	3c ♂	3c ♀	3d ♂	3d ♀	3e ♂	3e ♀	3f ♂	3f ♀
1929:														
Totgeburt														
1.—10. Tag											1			1
Rest des 1. Jahres														1
1 bis unter 15														
15 bis unter 40					1									
40 bis †														
Summe					1						1			2
1930:														
Totgeburt														
1.—10. Tag	2										1			1
Rest des 1. Jahres	1													
1 bis unter 15														1
15 bis unter 40														
40 bis †														
Summe	3										1			2
1931:														
Totgeburt			1		1									
1.—10. Tag														
Rest des 1. Jahres		1												
1 bis unter 15														
15 bis unter 40														
40 bis †														
Summe		1	1		1									
1932:														
Totgeburt	1			1					1					
1.—10. Tag	2		1		1									
Rest des 1. Jahres		2												
1 bis unter 15														
15 bis unter 40														
40 bis †										1				
Summe	3	2	1	1	1				1	1				
1933:														
Totgeburt														
1.—10. Tag	1													
Rest des 1. Jahres		1			1					1				
1 bis unter 15														
15 bis unter 40														
40 bis †					1									
Summe	1	1			2					1				

Klassifizierung S. 92)

B 4a ♂	B 4a ♀	4b ♂	4b ♀	4c ♂	4c ♀	4d ♂	4d ♀	4e ♂	4e ♀	4f ♂	4f ♀	4g ♂	4g ♀	4h ♂	4h ♀	4i ♂	4i ♀	4k ♂	4k ♀	4l ♂	4l ♀	4m ♂	4m ♀	Anzahl der MB-Fälle ♂	♀
			1			1	1 1		1 1	1 2 1 3	1 1 2	1 1 1	1 2	1 1	2 2			2 2	1 3					1 3 3 1 1 5	3 3 2
			1			1	2		2	7	4	3	3	2	4			4	4					14	8
		2	3 1			1	2		1	1 1 2 2	3 1 1 1 1	2 2	3 1 1 1 1	2 2	1 2 2 2	1	1	1 2	2 1 3					3 5 2 2	1 6 3 3 4 1
		2	4			1	2		1	6	7	4	7	4	7	1	1	3	6					12	18
2 1	1	1	1 1			2 3 4 1	1 2 1	1 1 3 1	1 1	2 1 2	1 1 2	1 1 2	1 1 2	1 2 2	1 1			1 1 1 1	1 4					2 3 8 3 3	3 5 2 2 2
3	1	1	2			10	4	6	2	5	4	4	4	5	2			4	5					19	14
		2 3	2	2 1		2 3 3	1 3	1 1 2	1 2	1 1 1 2 1 3	1 1 6	1 1 1 1 3	1 2 6	2 2 3	2 1 1 1	1		1 3 1 1	2 2					3 5 7 2 2 3	3 4 1 4 7
		5	2	3		8	4	4	3	9	8	8	9	7	5	1		6	4					22	19
		1 1	1 1		1	1 2 2	1 1	1 1	1	1 3 1 4 5	1 1 1 2 3	1 2 2 4	1 1 2 2	2 1 2 4 1	1 1 1	1		2 1 1	1			1		3 4 8 1 5 6	1 4 2 4 2
		2	2		1	5	2	3	1	14	8	9	7	8	3	1		4	1			1		27	13

Tabelle 14

	B1a		1b		1c		1d		1e		B2a		2b		2c		B3a		3b		3c		3d		3e		3f	
	♂	♀	♂	♀	♂	♀	♂	♀	♂	♀	♂	♀	♂	♀	♂	♀	♂	♀	♂	♀	♂	♀	♂	♀	♂	♀	♂	♀
1934:																												
Totgeburt	1	2			1	2	1	2								1											1	
1.—10. Tag	1				1	1	2									1												
Rest des 1. Jahres	1	1			1										1						1		1				1	
1 bis unter 15																												
15 bis unter 40																												
40 bis †																												
Summe	3	3			3	3	3	2							1	2					1		1				2	
1935:																												
Totgeburt	2				2		2		2							1											1	
1.—10. Tag													1	2		1										1	1	1
Rest des 1. Jahres	5				1	2							4				1	1	1					1				
1 bis unter 15																												
15 bis unter 40																												
40 bis †													1															
Summe	7				3	2	2		2				6	2		2	1	1	1					1		1	2	1
1936:																												
Totgeburt					1		1								1													
1.—10. Tag				2																					1		1	
Rest des 1. Jahres	1				2	1														1			1					
1 bis unter 15													1															
15 bis unter 40	1																											
40 bis †													1															
Summe	2			2	3	1	1						2		1					1			1		1		1	
1937:																												
Totgeburt																												
1.—10. Tag			2		1		1						1						1					1				
Rest des 1. Jahres																1											1	1
1 bis unter 15																												
15 bis unter 40																												
40 bis †																												
Summe			2		1		1						1			1			1					1			1	1
1938:																												
Totgeburt													1															
1.—10. Tag	1	1	2		1	1	1	1							2												3	
Rest des 1. Jahres		2			1						1		1														1	1
1 bis unter 15																											1	
15 bis unter 40																												
40 bis †																												
Summe	1	3	2		2	1	1	1			1		2		2												5	1

(Fortsetzung)

B4a		4b		4c		4d		4e		4f		4g		4h		4i		4k		4l		4m		Anzahl der MB-Fälle	
♂	♀	♂	♀	♂	♀	♂	♀	♂	♀	♂	♀	♂	♀	♂	♀	♂	♀	♂	♀	♂	♀	♂	♀	♂	♀
		1 1 1	2 1	1		2 1 2	1 2 1	1 1 1	1 1 1	1 1 1	1 1 1	1 1 1	1 1 1	2 3 4	2 1 2	1		1 3	1 3 2 2					2 5 9 1 1	2 3 4 2 2 1
		3	**3**	**1**		**5**	**4**	**3**	**3**	**3**	**3**	**3**	**3**	**9**	**5**	**1**		**4**	**8**					**18**	**14**
1			2 1		1	2 1 7 1	2 2	1 2 1	1 1	6 2 5	2 1 1 2 1	2 2 4	2 1 1 2 1	3 1 8	2 2		1	1 4 3 1 2	3 5					3 5 12 1 3 7	5 8 1 2 1
1			**3**		**1**	**11**	**4**	**4**	**2**	**13**	**7**	**8**	**7**	**12**	**4**		**1**	**11**	**8**					**31**	**17**
1 2		1		1		2 4 2	1 1 1 2	2 3 1	1 1 1 2	1 1 1 2	1 3	1 1 2	1 3	1 1 6 1 1	1 2			1 5 3	3 1 3				2	1 3 13 1 5 2	1 4 2 2 7
3		**1**		**1**		**8**	**5**	**6**	**5**	**5**	**4**	**4**	**4**	**10**	**3**			**9**	**7**				**2**	**25**	**16**
		1	1			1	1			1 3 1 1	1 1	1 1 1	1 1	1 1	1 3			2 2	1 2				1	1 4 1 1 2	1 4 2
		1	**1**			**1**	**1**			**6**	**2**	**3**	**2**	**2**	**4**			**4**	**3**				**1**	**9**	**7**
		3	1	1		1 3 1 2	2 3 1 1	1 2 1 2	1 1	1 4 1 1 4	1 5 1 1	1 3 1 1 4	1 5 1 1	3 1 1	2 2			1 1 1	1 2 2 1				1	1 5 6 2 2 6	3 10 4 1 1
		3	**1**	**1**		**7**	**7**	**6**	**2**	**11**	**8**	**10**	**8**	**5**	**4**			**3**	**6**				**1**	**22**	**19**

Tabelle 14

	B1a		1b		1c		1d		1e		B2a		2b		2c		B3a		3b		3c		3d		3e		3f	
	♂	♀	♂	♀	♂	♀	♂	♀	♂	♀	♂	♀	♂	♀	♂	♀	♂	♀	♂	♀	♂	♀	♂	♀	♂	♀	♂	♀
1939:																												
Totgeburt																					1							
1.—10. Tag	1								1				1															
Rest des 1. Jahres													3		1												1	
1 bis unter 15	1																		1						1			
15 bis unter 40																												
40 bis †																												
Summe	2								1				4		1				1		1				1		1	

	B1a		1b		1c		1d		1e		B2a		2b		2c		B3a		3b		3c		3d		3e		3f	
	♂	♀	♂	♀	♂	♀	♂	♀	♂	♀	♂	♀	♂	♀	♂	♀	♂	♀	♂	♀	♂	♀	♂	♀	♂	♀	♂	♀
1929—1939:																												
Totgeburten	5	3			4	3	4	3	2				4		2	1	2		1		1					1	2	
1.—10. Tag	8	2	4	2	6	6	4	4	1		1		5	3	3	6	1	1	1		1	1				1	5	4
Rest des 1. Jahres	14	7			10	6	1	3			1		13	1	7	2		1	4		1					3	3	2
1 bis unter 15	2	1											7	1					1						2	1	1	1
15 bis unter 40					1								2	1					1									
40 bis †					1								5					1	1						1			
Summe	29	13	4	2	22	15	9	10	3		2		36	6	12	9	3	3	9		3	1			3	6	11	7

Mißbildungen der Gruppe B (Tabelle 14 und 15).

B. Individualmißbildungen.

1. Äußerlich sichtbare Mißbildungen an Kopf und Hals.
   a) Gesicht mit Nase und Kiefer;
   b) Ohren;
   c) Auge und Gehirn;
   d) Schädel;
   e) Hals.

2. Äußerlich sichtbare Mißbildungen des Rumpfes.
   a) Vordere Spaltbildungen;
   b) Äußerlich sichtbare urogenitale Störungen einschließlich Analregion;
   c) Hintere Spaltbildungen.

3. Mißbildungen der Extremitäten.
   a) Überzählige Teile der oberen Extremitäten und des Schultergürtels;
   b) Verwachsungen bzw. Spaltungen oder Fehlen der oberen Extremitäten;
   c) Grobe Fehlstellungen der oberen Extremitäten, ohne a) und b);
   d) Überzählige Teile der unteren Extremitäten und des Beckengürtels;
   e) Verwachsungen bzw. Spaltungen oder Fehlen von Teilen der unteren Extremitäten und des Beckengürtels;
   f) Grobe Fehlstellungen der unteren Extremitäten.

4. Mißbildungen der Organe.
   a) Mißbildungen des Integumentes;
   b) Zentrales und peripheres Nervensystem;
   c) Zentrales und peripheres Nervensystem ohne 1. und 2.;
   d) Respirations- und Digestionstrakt sowie inkretorisches System einschließlich 1. und 2.;
   e) Respirations- und Digestionstrakt, äußerlich nicht sichtbar;
   f) Urogenitaltrakt einschließlich äußerlich sichtbarer Schäden;
   g) Urogenitaltrakt äußerlich nicht sichtbar;
   h) Stützgewebs- und Bewegungsapparat einschließlich 1., 2. und 3.;

(Fortsetzung)

B 4a ♂	B 4a ♀	4b ♂	4b ♀	4c ♂	4c ♀	4d ♂	4d ♀	4e ♂	4e ♀	4f ♂	4f ♀	4g ♂	4g ♀	4h ♂	4h ♀	4i ♂	4i ♀	4k ♂	4k ♀	4l ♂	4l ♀	4m ♂	4m ♀	Anzahl der MB-Fälle ♂	Anzahl der MB-Fälle ♀
							1		1		1		1						1						2
		1				2		1		2	4	1	4	2	1	1		2	1					5	1
						5		4		5	2	3	2	1				5	6					13	9
						1				1	2	1	2	2				3	2					5	3
										1		1			1			1					1	2	1
										5		5							1				1	5	3
		1				8	1	5	1	14	9	11	9	5	2	1		11	11				2	30	19

B 4a ♂	B 4a ♀	4b ♂	4b ♀	4c ♂	4c ♀	4d ♂	4d ♀	4e ♂	4e ♀	4f ♂	4f ♀	4g ♂	4g ♀	4h ♂	4h ♀	4i ♂	4i ♀	4k ♂	4k ♀	4l ♂	4l ♀	4m ♂	4m ♀	Anzahl der MB-Fälle ♂	Anzahl der MB-Fälle ♀
		5	3	2		9	4	4	2	5	1	4	1	11	5	2		4	1					17	9
		8	9	1		17	9	7	5	14	11	9	11	19	13	2		17	13					45	30
2		8	7	3		31	16	18	9	22	15	12	14	32	17	1		24	28					85	56
1	1		1		1	3	4	2	3	10	7	5	5	3	5		1	5	8					19	20
						3		2		14	8	12	8	2	1			7	8				3	26	20
						2	3	2	2	29	23	25	22	2	1			6	4				4	37	29
3	1	21	20	6	1	65	36	35	21	94	65	67	63	69	42	5	1	63	62				7	229	164

i) Stützgewebs- und Bewegungsapparat, äußerlich nicht sichtbar;
k) Kardiovasculäres, hämopoetisches und lymphoretikuläres System;
l) Hämangiome, Lymphangiome und konnatale Aneurysmen, äußerlich sichtbar;
m) Hämangiome, Lymphangiome und konnatale Aneurysmen, äußerlich nicht sichtbar.

Ausführliche Klassifizierung S. 64—66.

Schlußbetrachtungen

Bei der abschließenden Betrachtung können wir von einem Satz von SIEVERS ausgehen. Er schreibt 1965: „Die regelmäßige Erkennung und einwandfreie Erfassung der Mißbildungen sind nur ein Stein im Mosaik der Mißbildungsforschung. Dieser Stein — und seine richtige Beschaffenheit — haben aber eine zentrale Bedeutung im Hinblick auf das Ziel: die Klärung der kausalen Genese der Mißbildungen und die weitmögliche Ausschaltung der erkannten Ursachen." Nach RUMLER ist der Informationswert der bisher veröffentlichten Mißbildungsstatistiken jedoch beschränkt. Das liegt nach Ausführungen von v. SCHUBERT teils an den verschiedenen Definitionen der Mißbildungen, teils an der uneinheitlichen Dokumentation und nicht zuletzt daran, daß durch die meist einmalige klinische Untersuchung nur ein Bruchteil selbst schwerer Mißbildungen erfaßt werden kann.

Nach gründlicher Bearbeitung einschlägiger Statistiken in der Literatur und aufgrund umfangreicher eigener klinisch-statistischer Erhebungen gelangte SIEVERS (1965) zu dem Schluß, daß weder die Befunde der Literatur der letzten 10 Jahre noch die Befunde der Gegenwart geeignet sind, die Frage nach der durchschnittlichen Häufigkeit von Mißbildungen eindeutig zu beantworten. Er schreibt: „Wir benötigen nicht nur eine sichere Dokumentation, sondern vor allem sichere Diagnosen" und weiter „Die

Tabelle 15 (Legende S. 84,

	B 1a		1b		1c		1d		1e		B 2a		2b		2c		B 3a		3b		3c		3d		3e		3f	
	♂	♀	♂	♀	♂	♀	♂	♀	♂	♀	♂	♀	♂	♀	♂	♀	♂	♀	♂	♀	♂	♀	♂	♀	♂	♀	♂	♀
1952:																												
Totgeburt	3		1		1		2		1				1															1
1.—10. Tag	1	2			3	1		2					2														2	1
Rest des 1. Jahres					1	3							3	4	3	1		1					1	1	1		1	2
1 bis unter 15					1								3		1												1	
15 bis unter 40																												
40 bis †																												
Summe	4	2	1		6	4	2	2	1				9	4	4	1		1					1	1	1		4	4
1953:																												
Totgeburt		1														1				1								
1.—10. Tag		3											3		1	2	1											1
Rest des 1. Jahres		1	1		1	1	1	1					5	1	1	1				1				1				
1 bis unter 15	1	2			1	1	1	1			1		3								1							
15 bis unter 40																												
40 bis †												1														1		
Summe	1	7	1		2	2	2	2			1	1	11	1	2	4	1			2	1			1		1		1
1954:																												
Totgeburt		1			1																							
1.—10. Tag	2	1		1	1	1	1						3															
Rest des 1. Jahres	3	1	2		1	3	1	1					2		1			1	1							1		
1 bis unter 15	1	1		1	1	1							5					1		1							1	
15 bis unter 40																			1									
40 bis †																			1									1
Summe	6	4	2	2	4	5	2	1					10		1			2	3	1						1	1	1
1955:																												
Totgeburt	2	3		1	3	3	1	2	1				1				2											1
1.—10. Tag	1	3	1	1	1	3						1	4	1	2	2						1	1				5	3
Rest des 1. Jahres	2	2			1								3	1	1	1						1					2	
1 bis unter 15		1											4															
15 bis unter 40																												
40 bis †										1			2															
Summe	5	9	1	2	5	6	1	2		1		2	14	2	3	4	2			2			1				7	4
1956:																												
Totgeburt	2	1			2		1		1									1										
1.—10. Tag	1	2	1									1	6	2	2	1	1		1	1						1	2	2
Rest des 1. Jahres	2	1				1							1	1	2	1		1									1	1
1 bis unter 15	1				1		1						1			1		1						1				
15 bis unter 40													1															
40 bis †													2															
Summe	6	4	1		3	2	1	2				1	11	3	4	4	2	1					1	1			3	3

Klassifizierung S. 92)

B4a ♂	B4a ♀	4b ♂	4b ♀	4c ♂	4c ♀	4d ♂	4d ♀	4e ♂	4e ♀	4f ♂	4f ♀	4g ♂	4g ♀	4h ♂	4h ♀	4i ♂	4i ♀	4k ♂	4k ♀	4l ♂	4l ♀	4m ♂	4m ♀	Anzahl der MB-Fälle ♂	Anzahl der MB-Fälle ♀
2		2 3 1	2 4	2		2 3 6 1 2	4 2 1	1 2 6 1 2	3 2 1	4 4 5 4 2 6	1 2 2 6	3 2 2 1 2 6	1 2 2 6	1 4 4 1 1	1 4 4	2 1	1 2	2 2 7 2	1 1 3 3 1					4 7 11 11 5 10	1 6 10 3 2 6
2		6	6	2		14	7	12	6	25	11	16	11	11	9	3	3	13	9					48	28
		2 1	2 1	2	1	8 7 1 2 7	1 9 5 4 3	8 7 2 7	1 8 4 3 3	4 7 4 3 7	1 3 3 1 2 6	2 3 1 3 7	1 3 3 1 2 6	1 3 1	2 3 1 2 1 3	1	1	4 6 7 1 1	1 6 2 4 3 2					11 18 10 5 11	3 14 10 7 7 12
		3	3	2	1	25	22	24	19	25	16	16	16	5	12	1	1	19	18					55	53
2	1	1 2 1	1 1 1	1	1	11 5 4 1	1 5 1 1 1 3	11 4 5 1	1 5 1 1 1 3	6 1 4 3 9	2 1 1 2 6	5 1 2 2 9	2 1 2 2 6	1 6 1	1 1			2 10 10 5 4	1 1 5 2 5	1		1		11 18 11 7 16	2 9 6 8 5 12
2	1	4	3	1	1	21	12	21	12	23	12	19	13	8	2			31	14	1		1		63	42
1		2 1 1 1	2 2 3 1	1 1 1 1	1 1 3 1	1 12 5 1	2 7 5 2	12 4 1	1 7 5 1	2 8 4 5 2 7	1 6 2 1 4 9	1 4 2 2 2 5	1 6 2 1 4 9	2 7 2 2	4 4 1	3 1 1	2	4 8 5 7 1	1 7 5 6 8 1					4 21 21 6 9 7	6 17 9 8 9 12
1		5	8	4	6	19	16	17	14	28	23	16	23	13	9	5	2	25	28					68	61
		2 4 3	1 1 1 1	1 2 1	1	1 14 5 1 2	12 6 1 1	14 4 2	11 5 1 1	9 3 1 4 9	1 5 3 1 1 7	7 2 3 7	1 4 3 1 1 6	5 1 1 6	1 3 4 1		1 2	7 8 4 6 1	1 6 8 4 6 2					3 21 18 5 8 11	3 15 12 6 6 10
		9	4	4	1	23	20	20	18	26	18	19	16	13	9		3	26	27					66	52

	B1a		1b		1c		1d		1e		B2a		2b		2c		B3a		3b		3c		3d		3e		3f	
	♂	♀	♂	♀	♂	♀	♂	♀	♂	♀	♂	♀	♂	♀	♂	♀	♂	♀	♂	♀	♂	♀	♂	♀	♂	♀	♂	♀
1957: Totgeburt																											1	
1.—10. Tag	2		1		1	1	1					1	2	1					2	1							2	2
Rest des 1. Jahres		2				3		2						2		3			1								2	1
1 bis unter 15																												
15 bis unter 40																												
40 bis †																												
Summe	2	2	1		1	4	1	2				1	2	3		3			3	1							5	3
1958: Totgeburt		1		1		1				1										1								2
1.—10. Tag	2	1		2	1	2	1	2			1		2	2	1	1									1		1	2
Rest des 1. Jahres					1		3						1	1	3								1			1		1
1 bis unter 15															1													
15 bis unter 40																												
40 bis †													1															
Summe	2	2		3	2	3	4	2		1	1		4	3	5	1				1			1		1	1	1	5
1959: Totgeburt																												
1.—10. Tag	3	1	1			1	2	1					6	1	1		1		1	2					1	1	1	1
Rest des 1. Jahres	2	3					1						2	2	4	1			2	1	1	1	1		2		1	
1 bis unter 15								1																				1
15 bis unter 40																												
40 bis †													1															
Summe	5	4	1			1	3	2					9	3	5	1	1		3	3	1	1	1		3	1	2	2
1960: Totgeburt		1				2							1															
1.—10. Tag	2	1	1	1	1	1	1	1	1	4			6		1	1			1	1			1		3		3	
Rest des 1. Jahres	5		1		1			1					2	1	1												1	
1 bis unter 15					1								2		1													
15 bis unter 40																												
40 bis †																												
Summe	7	2	2	1	3	3	1	2	1	4			11	1	3	1			1	1			1		3		4	
1961: Totgeburt	2	2	2	1	3		2	2	1				1			1		1	2	1	2				2	1	2	2
1.—10. Tag	1	2	2	2		2	2	2		1	2		7	1	1		1	1		5					3	3	5	1
Rest des 1. Jahres	1	6				2		1		1	2	1	1	1	3			1		2					1	1	1	1
1 bis unter 15	1					1		1					2		1												1	
15 bis unter 40													1															
40 bis †													1															
Summe	5	10	4	3	3	5	4	6	1	2	4	1	13	2	5	2	1	3	3	8	2				6	5	9	4

(Fortsetzuug)

B4a		4b		4c		4d		4e		4f		4g		4h		4i		4k		4l		4m		Anzahl der MB-Fälle	
♂	♀	♂	♀	♂	♀	♂	♀	♂	♀	♂	♀	♂	♀	♂	♀	♂	♀	♂	♀	♂	♀	♂	♀	♂	♀
1										1		1		1	1				1	1				1	2
		1	1		1	8	5	8	5	6	3	5	3	3	5	1	3	10	5					16	10
			2			7	5	7	3	3		2		2	5		1	8	5					14	11
									1	1	1							4	7			1		4	7
										1	3	1	3					3	6				1	4	7
							1		1	4	6	4	6					1	2					6	7
1		1	3		1	15	11	15	10	16	13	13	12	6	11	1	4	26	26	1		1	1	45	44
			1				3		3		1		1		2				2						4
		2	3	1	1	13	9	12	8	5	5	3	4	6	3	3		5	5					15	11
		3		1		5	3	3	2	2	1	1	1	2	1	1		6	2		1		1	13	8
										2		1						3	5					4	5
																		3	1					3	1
						1	1	1	1	7	3	6	3					1	3					7	6
		5	4	2	1	19	16	16	14	16	10	11	9	8	6	4		18	18		1		1	42	35
						1		1		1		1						1						1	
		2	1	2	1	9	11	8	10	8	3	5	3	8	4	3		8	10					20	12
1		4	1			4	9	2	9	6	4	5	4	8	3	1		12	9					16	13
			1		1	1		1					1		2		1	14	5					13	8
			1		1	1		1		1		1						8	6					8	7
		1		1		1	1	1	1	3	1	2	1					4	3			1	1	9	7
1		7	4	3	3	17	21	14	20	19	8	14	9	16	9	4	1	47	33			1	1	67	47
				1		2	1	2	1	4	1	4	1		1			3						6	2
		4	1	1		20	8	18	9	10		8		5	2	3	1	21	10					22	16
1		2	2	1	2	9	6	6	6	6	3	5	3	6	2		1	5	5					19	10
		1				5		5		2	2	1	2	1				13	8					17	9
										3		3						11	11				2	14	12
						2	1	2	1	6	4	6	3					3	3			2	4	10	9
1		7	3	3	2	38	16	33	17	31	10	27	9	12	5	3	2	56	37			2	6	88	58
		2	1			6	3	5	3	3	1	3	1	5	2		1	2	2					8	5
1	2	3	2	3		15	12	13	12	15	7	12	6	8	6	3		15	7					38	21
	1	2	3	1	2	13	14	13	8	6	3	5	3	10	9	6	2	10	11					31	19
			1			2	1	2	1	1	1		1	2	1			7	7					6	7
						2	1	2	1	5	1	4	1					12	5			1		15	7
						3	4	3	4	13	18	12	18					6	4	2		8	3	21	19
1	3	7	7	4	2	41	35	38	29	43	31	36	30	25	18	9	3	52	36	2		9	3	119	78

Tabelle 15

1962:

	B1a ♂	B1a ♀	1b ♂	1b ♀	1c ♂	1c ♀	1d ♂	1d ♀	1e ♂	1e ♀	B2a ♂	B2a ♀	2b ♂	2b ♀	2c ♂	2c ♀	B3a ♂	B3a ♀	3b ♂	3b ♀	3c ♂	3c ♀	3d ♂	3d ♀	3e ♂	3e ♀	3f ♂	3f ♀
Totgeburt			1		1		1						2															
1.—10. Tag		2	1	1	1	1		1				1	4	2	2		1		2								1	1
Rest des 1. Jahres	1			1			3				5	1	7	2	1	1			3						1		1	
1 bis unter 15						1		2					3		2	2												
15 bis unter 40													4						1									
40 bis †													3		1													
Summe	1	2	2	2	2	2	4	3			5	2	23	4	6	3	1		6						1		2	1

1963:

	B1a ♂	B1a ♀	1b ♂	1b ♀	1c ♂	1c ♀	1d ♂	1d ♀	1e ♂	1e ♀	B2a ♂	B2a ♀	2b ♂	2b ♀	2c ♂	2c ♀	B3a ♂	B3a ♀	3b ♂	3b ♀	3c ♂	3c ♀	3d ♂	3d ♀	3e ♂	3e ♀	3f ♂	3f ♀
Totgeburt	1	2		3		2	3			1			1	1													3	
1.—10. Tag	5		1			1	1	1	1		2		1	1					1		1							
Rest des 1. Jahres	1					1	1	1				1	8	1		1				1		1						
1 bis unter 15	1				1			2											1									
15 bis unter 40	1							1		1										1								
40 bis †													1															
Summe	9	2	1	3	1	4	5	5	1	2	2	1	11	3		1			2	2	1	1					3	

1964:

	B1a ♂	B1a ♀	1b ♂	1b ♀	1c ♂	1c ♀	1d ♂	1d ♀	1e ♂	1e ♀	B2a ♂	B2a ♀	2b ♂	2b ♀	2c ♂	2c ♀	B3a ♂	B3a ♀	3b ♂	3b ♀	3c ♂	3c ♀	3d ♂	3d ♀	3e ♂	3e ♀	3f ♂	3f ♀
Totgeburt	2				1		1						2						1								1	
1.—10. Tag			2							1	1		3		2	1			2								4	1
Rest des 1. Jahres		3			1		1	1					4		1	1	1			1							2	
1 bis unter 15					1								4		1	1												1
15 bis unter 40														1													1	
40 bis †														1														
Summe	2	3	2		3		2	1		1	1		13	2	4	3	1		3	1							8	2

1965:

	B1a ♂	B1a ♀	1b ♂	1b ♀	1c ♂	1c ♀	1d ♂	1d ♀	1e ♂	1e ♀	B2a ♂	B2a ♀	2b ♂	2b ♀	2c ♂	2c ♀	B3a ♂	B3a ♀	3b ♂	3b ♀	3c ♂	3c ♀	3d ♂	3d ♀	3e ♂	3e ♀	3f ♂	3f ♀
Totgeburt	1	1	1	1	2	1	3	2	1	1					1	1			1						1		1	
1.—10. Tag	2	2	1	1	1	2	2	1	1		1	1	4	1		3			1		1			1				2
Rest des 1. Jahres	3	4	1	2	4	5	4	2					4	1	4	7		2		2		1			1	1	3	4
1 bis unter 15	1	2		1		3		2					3	1														
15 bis unter 40													1															
40 bis †						1							1	1					2									
Summe	7	9	3	5	7	12	9	7	2	1	1	1	13	4	5	11		2	4	2	1	1		1	2	1	4	6

1952—1965:

	B1a ♂	B1a ♀	1b ♂	1b ♀	1c ♂	1c ♀	1d ♂	1d ♀	1e ♂	1e ♀	B2a ♂	B2a ♀	2b ♂	2b ♀	2c ♂	2c ♀	B3a ♂	B3a ♀	3b ♂	3b ♀	3c ♂	3c ♀	3d ♂	3d ♀	3e ♂	3e ♀	3f ♂	3f ♀
Totgeburt	13	13	5	7	13	12	11	11	3	6			8	1	3	7			4	4	2		2		3	1	8	6
1.—10. Tag	20	20	12	8	10	17	7	11	1	2	12	5	53	12	13	10	4	5	10	9	2	3	1	1	8	6	26	17
Rest des 1. Jahres	20	23	5	3	14	16	18	7			7	3	36	17	26	18	2		1	10	6	1	2	3	1	1	16	10
1 bis unter 15	6	6		2	5	8	4	10			1		38	2	6	4			2	1	3					1	2	2
15 bis unter 40	1						1		1	1			7							3	1						1	
40 bis †						1					1	1	12	2	1				1	2	1						1	1
Summe	60	62	22	20	42	53	41	39	5	9	21	9	154	34	49	39	6	12	29	23	4	7	4	3	18	10	53	35

(Fortsetzung)

| B | | 4a | | 4b | | 4c | | 4d | | 4e | | 4f | | 4g | | 4h | | 4i | | 4k | | 4l | | 4m | | Anzahl der MB-Fälle | |
♂	♀	♂	♀	♂	♀	♂	♀	♂	♀	♂	♀	♂	♀	♂	♀	♂	♀	♂	♀	♂	♀	♂	♀	♂	♀	♂	♀
		1				1	1	1		3		1			1				1							4	2
		2	2			16	10	13	10	6	7	5	7	6	4	1	2	4	10							26	10
		1	1	1		15	6	12	5	10	2	8	2	6	2		1	10	4							22	11
		2	4		1		1	1	1	5	2	2	2	2	4		1	10	6							14	11
		1							1	6	6	2	6	1				12	7			3	1			19	12
		1			1	1	1		1	15	12	13	12					6	6			1	3			21	23
		8	7	1	2	33	19	27	18	45	29	31	29	15	11	1	4	42	34			4	4			106	79
	1		1			1	3			1	1	1		1					2							3	5
		2	3	2	1	9	2	7	2	7	1	7	1	6		1		11	3							19	9
		3	3	4	1	6	4	5	4	3	2	3	2	2	4			10	13							20	17
		2	1			3	2	3	2	9	1	4	1	1	1			8	7				2			12	12
1		1		2		2	1	1	1	2	1	2	1	2				4	9			7	1			16	11
		1				1		1	1	12	9	12	9		1			5	13			2	4			17	18
1	1	9	8	8	2	22	12	17	10	34	15	29	14	12	6	1		38	47			9	7			87	72
			1			2	2	2	2	3		3		3	1			3	1							5	3
1		1	1			11	2	9	2	8	3	7	3	6	2	1		6	2							14	8
		4	2	2		6	5	5	3	5	3	2		2	4	1	2	2	4				1			12	12
1		3	1	1		4	4	4	1	5		1		2	3	2		13	9	1		1	3			23	13
			1	1	1	1	1	1	1	2		2	2	1	1		1	7	7			1				12	9
		2	1	2		2	1	2	2	12	2	12	2	2				9	5			3	3			22	17
2		10	7	6	1	26	15	23	11	35	8	27	7	16	11	4	3	40	28	1		5	7			88	62
	1	1	3	1	1		1	1	4	1	4	1		5	2			1	4							6	5
		2	3			13	8	11	6	5	6	3	5	5	10	1	1	3	7							24	17
		10	6	4	1	5	7	5	3	6	4	2	4	9	12			10	7							23	20
		1	3	1		2	2	1	3	3	3	3	3	2	1		1	8	12	1		1				14	15
		1				2	3			7		2	7		1			6	8			1				14	10
1		3		1	1	2	6	3	6	9	6	10			2			7	6			3	4			19	21
1	1	18	15	7	3	24	27	21	22	31	23	21	19	21	28	1	2	35	44	1		5	4			100	88
1	2	12	11	4	1	18	20	13	17	23	8	19	8	20	18		3	10	17	1						45	43
5	2	28	22	12	6	162	104	146	98	101	53	75	49	71	50	22	12	102	80	1	1	1				265	185
4	1	37	31	16	11	98	82	83	62	65	32	40	32	69	53	12	8	107	79			1				256	168
1		12	12	5	4	25	15	23	15	46	14	14	13	12	18	2	4	113	88			1	2			150	119
1	1	4	2	2	2	10	4	9	4	43	21	37	20	4	1			87	80	1		13	8			139	105
1		6	4	4	2	24	24	24	24	119	99	110	95	5	6	1	1	49	55	2		20	23			187	179
13	6	99	82	43	26	337	249	298	220	397	227	295	217	181	146	37	28	468	399	5	1	36	33			1042	799

7*

Mißbildungskombinationen, deren genaue Kenntnis sowohl qualitativ wie quantitativ für alle Bereiche der Teratologie von Bedeutung ist, müssen durch eine ins einzelne gehende Dokumentation allen interessierten Kreisen zugänglich gemacht werden".

Eine sichere Erfassung und Differenzierung aller Mißbildungen ist aber nur durch die Obduktion möglich. Selbst morphologisch nicht feststellbare kongenitale Stoffwechselstörungen können, sofern sie überhaupt erkannt worden sind, in einer Sektionsstatistik berücksichtigt werden, weil dem Pathologen alle klinisch bereits erhobenen Befunde in der Regel vorliegen.

Die großen Schwierigkeiten der statistischen Analyse aufgrund von Sektionsbefunden und sich dafür ergebende Fehlermöglichkeiten sind vor allem von Freudenberg, Grosse, Knopp, Kolb und Zschoch wiederholt betont worden. Wir kommen aber, ebenso wie Zschoch zu dem Schluß, daß sektionsstatistische Untersuchungen notwendig und berechtigt sind, weil sie sich auf sichere Diagnosen stützen und die Basis für weitere gezielte Untersuchungen darstellen. Damit glauben wir die Darstellung unseres umfangreichen Materials begründen zu können.

Zum Vergleich wurden die Obduktionsprotokolle der Jahrgänge 1929 bis 1939 (insgesamt 10880) und 1952—1964 (insgesamt 18318) bearbeitet. Die allgemeinen Häufigkeitswerte aus diesen Zeiträumen wurden, zumeist nach Jahrgängen gegliedert, unter verschiedenen Gesichtspunkten vergleichend untersucht. Zur Absicherung größerer Störfaktoren, die eine Änderung der Häufigkeit der Mißbildungen vortäuschen könnten, wurden Angaben aus den statistischen Jahrbüchern der Städtischen Krankenanstalten Düsseldorf, aus den Durchgangsbüchern der einzelnen Kliniken sowie aus den eigenen Durchgangs- und Überführungsbüchern zu Hilfe genommen.

Dadurch ließen sich Änderungen in der Zusammensetzung des Krankengutes der einzelnen Kliniken hinsichtlich des Sterbealters, der Heimatadressen und der Patientendurchgangszahlen überprüfen.

Mittmann und Zschoch haben unabhängig voneinander zur Prüfung statistischer Ergebnisse am Sektionsmaterial vorgeschlagen, daß der gleichen Frage mit der gleichen Methode an verschiedenen Orten nachgegangen wird. Mittmann bezeichnet ein solches Vorgehen als Methode der Materialvariation. Da eine derartige Überprüfung unserer Ergebnisse wünschenswert ist, galt es, eine Definition und Klassifizierung der Mißbildungen zu wählen, die die Zustimmung möglichst zahlreicher Untersucher fänden. Die enttäuschenden Ergebnisse früherer Statistiken beruhen zum Teil darauf, daß die Klassifizierung unvollständig war. Mehrere Autoren sind dadurch zur Aufstellung brauchbarer Klassifizierungen angeregt worden. Der Nachteil aller dieser Einteilungen liegt in deren Ausführlichkeit, die jedoch für eine vergleichbare Dokumentation unerläßlich ist. Für das Gebiet der Bundesrepublik Deutschland werden z. Zt. von der *"Kommission für teratologische Fragen der Deutschen Forschungsgemeinschaft"* umfangreiche klinisch-statistische Erhebungen durchgeführt. Die für die Komission von K. Goerttler erarbeitete Definition und Klassifizierung haben wir deshalb als Grundlage für unsere Untersuchungen übernommen.

Für den Zeitraum 1952—1964 wurde ein deutlich höherer Prozentsatz der Mißbildungen festgestellt als für die Jahre 1929—1939. Der prozentuale Anteil der Obduzierten an der Gesamtzahl der Sterbefälle war für beide

Zeiträume nicht wesentlich verschieden, so daß eine Vortäuschung der Zunahme der Frequenz der Mißbildungen durch die Erhöhung der Sektionsfrequenz ausgeschlossen werden konnte. Auch der Verdacht, daß die Zunahme der Häufigkeit der Mißbildungen durch eine geänderte Alterszusammensetzung des Obduktionsgutes bedingt sei, konnte ausgeschlossen werden (vgl. auch POCHE und ALTENKEMPER).

In den letzten Jahren ist die Zahl der Patienten, die in den Kliniken der Städtischen Krankenanstalten Düsseldorf behandelt wurden, erheblich angestiegen. Bei einem Vergleich der Zahlen der einzelnen Kliniken ließen sich jedoch keine eindeutigen Korrelationen zwischen der Zunahme der Mißbildungsrate und der Erhöhung der Zahl der behandelten Patienten finden. Für einzelne Kliniken ist dagegen eine deutliche Zentrenbildung zu erkennen: Dort hat die Zahl der Patienten, die von auswärts in die Klinik kamen, in den letzten Jahren erheblich zugenommen. Die Mißbildungsrate bei diesen Patienten liegt eindeutig höher als bei den Patienten aus dem natürlichen Einzugsgebiet der Stadt Düsseldorf. Immerhin sind die Mißbildungen auch bei diesen Einheimischen in den letzten Jahren noch häufiger als im Vergleichszeitraum der Vorkriegsjahre, aber wegen der Verlagerung der Arbeitsgebiete und der Spezialisierung einzelner Kliniken kommen wahrscheinlich heute auch mehr ortsansässige Mißbildungsfälle zur Aufnahme als früher.

Ob eine echte Zunahme der Häufigkeit vorliegt, läßt sich deshalb aufgrund unserer Befunde allein nicht sicher sagen. Aus diesem Grunde blieb auch die Darlegung der gefundenen Mißbildungsformen zunächst auf die Deskription beschränkt. Die Untersuchungen bilden aber die Voraussetzung dafür, daß Bewegungen in der Häufigkeit der Mißbildungen und ihrer Kombinationsformen in Zukunft verfolgt und an anderen Instituten Vergleichsuntersuchungen durchgeführt werden können.

Literatur

AICARDI, G., S. RUGIATI e G. ACCINELLI: Le malformazione congenite osservate nella clinica ostretica e ginecologica di Sassari dal 1936 al 1965. Minerva pediat. 18, 73 (1966).

BAUCKS, K. D.: Über kindliche Mißbildungen. Geburtsh. u. Frauenheilk. 22, 144 (1962).

BUURMANN, G., G. LANGENDÖRFER, I. NOACK u. H. J. WITT: Vorkommen und Verteilung von Mißbildungen in den letzten fünfundfünfzig Jahren (Statistische Untersuchungen von 2667 mißgebildeten Kindern nach historischen, geographischen, sozialen und anderen Gesichtspunkten). Zbl. Gynäk. 80, 1432 (1958).

EBBING, A. C.: Sterblichkeit an angeborenen Mißbildungen 1959—1962. Bundesgesundheitsblatt 6, 329 (1963).

EHRAT, R.: Die Mißbildungen der Neugeborenen an der Universitäts-Frauenklinik Zürich 1921—1944. Inaug. Diss. Zürich 1948.

EICHMANN, E., u. H. GESENIUS: Die Mißbildungszunahme in Berlin und Umgebung in den Nachkriegsjahren. Arch. Gynäk. 181, 168 (1952).

FISCHER, G.: Die congenitalen Mißbildungen in der Frauenklinik des Stadtkrankenhauses Offenbach a.M. vom 1. 1. 1950 bis 30. 6. 1956. Med. Diss. Frankfurt 1957.

FREUDENBERG, K.: Vorzüge und Gefahren der Sektionsstatistik. In: Gestaltwandel klassischer Krankheitsbilder (Hrsg. K. KÖHN u. H. H. JANSEN). Berlin-Göttingen-Heidelberg: Springer 1957.

— Grundriß der medizinischen Statistik. Stuttgart: Schattauer 1962.

GREEN, C. R.: The frequency of maldevelopment in man. Amer. J. Obstet. Gynec. 90, 994 (1964).

Grosse, H.: Sind unsere sektionsstatistischen Methoden exakt? Virchows Arch. path. Anat. **330**, 192 (1957).
— Über echte und vorgetäuschte Prozentsatzunterschiede im Sektionsgut. Münch. med. Wschr. **104**, 1339 (1962).
Hamperl, H.: Über Veränderungen von Krankheiten im Laufe der Zeiten. Klin. Wschr. **33**, 247 (1955).
Hermjohannknecht, A.: Bericht über angeborene Fehlbildungen an der Würzburger Universitäts-Frauenklinik von 1941—1958. Med. Diss. Würzburg 1959.
Hohlbein, R.: Mißbildungshäufung und Umwelteinflüsse. Dtsch. Gesundh.-Wes. **7**, 281 (1952).
— Mißbildungsfrequenz in Dresden. Zbl. Gynäk. **81**, 719 (1959).
Knopp, J.: Beurteilung der Zunahme von Leberzirrhose in einer Sektionsstatistik. Virchows Arch. path. Anat. **334**, 285 (1961).
— Ein Vergleich von Sektionszahlen aus Berlin und Barguisimeto (Venezuela S. A.) und seine Grenzen. Arch. Hyg. (Berl.) **146**, 363 (1962).
Kolb, P.: Zum Syntropie-Index von Pfaundler und v. Sekt. Z. Kinderheilk. **80**, 50 (1957).
— Syntropie-Untersuchungen in Sektions- und Klinikmaterial. Med. Klin. **58**, 1839 (1963).
Koller, S.: Einführung in die Methoden zur ätiologischen Forschung, Statistik und Dokumentation. Method. Inform. Med. **2**, 1 (1963).
— Wandlungen in der Altersstruktur der Bevölkerung der Bundesrepublik. Dtsch. Ärztebl. **63**, 576—578 (1966).
Kühnelt, A. J., u. P. Rotter-Pool: Die Mißbildungen an der Universitäts-Frauenklinik Berlin im Spiegel der Embryopathologie. Zbl. Gynäk. **77**, 893 (1955).
Leyhausen, M.: Fehlermöglichkeiten bei Ermittlung kindlicher Mißbildungen. Zbl. Gynäk. **85**, 775 (1963).
Manske, H., u. H.-R. Falck: Die Mißbildungen am Geburtengut der Universitäts-Frauenklinik Kiel in den Jahren 1941—1961. Geburtsh. u. Frauenheilk. **23**, 1088 (1963).
Mehlan, K. H., u. S. Falkenthal: Die Mißbildungen in der Deutschen Demokratischen Republik. Dtsch. Gesundh.-Wes. 18, 1165 (1963).
Mises, R. v.: Wahrscheinlichkeit, Statistik und Wahrheit. Wien: Springer 1951.
Mittmann, O.: Rückschlüsse von Sektionskollektiven — Bemerkungen zu der Arbeit von H. Grone: „Über Berksons Fallacy und die Selektion durch den Tod". Virchows Arch. path. Anat. **337**, 579 (1964).
Nowak, J.: Häufigkeit der Mißgeburten in den Nachkriegsjahren 1945—1949. Zbl. Gynäk. **72**, 1313 (1950).
Pätz, A.: Die Mißbildungshäufigkeit in Berlin und Umgebung in den Jahren 1951—1956. Inaug.-Diss. Berlin 1957.
Poche, R., u. H. Altenkämper: Vergleichende Untersuchungen über die Altersverteilung der Sterbefälle der allgemeinen Bevölkerung und der Obduktionsfälle des Pathologischen Instituts in Düsseldorf von 1908—1963. Ergebn. allg. Path. path. Anat. Bd. 50 (1968).
—, u. U. Hoffmann: Über die allgemeine Krebshäufigkeit und die Altersverteilung einzelner Organkrebse in Düsseldorf von 1908—1964. Ergebn. allg. Path. path. Anat. Bd. 50 (1968).
Potter, E. L.: Classification and pathology of congenital anomalies. Amer. J. Obstet. Gynec. **90**, 985 (1964).
Prediger, Fr.: Beitrag zur Häufung angeborener Mißbildungen. Zbl. Gynäk. **83**, 1053 (1961).
Rugna, D. da: Die Häufigkeit schwerer kongenitaler Mißbildungen am Frauen-Spital Basel. Medikamentöse Pathogenese fetaler Mißbildungen. Symp. Liestal 1963. Basel: S. Karger 1964.
Rumler, W.: Über die Untersuchungen der Epidemiologie menschlicher Fehlbildungen. Einige Grundsätze für die Aufstellung von Fehlbildungsstatistiken. Med. Klin. **60**, 1025 (1965).
—, u. S. Peter: Über Geschlechtsunterschiede bei kombinierten Fehlbildungen. Dtsch. med. Wschr. **90**, 1948 (1965).
Schmoldt, G.: Über die kindliche Mißbildungshäufigkeit an der Universitäts-Frauenklinik Erlangen in den Jahren 1925—1954. Med. Diss. Erlangen 1955.
Schubert, E. v.: Über die Mängel der Mißbildungsstatistiken aus geburtshilflichen Anstalten. Geburtsh. u. Frauenheilk. **19**, 475 (1959).
Sievers, G.: Klinisch-statistische Studien zu aktuellen Mißbildungsproblemen — eine Übersicht. Arzneimittel-Forsch. **14**, 605 (1964).
— Zur Frage der Häufigkeit angeborener Mißbildungen. Med. Klin. **60**, 1761 (1965).

Sotelo-Avila, C., and D. R. Shanklin: Congenital malformations in an autopsy population. Arch. path. **4**, 272 (1967).

Statistische Jahrbücher für die Bundesrepublik Deutschland 1952—1963.

Statistische Jahrbücher für das Deutsche Reich 1932, 1935, 1936—1939.

Statistische Jahrbücher für Preußen 1929—1939.

Statistische Jahrbücher der Stadt Düsseldorf 1952—1964.

Statistisches Landesamt Düsseldorf: Beiträge zur Statistik des Landes Nordrhein-Westfalen 1952—1964.

Wiedemann, H. R., u. K. Aeissen: Zur Frage der derzeitigen Häufung von Gliedmaßenfehlbildungen. Med. Mschr. **15**, 816 (1961).

Worm, M.: Über die Häufigkeit der Mißbildungen an der Universitäts-Frauenklinik Greifswald von 1930—1950. Geburtsh. u. Frauenheilk. **12**, 443 (1952).

Zschoch, H.: Einige Bemerkungen zur statistischen Erfassung und Deutung von Sektionsbefunden. Zbl. allg. Path. path. Anat. **100**, 80 (1959).

— Zur Frage der Dokumentation in Pathologischen Instituten. Frankfurt. Z. Path. **71**, 342 (1961).

— Probelme der Sektionsstatistik. Zbl. allg. Path. path. Anat. **108**, 511 (1966).

—, u. F. Fritzsche: Kritische Bemerkungen zur Frage der Mißbildungszunahme. Münch. med. Wschr. **85**, 1956 (1960).

Neue Befunde zur Morphologie und Funktion der Epiphysis cerebri*

Von

W. Gusek

Mit 15 Abbildungen

Inhaltsverzeichnis

1. Einleitung und Geschichtliches

Die Epiphysis cerebri war und ist bis in die neue Zeit hinein eines der rätselhaftesten unpaaren Organe des tierischen Organismus. Sie ist bei allen Wirbeltieren zu finden, bildet einen Bestandteil des Zwischenhirns und entsteht aus einer Anlage zwischen Commissura habenularis und Commissura caudalis.

Gegenüber der allgemeinen Ansicht, daß sich sämtliche für das Corpus pineale spezifischen Zellen von einer Matrix — dem Ependym — ableiten lassen, diskutiert FRAUCHIGER (1963) als erster eine Entstehung aus zwei verschiedenen Anlagen — analog der Hypophysenentwicklung.

Nach FRAUCHIGER sind die Parenchymzellen der Epiphyse (Pinealocyten) mit dem Bindegewebe Abkömmlinge des Mes-Ektoderms, die sich mit den cerebralen (diencephalen) Aussprossungen (Ependym, Glia) so intensiv untermischen, „daß sie der bisherigen Forschung als genetisch verschiedene Komponenten entgangen sind".

Diese Auffassung FRAUCHIGERs (1963) von der Epiphyse als einem Doppelorgan wird von MEYBURG (1966) bestätigt.

Bei Reptilien liegt ein Teil der Zirbel als „Stirnorgan" noch zwischen dem knöchernen Schädel und der Haut und hat hier die Funktion eines photoreceptorischen Sinnesorgans mit Neurosekretion (EAKIN et al., 1959; STEYN, 1960; STEYN und WEBB, 1960; KELLY, 1962; KELLY und SMITH, 1964; OKSCHE und VAUPEL-VON HARNACK, 1963), weshalb von hierher die Bezeichnung „Parietalauge" oder „Drittes Auge" ihre Erklärung erfährt.

---

* Aus dem Pathologischen Institut der Universität Hamburg (Direktor: Prof. Dr. med. G. SEIFERT).

Bei den höheren Wirbeltieren besteht dagegen eine intrakranielle Position, wobei nun offenbar der humoral wirksame Anteil des Organs funktionell in den Vordergrund rückt (vgl. OKSCHE, 1955/56; KELLY, 1962).

Infolge der oben erwähnten Organogenese ergeben sich besonders enge topographische Beziehungen zum Subcommsisuralorgan (OKSCHE, 1955/56, 1962; PALKOVITS et al., 1962) und anderen Formationen des Zwischenhirns (THIÉBLOT u.a., 1947; GARDNER, 1953). Die dadurch von manchen Autoren entwickelte Vorstellung eines epithalamo-epiphysealen Komplexes wird jedoch von anderen, z.B. von KAPPERS (1960), abgelehnt.

Morphologie und Funktion der Zirbel waren umstritten und sind auch heute noch nicht abschließend beantwortet. Die Unkenntnis über das Wesen dieses rätselhaften, seit mehr als 2000 Jahren bekannten Organs machte es zeitweilig sogar zum Gegenstand extremster, metaphysischer, esoterischer, z.T. auch philosophischer Spekulationen.

Um nur einige Beispiele zu nennen:

Nach HEROPHILOS lenkt das Corpus pineale als eine Art Ventil die Bewegung der Seele, deren Sitz in den Hirnkammern angenommen wurde. In der hinduistischen Religionsphilosophie ist die Zirbel „das Auge des Klarsehen", Auge des Shiwa, Organ der Erinnerung an vergangene Lebensformen. Es wird heute von einer Art prophetischer Vorahnung gesprochen, wenn an die lange vergessene Meinung GALENS (130—201) erinnert wird, nach welcher schon damals das Corpus pineale als Drüsenorgan aufgefaßt wurde, welches ein Sekret in das Hirnkammersystem ausschleuse.

Am bekanntesten ist noch, daß DESCARTES sich ebenfalls mit der Zirbel befaßt und in ihr den Sitz des für die Aktivität des Denkens verantwortlichen Teiles der Seele („res cogitantes") vermutet hat. Im Rahmen seiner mechanistischen Theorie der Perzeption werden seiner Ansicht nach die Ereignisse der realen Welt durch die Augen perzipiert und von hier mittels „Stränge" in das Gehirn übertragen. Die Zirbel reagiere darauf, indem sie gestatte, daß nunmehr Säfte auf dem Wege über Röhren zu den Muskeln gelangen, welche dann ihrerseits die angemessenen Reaktionen durchführen würden. Weniger bekannt ist, daß diese Konzeption DESCARTES' tief in den Vorstellungen schon der griechischen Philosophen verwurzelt ist.

Auch in der Folgezeit ist die Epiphysis cerebri immer wieder als anatomischer Ort des Hellsehens bzw. des „Sechsten Sinnes" (DAQUÈ) oder auch als Sitz der Träume (SCHOPENHAUER) betrachtet worden. Der Umstand, daß zwischen Geisteskrankheiten und Zirbel Zusammenhänge gesehen wurden, spiegelt sich noch bis in die jüngste Zeit wider in dem Versuch (BURDACH, MORGAGNI), die Schizophrenie mit Zirbelextrakten zu behandeln (ALTSCHULE, 1957).

Naturwissenschaftlich-medizinisches Interesse gewann die Epiphysis cerebri erstmals in der Zeit, als die Pubertas praecox mit Zirbelgeschwülsten in Zusammenhang gebracht wurde (GUTZEIT, 1896); seitdem zieht sich die Diskussion um die antigonadotrope Funktion der Zirbel wie ein belebender roter Faden durch die gesamte Zirbelforschung.

Zwar wurde die Epiphysis cerebri nunmehr aus dem Bereich der z.T. mystischen Spekulationen befreit. Da aber — aus heute verständlichen Gründen — in den folgenden Jahren außerordentlich widerspruchsvolle Ergebnisse gewonnen wurden, kam es schließlich zum Erlahmen der Bemühungen um dieses Organ.

Auf die Vielfalt aller früheren Meinungen zur möglichen Funktion der „Glandula pinealis" einzugehen, ist hier nicht Raum und Absicht. Umfassende Übersichten über die ältere Literatur finden sich bei BARGMANN (1943) sowie bei KITAY und ALTSCHULE (1954), die zu jenem Zeitpunkt zusammenfassend sagen mußten, daß über die Aufgabe der Zirbeldrüse keine sichere Aussage gemacht werden kann.

Noch um 1960 konnte der Stand unseres Wissens über die Zirbel etwa dahingehend zusammengefaßt werden, daß sie

1. bei Fröschen die Aufgabe eines Photoreceptors zu haben scheint (= „Drittes Auge");
2. bei Ratten und Menschen offenbar irgend etwas mit der Sexualfunktion zu tun hat und
3. einen Faktor enthält, der auf Kaulquappen eine bleichende Wirkung ausübt.

Die Entwicklung neuer Arbeitsrichtungen und Methoden wie Biochemie, Histochemie, Fluorescenzmikroskopie, Elektronenmikroskopie, Autoradiographie führten erwartungsgemäß zur Anwendung auch auf dem Sektor der Zirbelforschung, wobei anfänglich — wie oft in solchen Fällen — ein Teil der Untersuchungen unabhängig, ohne Kenntnis anderweitiger Bestrebungen, erfolgt ist.

Diese letztzeitlich unter vergleichend anatomischem, neuropathologischem und funktionellem Gesichtspunkt durchgeführten Beobachtungen haben die Kenntnis über die Zirbel erheblich erweitert, und zwar in dem Maße, daß das Corpus pineale auch für die Pathologie erneut besondere Beachtung verdient.

Der folgende Beitrag dient der Aufgabe, neue Ergebnisse und aktuelle Fragen auf dem Sektor der Zirbelforschung aufzuzeigen. Da er als epikritischer, orientierender „Bericht" verstanden werden soll, mußte bewußt auf Anführung aller Detailbefunde verzichtet werden. Die Darstellungen beschränken sich dabei auf die Zirbel der Säuger.

Übersichten über die Feinmorphologie und Biochemie des mit Photoreceptoren ausgestatteten Pinealorgans der niederen Vertebraten oder der Epiphysis cerebri der Vögel — wobei letztere einen Übergang von der als Sinnesorgan differenzierten der niederen Vertebraten zu der glandulär differenzierten Säugerzirbel darstellt — finden sich bei Kelly (1962), Oksche (1965), Quay (1965), Oksche und Vaupel-v. Harnack (1965/66).

2. Form und histologischer Aufbau der Säugerzirbel

Durchweg handelt es sich um ein länglich-ovales, von einer zarten bindegewebigen Kapsel umschlossenes Organ, das durch einen sehr regelmäßigen Bau gekennzeichnet und zwischen den beiden rostralen Vierhügeln gelegen ist. Meistens findet sich ein Epiphysenstiel, der in Richtung Commissura habenularis zieht und sich dort in engster topographischer Beziehung zur Commissura caudalis, Commissura habenularis, Subcommissuralorgan und Plexus chorioideus verliert. Es besteht eine reichliche Gefäßversorgung mit weiten perivasculären Spalträumen sowie eine extensive Durchflechtung mit sympathischen Nervenfasern.

Nach den grundlegenden Untersuchungen von Kappers (1960/61) erfolgt die Innervation der Zirbel der Ratte und des Menschen ausschließlich durch sympathische Nervenfasern, die aus dem Ganglion cervicale superior hervorgehen. Sie treten in den Schädel entlang der Blutgefäße ein und dringen am stumpfen Ende — welches gleichzeitig die Spitze darstellt — in den Pinealkörper ein.

Manchmal ziehen auch aberrierende Neurone des ZNS von der Basis her zum Epiphysenstiel, die aber im allgemeinen zurückverlaufen, ohne Synapsen gebildet zu haben.

Dieser von Kappers (1960/61) erhobene Befund ist deshalb so wichtig, weil demnach keine Innervation der Säugerzirbel durch das Großhirn erfolgen soll.

Die allgemeine Blutgefäßversorgung ist von Tierart zu Tierart wechselnd. Arterienäste werden im Zentrum des Organs meist vermißt, wohingegen Venolen und Capillaren sowohl zentral wie peripher zu finden sind (s. bei v. Bartheld und Moll, 1954; Quay, 1958, 1965).

Offen bleibt auch heute noch die Frage nach der genauen Lokalisation des synaptischen Kontaktes zwischen autonomen Nervenfasern und Pinealzellen, nach der Dynamik der Blutzirkulation sowie nach dem Vorkommen von Lymphgefäßen in der Epiphysis cerebri.

Das Parenchym besteht aus dichtgelagerten, ovalen bis polyedrischen Zellen, die mittels Protoplasmafortsätze untereinander verknüpft sind. Sie enthalten meist helle und wechselnd geformte, vielfach invaginierte Zellkerne, die z.T. mehrere Nucleoli aufweisen und mehrfach „Kernkugeln" zeigen. Letztere, die teils aus quergeschnittenen Invaginationen von Cytoplasmaanteilen, teils aus vergrößerten Nucleoli oder aus dem Nucleolus angelagertem Material bestehen (vgl. KEVORKIAN und WESSEL, 1959; QUAY, 1965) und lange Zeit Gegenstand weitgehender Kontroversen waren, sind bei verschiedenen Tierarten als auch besonders beim Menschen zu finden.

Die Pinealzellen werden, vor allem in der menschlichen Epiphyse, durch gliahaltige Septen lobulär oder auch rosettenartig angeordnet. Die dichten Epithelstränge und -nester gruppieren sich gelegentlich um ein kleines Lumen (BARGMANN, 1943). Die Fortsätze der Parenchymzellen weisen häufig einen engen Kontakt zu dem Capillarnetz auf.

Der Aufbau der Epiphysis cerebri ist aber von Species zu Species wechselnd. Schon die äußere Form, Größe und Lokalisation variieren beträchtlich (vgl. auch HORTEGA, 1932; BARGMANN, 1943; OKSCHE, 1960; QUAY, 1965; HÜLSEMANN, 1967).

Histologisch finden sich neben den echten Parenchymzellen, den Pinealocyten, vor allem Gliazellen, bei den verschiedenen Säugetierarten in unterschiedlicher Menge. Die Katzenzirbel ist besonders reich an Gliafasern; auch nach elektronenmikroskopischen Untersuchungen handelt es sich — den intracytoplasmatischen Filamenten nach zu urteilen — meist um Astrocyten.

Die von ARSTILA (1966) beschriebene, mit Filamenten ausgerüstete „interstitielle Zelle" sei jedoch ein spezialisierter Parenchymzelltyp, der nur mit den Gliazellen des ZNS gemeinsame Merkmale besäße; es muß dabei zugegeben werden, daß im Bereich des Ultrastrukturellen bisher kein Kriterium gefunden werden konnte, welches eine absolute Differenzierung von Astrocyten und Pinealzellen erlauben würde. Ferner enthält die Zirbel, besonders in Nachbarschaft der Gefäße, marklose und markscheidenhaltige Nervenfasern (Abb. 2, 3 und 10) Zellen mit phagocytären Eigenschaften, die ihrer Struktur nach als Gliazellen aufgefaßt werden können, sowie glatte und quergestreifte Bindegewebsfibrillen (vgl. Abb. 6a und 11, GUSEK und SANTORO, 1961; BUSS, 1965; GUSEK und BUSS, 1966).

Außerdem wird über das Vorkommen von Lymphocyten, Plasmazellen, Melanophoren, Fibroblasten, Fibrocyten, Schwannschen Zellen, elastischen Fasern und quergestreiften Muskelzellen berichtet (s. DIMITROVA, 1901; BARGMANN, 1943; QUAY, 1959; KAPPERS, 1960; GUSEK und SANTORO, 1961; HOLLMANN, 1963; WOLFE, 1965; ARSTILA, 1966; WARTENBERG, 1968).

Darüber hinaus können Mastzellen als eine normale, wenn auch speciesabhängig variable histologische Komponente der Zirbel betrachtet werden (vgl. MACHADO, FALEIRO und DA SILVA, 1965); bei der Ratte sind Mastzellen außerordentlich selten (vgl. S. 127).

Abgesehen von der varianten äußeren Zirbelkonfiguration bestehen speciesabhängig auch merkliche lichtmikroskopisch-histologische wie elektronenmikroskopisch-cytologische Differenzen. Dieser heute bekannte Umstand darf wohl einerseits als eine der Ursachen dafür angesehen werden, daß Rückschlüsse von Ergebnissen an einer Tierart auf eine andere Species zu Fehlschlüssen und damit zu den oben erwähnten Entmutigungen mit Aufgabe der experimentellen Zirbelforschung geführt hatten. Hieraus und aus methodischen Schwierigkeiten ergeben sich andererseits Erklärungen für die immer noch teilweise vorhandenen Unklarheiten oder widersprechenden Resultate.

Erstrebenswert und erforderlich ist es daher, die funktionelle Bedeutung und Morphologie für jede Tierart getrennt zu untersuchen.

Die mit modernen Methoden gewonnenen Resultate sind wegen der Notwendigkeit, lebendfrisches Gewebe zu fixieren, weniger an menschlichen Zirbeln, sondern zwangsläufig vorwiegend an Laboratoriumstieren gewonnen worden. Die umfassendsten Ergebnisse hierüber liegen von der Ratte vor.

3. Elektronenmikroskopische Cytologie

Wie auf den anderen methodisch bestimmten Sektoren der jüngeren Zirbelforschung erfolgten die meisten Beobachtungen zur Feinstruktur an der Rattenzirbel (Milofsky, 1957; Gusek und Santoro, 1960, 1961; Gusek, 1961; de Robertis und Pellegrino de Iraldi, 1961; Milcou und Petrea, 1961; Arstila und Hopsu, 1964; Orofino, 1964; Pellegrino de Iraldi, Zieher und de Robertis, 1965; Gusek, Buss und Wartenberg, 1963/65; Wolfe, 1963/65; Buss, 1965; Rodin und Turner, 1965; Buss und Gusek, 1965; Gusek und Buss, 1965, 1966; Machado, 1966; Arstila, 1966).

Daneben gibt es Untersuchungen am Pinealorgan des Kaninchens (Wartenberg und Gusek, 1964, 1965), von Rindern und Schafen (Anderson, 1960, 1965), des Hundes (Sano und Mashimo, 1966), der Katze (Wartenberg, 1965; Duncan und Micheletti, 1966) und Affen (Wartenberg, 1966, 1968).

Nach elektronenmikroskopischen Untersuchungen besteht die Epiphysis cerebri der Säuger in der Hauptsache aus gut strukturierten, vielgestaltigen, von einer scharfen, ca. 80 Å breiten Zellmembran begrenzten Parenchymzellen mit langen, unregelmäßig gewundenen und miteinander verschlungenen Cytoplasmaausläufern. Wiederholt finden sich Haftleisten. Bemerkenswert, besonders bei der Ratte (s. Gusek und Santoro, 1960/61), ist die schon lichtmikroskopisch erfaßbare „rosettenartige" bzw. pseudoacinöse Anordnung der Zellen um Hohlräume, die — wie elektronenmikroskopisch besser identifiziert werden kann — aus einem erweiterten intercellulären Spalt bestehen und deren Wand also aus Pinealzellen gebildet wird (Abb. 1).

Sano und Mashimo (1966) beobachteten in der Hundezirbel, daß die Pinealzellen in den lockeren Anteilen nicht selten eine Zentralgeißel besitzen. Cilien wurden auch von Anderson (1960/65) in Rinder- und Schafzirbeln gefunden.

Ebenso wie in der Hypophyse (vgl. Gusek, 1962) kann innerhalb der pseudoacinösen Lichtungen und in den erweiterten Intercellularspalten der Epiphysis cerebri der Ratte Zellmaterial beobachtet (s. Abb. 4 und 5) und dieser Befund als sekretorischer Vorgang bewertet werden. Um so mehr, als dieses Material in den perivasculären Spaltraum gelangt (s. Abb. 6a) und z.T., analog den Inkretgranula innersekretorischer Drüsen, in den Capillarwänden aufgefunden werden kann (vgl. Gusek u. Mitarb., 1960/66).

Eine charakteristische und architektonisch bestimmende Struktur der Zirbel bilden die Capillaren mit den perivasculären Spalträumen (Abb. 2, 3 und 6a).

Die pericapillären Spalträume werden von einer vasalen und von einer parenchymalen Basalmembran ausgekleidet (Gusek und Santoro, 1960, 1961; Gusek, 1961; s. Abb. 2 und 3), indem bei der Ratte anatomisch ganz besonders Parallelen zur Hypophyse bestehen (Gusek und Santoro, 1960, 1961; Gusek, 1961; Milcou und Petrea, 1961; Gusek, 1962). Die parenchymatöse Basalmembran weist mehrfach Inkontinuitäten auf (vgl. Abb. 2 und 3). Der perivasculäre Spaltraum geht dann kontinuierlich in die erweiterten Intercellularräume über (s. Abb. 6a), die wiederum mit den pseudoacinösen Lichtungen kommunizieren.

Im Gegensatz zu den Capillaren am Gehirn (vgl. Hager, 1961) konnte eine Verlötung beider Basalmembranen des perivasculären Spaltraumes nicht gefunden werden; statt dessen

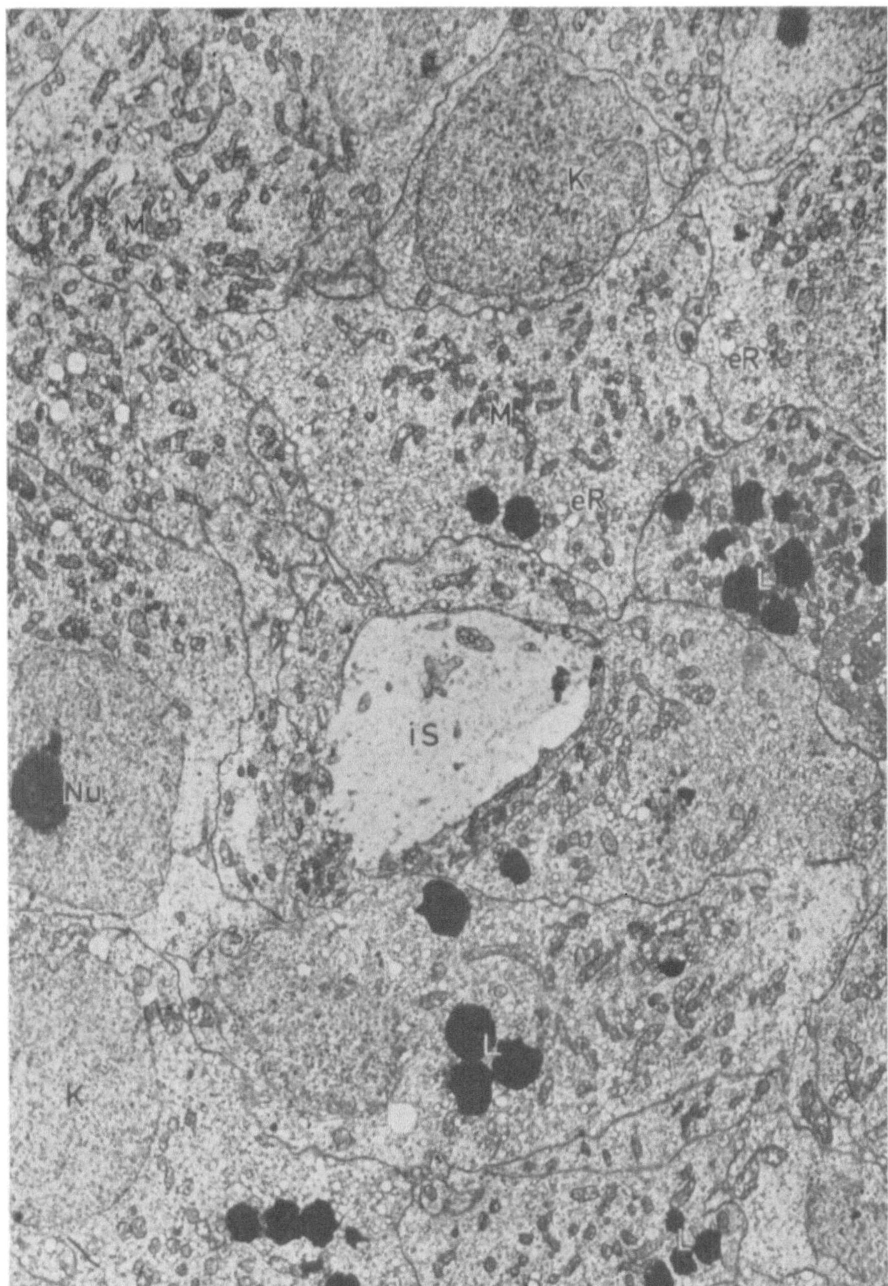

Abb. 1. Epiphysis cerebri der normalen, unbehandelten Ratte: pseudoacinäre Zellanordnung um einen zentralen erweiterten intercellulären Spalt (*iS*); innerhalb des Lumens Anschnitte von Zellausläufern sowie ausgestoßene Cytoplasmapartikel. Mittelgroße, teils invaginierte Zellkerne (*K*) mit kompaktem Nucleolus (*Nu*), vielgestaltige mittelgroße Mitochondrien (*M*), vorwiegend glattwandiges endoplasmatisches Reticulum (*eR*), zahlreiche kleine bis mittelgroße Liposomen (*L*). Archiv-Nr. 5591/59. Vergr. 6500:1

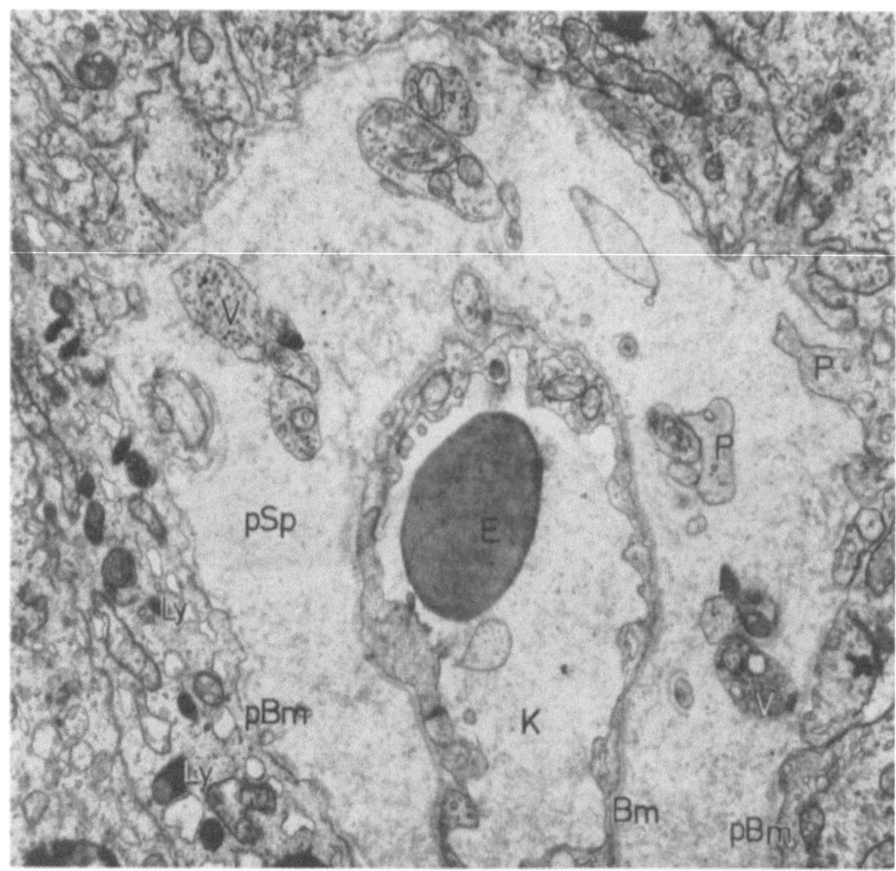

Abb. 2. Perivasculäre Zone aus der Rattenzirbel, 7 Tage nach Aludrinbehandlung. *K* Capillare mit *E* Erythrocyt. Relativ breite perivasale Basalmembran (*Bm*). Das Capillarendothel ist ein wenig verbreitert, zeigt pinocytotische Vesikelchen, hier keine Fensterungen (vgl. dagegen Abb. 3). Die parenchymatöse Basalmembran (*pBm*) ist locker und an mehreren Stellen unterbrochen. Innerhalb des perivasculären Spaltraumes (*pSp*) befinden sich Ausläufer von Pinealzellen (*P*) sowie Ausschnitte von Fortsätzen autonomer Nervenfasern mit Granula-enthaltenden Vesikeln (*V*). *Ly* lysosomale Zelleinschlüsse in einer Pinealzelle. Archiv-Nr. 2221/63. Vergr. 18600:1

geht die parenchymatöse Basalmembran bei Übergang in die weiten Intercellularräume zugrunde (vgl. Abb. 5).

Daß auch funktionell Lücken in der Blutschranke vorliegen müssen — im Gegensatz zu der sog. Blut-Hirn-Schranke — ergibt sich schon daraus, daß Vitalfarbstoffe oder Schwermetalle rasch in das Zirbelgewebe diffundieren.

Die Capillaren weisen eine lückenhafte Pericytenumhüllung, die Endothelzellen bei der Ratte meistens eine deutliche Fensterung auf (Milofsky, 1957; Gusek und Santoro, 1960/61; s. Abb. 3).

Nach dem Klassifizierungsvorschlag von Bennet et al. (1959) entspricht die Mehrzahl der Capillaren der Gruppe A-2-a. Einige, denen die Fensterung fehlt, gehören demzufolge in die Gruppe A-1-a. Das bedeutet, daß auch die Capillaren in ihrem Aufbau denen in endokrinen Drüsen entsprechen (vgl. Rinehart und Farquhar, 1955; Farquhar, 1961; Kurosumi u.a., 1961; Zelander, 1957; Lever, 1956).

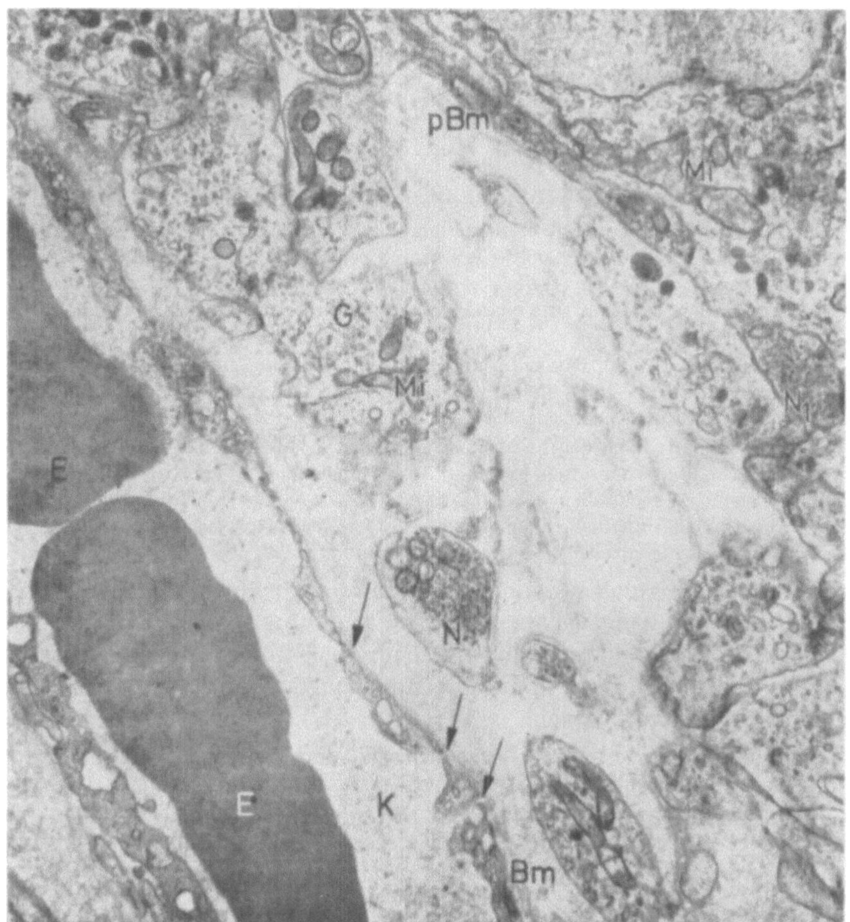

Abb. 3. Teil eines pericapillären Spaltraums aus der Zirbel einer unbehandelten Ratte.
K Capillarlumen mit Erythrocyten (*E*). Flaches Endothel mit mehreren Fensterungen (Pfeile).
Lockere pericapilläre Basalmembran (*Bm*), gleichfalls aufgelockerte parenchymatöse Basal-
membran (*pBm*). *G* Ausläufer einer Gliazelle, deren Mitochondrien (*Mi*) sich von denen der
Pinealzellen unterscheiden. *N* Ausschnitte autonomer Nervenfasern mit granulierten Vesikeln,
sowohl im perivasculären Raum wie zwischen den randlichen Pinealzellen (N_1).
Archiv-Nr. 2224/63. Vergr. 16000:1

Nach ANDERSON (1962) sind gefensterte Endothelien in der Zirbel von Schafen nicht
vorhanden. In Kaninchenzirbeln konnten WARTENBERG und GUSEK (1963), in Hundezirbeln
SANO und MASHIMO (1966), in Katzen- und Affenzirbeln WARTENBERG (1965, 1968) und bei
Ratten RODIN und TURNER (1965) ebenfalls keine Fensterung nachweisen.

Die Uneinheitlichkeit in der Fensterung des Endothels bei der gleichen Species mag im
Hinblick auf die Gesamtstruktur weniger bedeutungsvoll sein, da die Porenbildung auch von
anderen Faktoren — wie z.B. Narkotica etc. — abhängig sein soll (vgl. BENNET u.a., 1959;
FUJITA und HARTMANN, 1961).

Wenngleich die Capillarstruktur und das Vorhandensein eines perivasculären Spaltraumes der Capillararchitektur endokriner Drüsen entspricht, finden sich in der Epiphysis cerebri der Säuger einige Besonder-
heiten.

So enthält der perivasculäre Spaltraum der Zirbel — neben Gliazellen,
Fibrillen und Pinealocytenausläufern (vgl. Abb. 2, 3 und 6) — als eine

spezielle Eigenheit zahlreiche sympathische Nervenendigungen (s. Abb. 2
und 3).

Diese kolbigen Endabschnitte sind durch zahlreiche Vesikel mit Ein-
schluß ca. 250 Å großer elektronendichter Granula gekennzeichnet (vgl.
Abb. 2 und 3), die sich als Katecholamine identifizieren ließen (DE ROBERTIS
und PELLEGRINO DE IRALDI, 1961; PELLEGRINO DE IRALDI und DE ROBERTIS,
1961; WOLFE et al., 1962; OWMAN, 1964).

Die Annahme der Zugehörigkeit dieser granulatragenden Endkolben zum autonomen
Nervensystem (KAPPERS, 1961) konnte u.a. durch die Anwendung radioaktiv markierten
Noradrenalins erhärtet werden (WOLFE et al., 1962) sowie dadurch, daß nach bilateraler
Ektomie des Ganglion cervicale sup. eine Degeneration dieser Profile eintritt (s. auch RODIN
und TURNER, 1965).

Nach Auffassung von DE ROBERTIS und PELLEGRINO DE IRALDI (1961), ARSTILA (1966)
sowie SANO und MASHIMO (1966) stellen die Fortsätze mit den Bläschen und Granula bei der
Ratte bzw. dem Rind jedoch Pinealzellfortsätze und keine Nervenendigungen dar.

Sofern die Granula nach den heutigen Kenntnissen in adäquaten Geweben generell als
elektronenoptische Repräsentanten biogener Amine angesehen werden dürfen, konnte ihr
Vorkommen auch in Pinealzellen beobachtet werden. Dieser elektronenmikroskopische Befund steht in Einklang mit dem fluoreszenzmikroskopischen Nachweis von Katecholaminen
in Nervenfasern *und* Pinealzellen (BERTLER, FALCK und OWMAN, 1963).

Die Nervenendigungen sind ferner in den Intercellularräumen (s. Abb. 5)
und zwischen den Pinealzellen zu finden (s. Abb. 3), sowohl in der Nähe
wie entfernt der Capillaren. Obwohl mehrere Autoren über synapsenähn-
liche Strukturen berichten, konnten echte synaptische Verbindungen bisher
niemals nachgewiesen werden.

Die in den perivasculären Raum eintretenden Pinealzellausläufer zeigen
in der Regel den gleichen Organellenbesatz wie die Mutterzellen, enthalten
allerdings manchmal zahlreiche Vesikel — von der Größe der Nervenfort-
satzvesikel —, deren Bedeutung noch nicht bekannt ist. Oftmals dringen bei
der Ratte Gliazellen in die perivasculäre Region ein und grenzen die Pinealzellen gegenüber dem perivasculären Spalt ab (s. Abb. 3 und 7).

Die Gliazellen lassen sich von den Parenchymzellen in der Regel gut unterscheiden. Sie
haben einen etwas dichteren, weniger invaginierten Zellkern. Das Cytoplasma enthält mehr
rauhwandiges endoplasmatisches Reticulum, häufiger ergastoplasmatische Doppelmembranen
und fast immer verschiedene Einschlußkörperchen lysosomalen Typs (vgl. Abb. 7). Die Mitochondrien sind kleiner und vom Cristae-Typ, während die Mitochondrien der Pinealzellen
von tubulo-vesiculärem Typ sind (vgl. Abb. 7).

Die Pinealzellen zeigen einen mittelgradigen Besatz mit vielgestaltigen,
gut strukturierten Mitochondrien, die ihrer Typologie nach den Mitochondrien des Nervensystems entsprechen (vgl. GUSEK und SANTORO, 1960/61).

Die Mitochondrien sind hinsichtlich Größe und innerer Ausstattung vielgestaltig (GUSEK
und SANTORO, 1960/61; BUSS, 1965; WOLFE, 1965; LIN, 1965; BOSTELMANN, 1965; ARSTILA,
1966). GUSEK und SANTORO beobachteten „Riesenmitochondrien". LIN (1965) fand in den
Cristae der Mitochondrien von Pinealzellen einiger Ratten Mikrozylinder.

Diese Organisation der Mitochondrien gleicht einerseits dem Aufbau von Mitochondrien
aus Organen mit hohem Sauerstoffverbrauch (vgl. DEMPSEY, 1956), zugleich dem, wie er in
endokrinen Drüsen zu finden ist (vgl. LEVER, 1956; BELT und PEASE, 1956; GUSEK und
SANTORO, 1960/61; FUJITA, 1961; BUSS, 1965).

ARSTILA (1966) zeigt ebenfalls Mitochondrien mit lamellären Cristae sowie Mitochondrien
vom tubulo-vesiculären Typ, die im allgemeinen in Zellen vorkommen, welche die Aufgabe
der Steroidsynthese haben. Da eine Steroidsynthese in der Zirbel bisher nicht nachgewiesen
wurde, ist die Bedeutung der tubulären Mitochondrien in den Parenchymzellen der Zirbel bis
jetzt unklar.

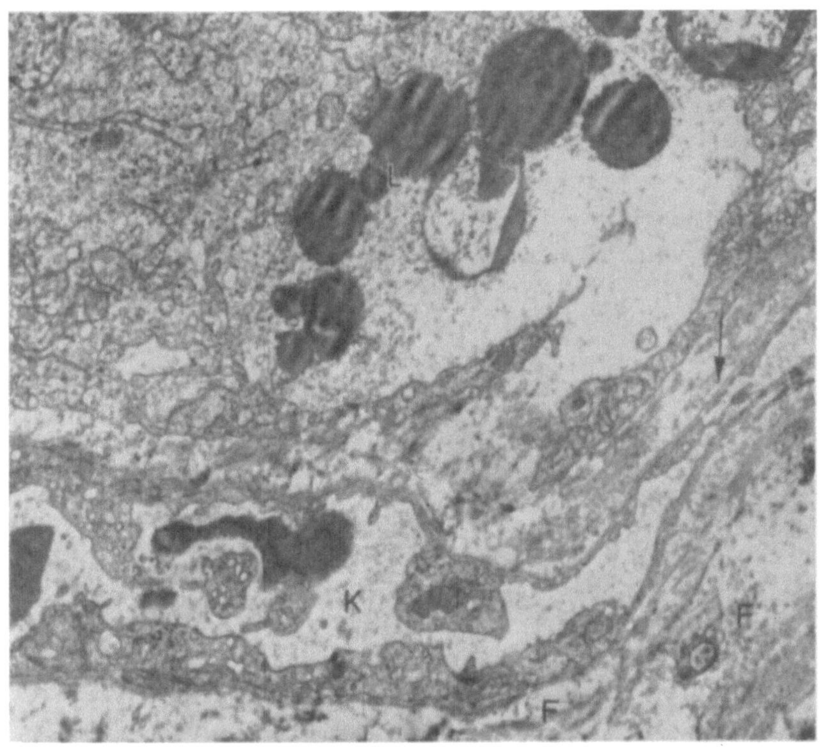

Abb. 4. Die Aufnahme läßt den Austritt von Liposomen (*L*) aus dem Cytoplasma der Pinealzellen in den partiell erweiterten perivasculären Raum erkennen. Die Liposomen erscheinen
z.T. aufgelöst. *K* Capillare, *F* Fibrillen. Endothelporen (Pfeil). Vgl. Abb. 5 und 6a.
Archiv-Nr. 4113/61. Vergr. 21300:1

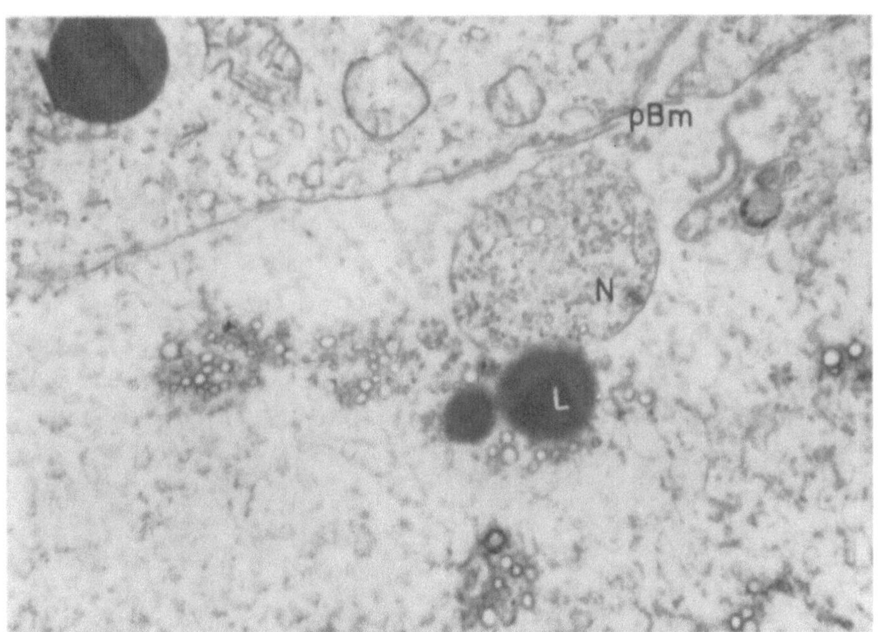

Abb. 5. Anteil eines erweiterten Intercellularraums. In der oberen Bildhälfte Randzone einer
Pinealzelle mit Liposomen und fragmentierter parenchymatöser Basalmembran (*pBm*).
N Anschnitt einer autonomen Nervenfaser. Im Intercellularraum ausgeschleuste Liposomen
(*L*) und vesiculäres Material (vgl. Abb. 6a). Archiv-Nr. 2056/63. Vergr. 18600:1

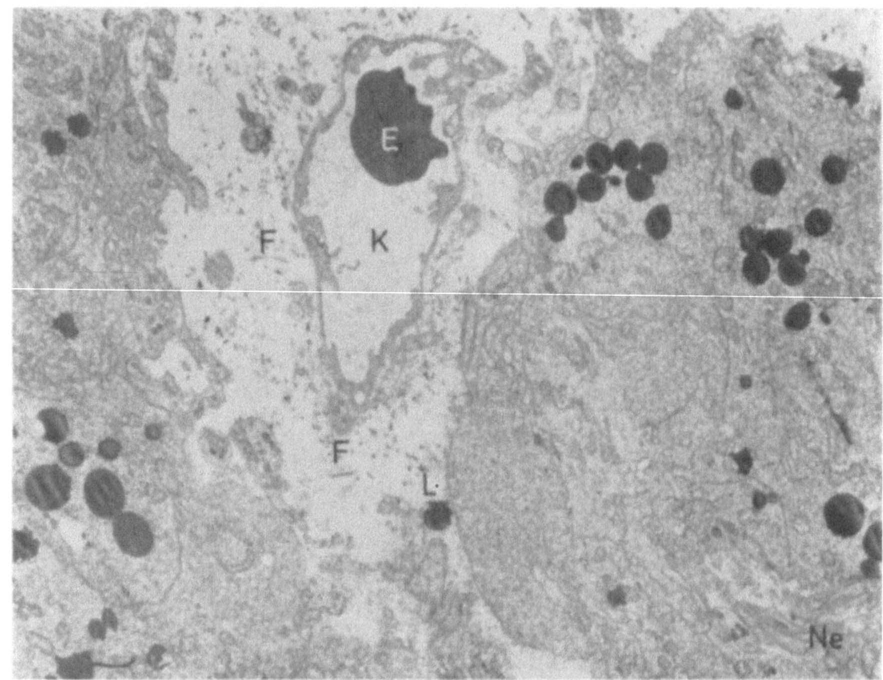

Abb. 6a. Breiter pericapillärer Spaltraum bei der unbehandelten Ratte; *K* Capillare, *E* Erythrocyt, *F* quer und tangential geschnittene Fibrillen, *L* ausgeschleustes, im pericapillären Raum liegendes Lipoidgranulom. *Ne* marklose Nervenfaser. Archiv-Nr. 5771/59. Vergr. 5400:1

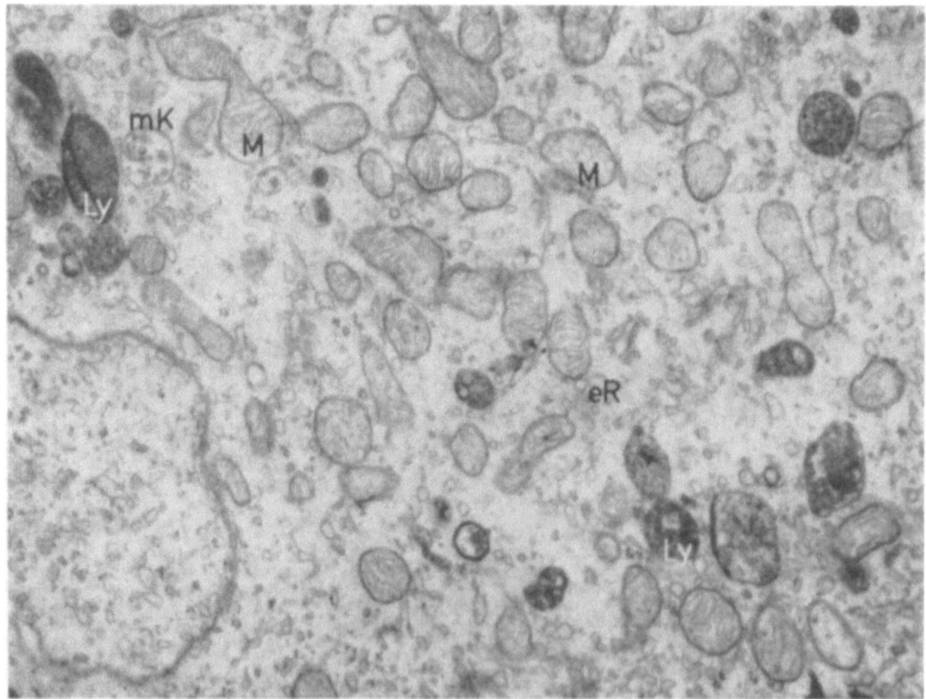

Abb. 6b. Ausschnitt einer Pinealzelle der Ratte. Mehrere polymorphe Mitochondrien (*M*), reichlich Elemente des endoplasmatischen Reticulum (*eR*), mehrere lysosomale Körper (*Ly*), multivesiculärer Körper (*mK*). Archiv-Nr. 27/65. Vergr. 28000:1

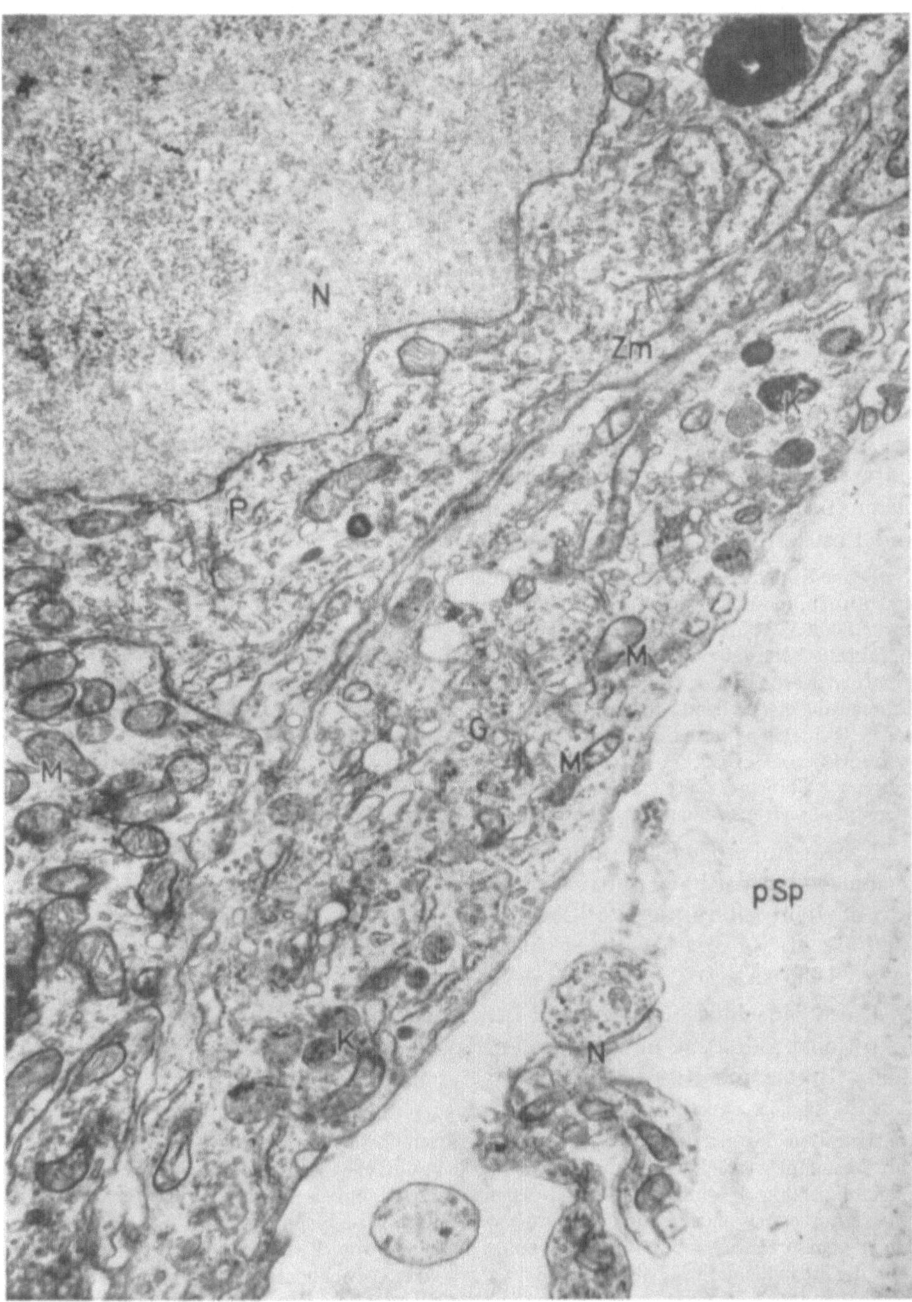

Abb. 7. Randzone eines perivasculären Spaltraums (*pSp*) der Rattenzirbel. *N* Nervenfaseranschnitte; *P* Pinealzelle mit gewelltem Nucleus (*N*), *Zm* Zellmembran. Die Pinealzellen werden durch eine Gliazelle (*G*) gegenüber dem perivasculären Raum abgegrenzt (vgl. Abb. 3). Die Struktur der Mitochondrien (*M*) der Gliazellen unterscheidet sich von der in den Pinealzellen. Im Cytoplasma der Gliazellen u.a. wechselnd dichte Körperchen (*K*).
Archiv-Nr. 2232/63. Vergr. 21600:1

Cytomorphologische Parallelbefunde zu sicher inkretorischen und steroidbildenden Organen fanden schon Gusek und Santoro (1960/61) in Gestalt eigenartiger, nämlich zirkulär gelagerter Mitochondrien, die sich offenbar zu langen Lamellen abflachen, osmiophile Körper umschließen und sich osmiophil verdichten: derartige Mitochondrienformationen wurden von de Robertis und Sabatini (1958) „Chondriosphären" benannt und von ihnen sowie von Lever (1956) und von Wetzstein (1957) in der Nebenniere von Hamster und Maus gefunden.

Zwischen der Bildung der Lipoidgranula der Zirbel, die offenbar in enger Beziehung zu den Mitochondrien und zum endoplasmatischen Reticulum erfolgt, und der Produktion der Lipoidgranula der Nebenniere (Liposomen) bestehen noch weitere Gemeinsamkeiten (Einzelheiten und Literaturübersicht bei Gusek und Santoro, 1961; Buss, 1965).

Zahlreiche Autoren vermuten in den „Liposomen" der Nebennierenrinde auch den Speicherort der Steroide (s. bei Probst, 1965).

Wenngleich auch Quay (1965) die mögliche Bedeutung der Parallelität zwischen den Bildungsmechanismen von Zirbelfetttropfen und Nebennierenrindenfetttropfen unterstreicht, ist auf die Differenz ihrer histochemischen Komposition hinzuweisen (vgl. weiter unten! Quay).

Als weitere regelmäßige Cytoplasmabestandteile der Pinealzellen gibt es glatt- und rauhwandige Vesikel des endoplasmatischen Reticulum, ergastoplasmatische Membranen und einen Golgi-Apparat, dessen Größe, Aufbau und Position unterschiedlich angegeben werden.

Feine Kanälchen, die denen in Nervenfasern ähneln sollen, erwähnt Milofsky (1957). Mikrotubuli, die z.T. gestreift sind, mit einem Durchmesser von 250 Å, beschreiben Anderson (1960/65), Wolfe (1965), Arstila (1966); Filamente erwähnt Arstila (1966). Ein charakteristisches Merkmal der Parenchymzellen seien nach Arstila (1966) Mikrozylinder, die oft in Kernnähe im Centriolenbereich und in Bündeln vorliegen und möglicherweise im Rahmen der generellen Aufteilung und Schwund der Centriolen und Basalkörperchen entstehen. Centriolen werden nur von Anderson (1960/65), Arstila (1966) beschrieben (vgl. hierzu Hortega, 1932; Bargmann, 1943). Außerdem wird über das Vorkommen vesikelbegrenzter Stäbchen (Wolfe, 1965), über Caveolae der Plasmamembranen in den Zellfortsätzen als Ausdruck pinocytotischer Prozesse (Anderson, 1960/65) berichtet.

Ferner finden sich Granula oder membranbegrenzte Körperchen, multivesiculäre Körper bzw. plurivesiculäres Material, z.T. von cytosomalem oder lysosomalem Charakter (vgl. Abb. 6b, Milofsky, 1957; Gusek u. Mitarb., 1960/66; de Martino, 1964; Anderson, 1960/65; Buss, 1965; Bostelmann, 1965; Arstila, 1966; Wartenberg u. Gusek, 1963).

Diese Einschlüsse können mit der Bildung, Speicherung und Abgabe von Sekretionsprodukten in Zusammenhang gebracht werden (vgl. Arstila, 1966; Gusek und Buss, 1966).

Über eine besondere Struktur berichtet Lin (1967). Es handelt sich um eine spezielle Konfiguration des glattwandigen endoplasmatischen Reticulum, die "canaliculate lamellar body" benannt wurde und gegenüber mechanischen und chemischen Manipulationen ziemlich widerstandsfähig zu sein scheint. Die Körper liegen gewöhnlich im Perikaryon, oft innerhalb von Kerninvaginationen; daher wird angenommen, daß sie einem weiteren Typ der „Kernkugeln" entsprechen, und zwar den Expulsionskugeln von Meyer (1937). Wahrscheinlich stellt der "canaliculate lamellar body" weniger einen permanenten Cytoplasmabestandteil der Rattenpinealzellen dar, sondern eine vorübergehende Manifestation eines speziell modifizierten agranulären Reticulum. Aufgrund seiner exquisiten Organisation sei er sicherlich von besonderer funktioneller Bedeutung, vielleicht im Hinblick auf die biogenen Amine (vgl. weiter unten!, Lin, 1967).

In ihrer Bedeutung unklar sind ferner Befunde, die in capillarferneren Partien der Rattenzirbel erhoben werden können (Gusek, unveröffentlicht; vgl. Abb. 8): so finden sich ein- bis mehrfache, teils vesiculäre (s. Abb. 8a) wie offenbar totale Unterbrechungen (s. Abb. 8b) der Plasmalemmata benachbarter Pinealzellen. An diesen Stellen besteht ein offener Kontakt des

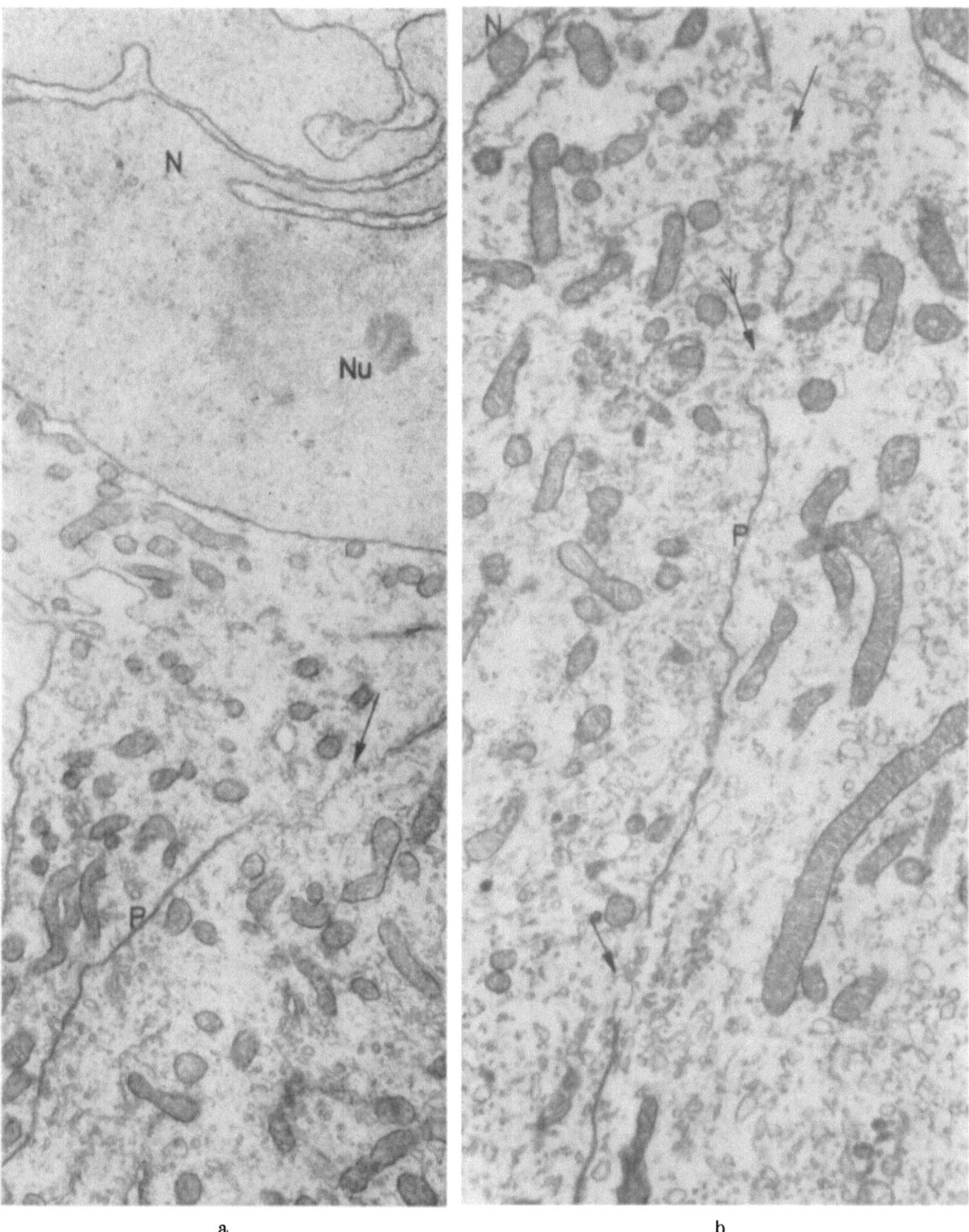

a   b

Abb. 8a. Anschnitt von Pinealzellen der Ratte. *N* stark invaginierter Nucleus, *Nu* Nucleolus, *P* Plasmalemma. Bei Pfeil porenartige Vesikulation der Plasmamembranen der benachbarten Zellen; es besteht der Eindruck eines kontinuierlichen Übergangs zwischen dem Cytoplasma beider Zellen (vgl. Abb. 8b). Archiv-Nr. 3735/65. Vergr. 16000:1

Abb. 8b. Anschnitt von Pinealzellen der Ratte. *N* Randteil eines Nucleus, *P* Plasmalemma. An mehreren Stellen (Pfeile) sind die Zellmembranen unterbrochen. An diesen Stellen besteht ein offener Kontakt des Cytoplasma beider Zellen; gleichzeitig scheint Cytoplasmamaterial ausgetauscht zu werden (Doppelpfeil; vgl. Abb. 8a). Archiv-Nr. 3739/65. Vergr. 16000:1

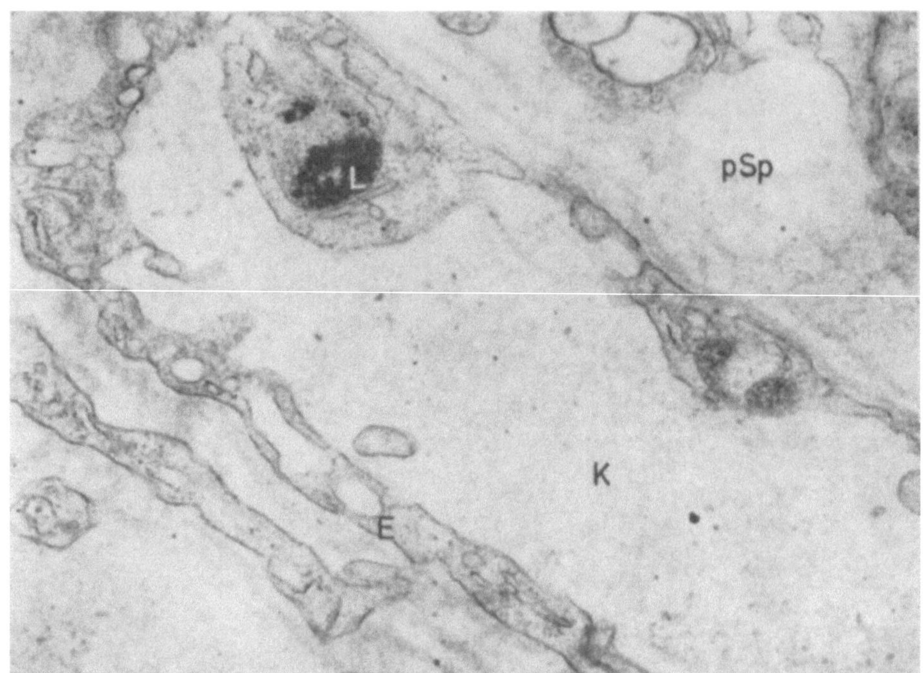

Abb. 9a. Capillarwand der Rattenzirbel 50 min nach Injektion von Aludrin. Die Capillarwand und die Basalmembran sind aufgelockert, das Endothel (*E*) verstärkt vacuolisiert. *pSp* perivasculärer Spaltraum. Im Cytoplasma der Endothelzelle granulärer Lipoideinschluß (*L*). *K* Capillarlumen. Archiv-Nr. 1713/63. Vergr. 40800:1

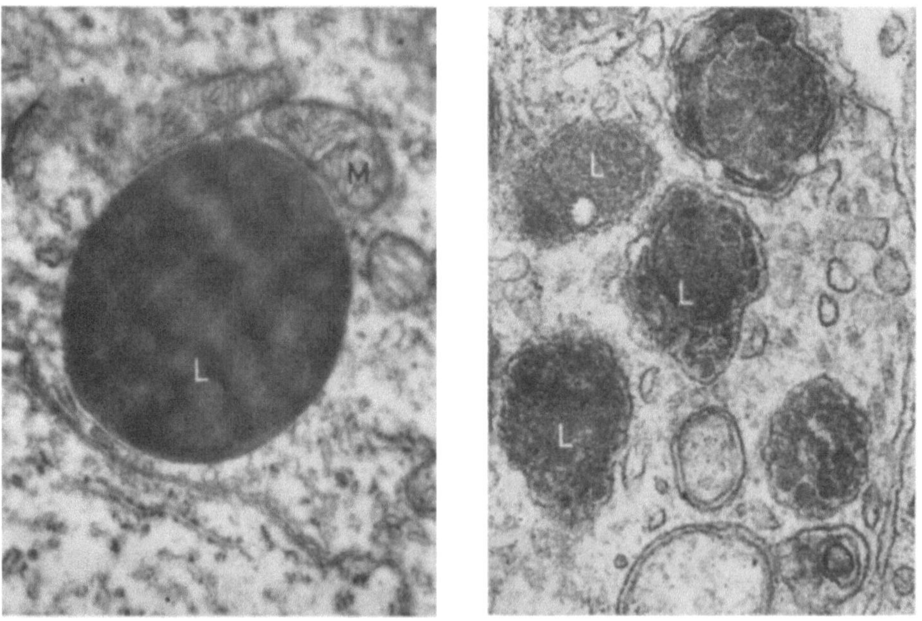

Abb. 9b. Liposom (*L*) der normalen Rattenzirbel. Recht homogene Grundstruktur. Anliegend Membranen des endoplasmatischen Reticulum und Mitochondrien (*M*). Archiv-Nr. 4727/59. Vergr. 40000:1

Abb. 9c. Liposomen (*L*) der Affenzirbel (Aufnahme: Prof. Dr. WARTENBERG). Im Gegensatz zur Rattenzirbel granuläre und lamelläre Grundstruktur. Archiv-Nr. 1615/67. Vergr. 49200:1

Cytoplasma beider Nachbarzellen, bzw. es scheinen an diesen Stellen (Abb. 8b) darüber hinaus Austauschprozesse stattzufinden.

Da die Plasmalemmunterbrechungen vom Cytoplasma kontinuierlich überbrückt werden, erscheint eine Artefaktbildung unwahrscheinlich. Ebensowenig handelt es sich offenbar um eine beginnende Zellkonfluenz, da doppel- oder mehrkernige Pinealzellen niemals gefunden werden können.

Denkbar wäre, daß an diesen Stellen ein transcellulärer Stofftransport von den capillarfernen zu den capillarnahen Parenchymzellen vor sich geht.

Prominente Cytoplasmaeinschlüsse sind große osmiophile Granula, die demnach offenbar reichlich Lipide enthalten (Abb. 1). Sie können mit den in der alten Literatur erwähnten „Drüsengranula" (Volkmann, 1928; Godina, 1938) identifiziert werden, stellen jedoch kein Lipofuscinpigment dar! Auch ihre Feinstruktur und Häufigkeit ist nicht bei allen Species gleich (vgl. Abb. 1 und 9).

Das Vorkommen von granulierten Zellen wird in der Literatur teilweise bejaht, teils verneint.

Bargmann (1943) diskutiert dieses Problem am ausführlichsten und macht darauf aufmerksam, daß die Pinealzellen selbst zarte Granula enthalten, die sich unter Umständen auch stärker konzentrieren können (vgl. auch bei Quay, 1965).

Da die Granula bei den meisten Reaktionen nur undeutlich auftreten, ist ihre genaue histochemische Identifizierung schwierig. Nach Bayerová und Bayer (1960) enthalten sie jedenfalls keine großen Mengen von Polysacchariden und auch keine reinen Lipide, sondern werden aller Wahrscheinlichkeit nach aus Lipo- und Glykoproteidkomplexen gebildet. Da sie nach primärer Alkoholbehandlung unverändert bleiben, während sie nach Pyridinbehandlung ausgeschwemmt sind, enthalten sie offenbar tatsächlich wenigstens teilweise gesättigte Lipidverbindungen. Prop und Kappers (1961) fanden diese Granula Champy-Coujard-positiv. Demnach müßten sie auch Diphenole (z.B. Noradrenalin u.a. biogene Amine) enthalten. de Martino et al. (1963) sowie Csillik (1963) glauben aufgrund vergleichender färberischer und elektronenmikroskopischer Untersuchungen, daß in diesen Granula Serotonin und andere biogene Amine enthalten sind (vgl. weiter unten).

Darüber hinaus fanden Frauchiger und Sellei (1966) in Dünnschichtchromatogrammen, daß die Lipoidzusammensetzung in der Glandula pinealis bei Mensch und Tier anders ist als in verschiedenen Hirnteilen; sie unterscheidet sich durch den ganzen oder teilweisen Wegfall des Bandes der Cerebroside.

Diese osmiophilen Körper können in den Parenchymzellen in Capillarnähe gehäuft vorliegen, in den perivasculären Spaltraum austreten (vgl. Abb. 4) und isoliert im pericapillären Raum zu finden sein (Gusek und Santoro, 1961; Abb. 6a). Gleich dichtes osmiophiles Material im Gefäßendothel läßt ferner auf einen Durchtritt dieser Substanz in den Blutkreislauf schließen (Gusek, Buss und Wartenberg, 1963/65; Abb. 9a). Gleichartige Vorgänge lassen sich z.B. in Hypophysen beobachten (vgl. Löblich und Knevević, 1960; Gusek, 1962).

Die in der Epiphyse insgesamt beobachtbaren Phänomene gleichen somit qualitativ dem Sekretionsvorgang beispielsweise in der Hypophyse; sie erfüllen also das Grundprinzip jeder innersekretorischen Leistung, nämlich die Abgabe des Wirkstoffes aus der Zelle über den pericellulären Raum in die Blutbahn.

Da strukturell und offenbar auch in funktionsmechanischer Hinsicht weitgehend Analogien mit der Hypophyse vorzuliegen scheinen, wäre daher aus der verschiedenen Nomenklatur die Bezeichnung „Zirbeldrüse" vorzuziehen (vgl. Gusek, 1961).

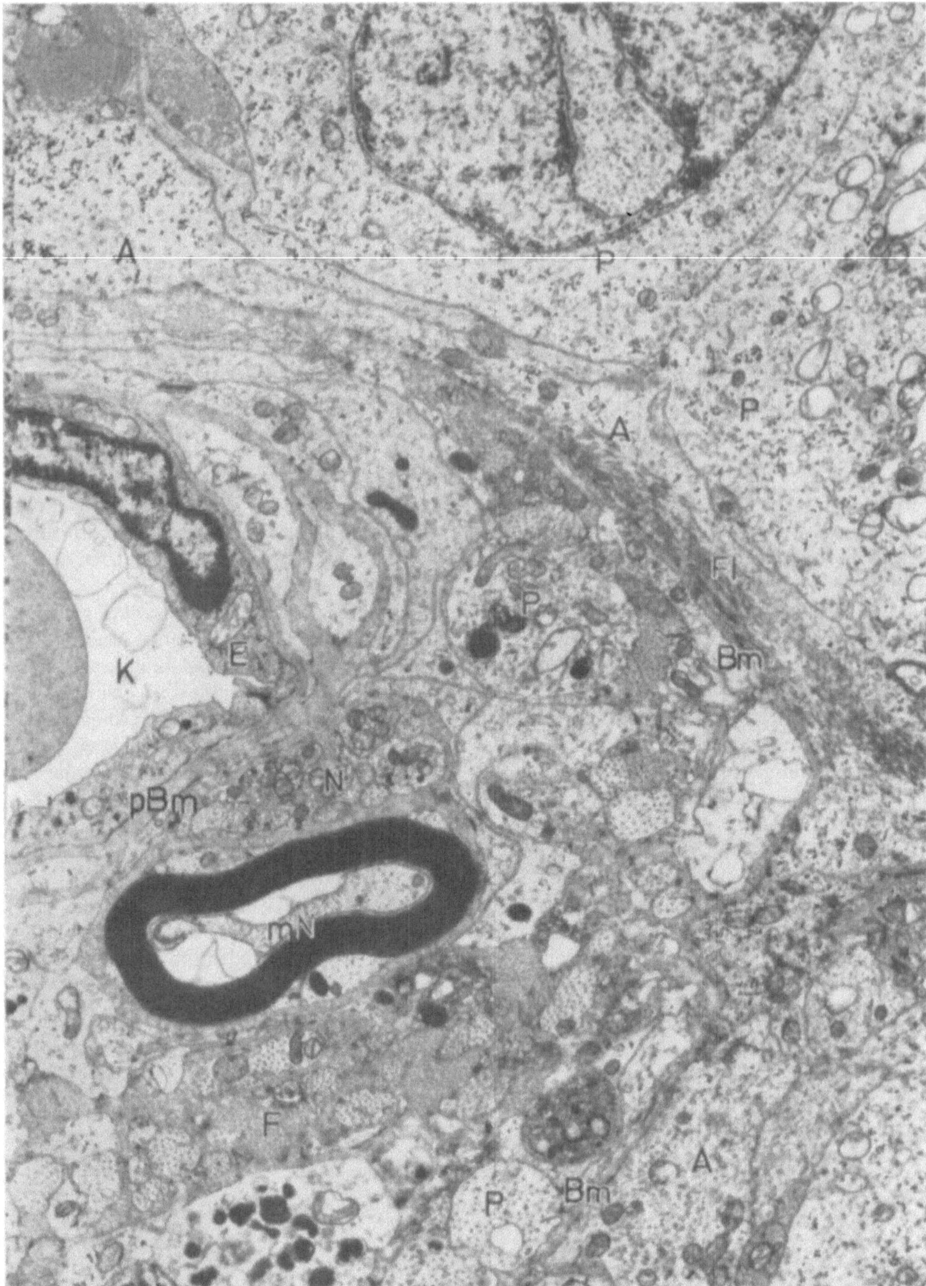

Abb. 10. Capillare (*K*) mit perivasculärer Region aus der Rhesusaffenzirbel (Aufnahme: Prof. Dr. Wartenberg). *E* Endothelzelle, *pBm* perivasale Basalmembran, *Bm* parenchymatöse Basalmembran. Innerhalb des perivasculären Spaltraums befinden sich Ausschnitte markscheidenhaltiger (*mN*) wie nichtmyelinisierter Nervenfasern (*N*). Die Pinealzellen und ihre Ausläufer (*P*) werden allseits von Astrocytenausläufern (*A*), welche intracytoplasmatische Filamente (*Fl*) aufweisen, bedeckt bzw. umhüllt; ein direkter Kontakt mit der Capillare oder über einen freien perivasculären Raum ist hier nicht gegeben. *F* intercelluläre Fibrillen.

Archiv-Nr. 3535/67. Vergr. 24 600:1

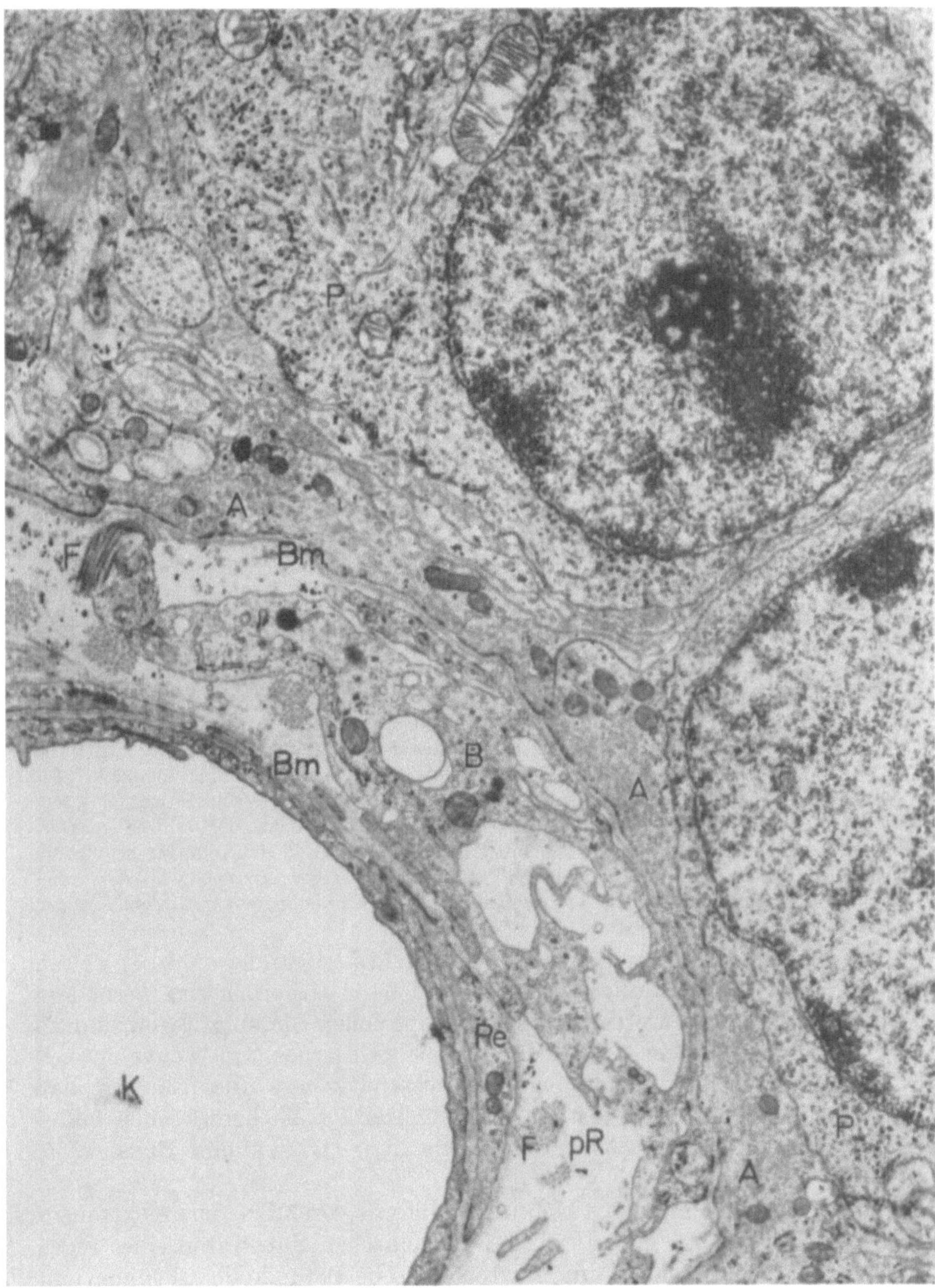

Abb. 11. Capillare (*K*) mit perivasculärem Raum (*pR*) der Katzenzirbel (Aufnahme: Prof. Dr. WARTENBERG). Auch hier haben die Pinealzellen (*P*) keinen direkten Kontakt mit dem perivasculären Spalt, indem sie von einer Gliafaserschicht (Astrocyten *A*) bedeckt werden (vgl. Abb. 10). Im Gegensatz zur Affenzirbel (s. Abb. 10) ist ein perivasculärer Spaltraum jedoch vorhanden; er enthält Fibrillen (*F*), Bindegewebszellen (*B*) und wird gleichfalls von Basalmembranen (*Bm*) ausgekleidet (vgl. auch Abb. 2). *Pe* Pericyt. Archiv-Nr. 3480/67. Vergr. 24600:1

Abgesehen von den auf sekretorische Prozesse hinweisenden cytologischen Substraten und den einzelnen Parallelbefunden zu inkretorischen Organen ergeben sich elektronenmikroskopisch-morphologische Hinweise auf den „endokrinen Charakter" besonders der Rattenzirbel außerdem durch den gesamten Organaufbau: *erstens*, indem nämlich die erweiterten intercellulären Hohlräume, um die sich die Pinealzellen pseudoacinös gliedern (s. Abb. 1), wie in anderen endokrinen Organen mit den perivasculären Spalträumen kommunizieren und als Transportweg sekretorischen Zellmaterials dienen; *zweitens* durch die Capillarstruktur; *drittens* durch den regelmäßig vorhandenen beidseitig von Basalmembranen ausgekleideten pericapillären Raum (Abb. 2), welcher der Architektur innersekretorischer Organe entspricht.

Indem somit die Ultrastruktur der Zirbeldrüse der Ratte mehr der Architektur endokriner Organe und weniger dem Zentralnervensystem gleicht (Gusek und Santoro, 1960, 1961; Gusek, 1961; Gusek, Buss und Wartenberg, 1963/65; vgl. auch Anderson, 1965; Arstila, 1966), die Glandula pinealis des Kaninchens (Wartenberg und Gusek, 1964, 1965), der Schafe und Rinder (Anderson, 1965) aufbaumäßig ziemlich gleich ist, zeigt die Feinstruktur der Katzen- und Affenzirbel demgegenüber wesentliche Differenzen (s. Duncan und Micheletti, 1966; Wartenberg, 1965, 1968).

Am auffallendsten ist dabei die Ähnlichkeit der Pinealstruktur bei Katzen und Affen mit dem ZNS: diese Gemeinsamkeit des architektonischen Prinzips bezieht sich in erster Linie darauf, daß die Beziehungen zwischen Gliafasern, Gliazellen und Pinealocyten ähnlich denen zwischen Gliazellen und Neuronen in anderen Anteilen des Gehirns sind: während nämlich besonders bei den Nagern die Pinealzellen gegenüber dem perivasculären Spaltraum nur gelegentlich oder partiell durch Gliazellen abgegrenzt werden (vgl. Abb. 3 und 7), findet sich bei Affen und Katzen eine subtotale bzw. totale Gliabarriere (vgl. Abb. 10 und 11). Diese Gliabarriere gestattet bei Katzen keinen, bei Rhesusaffen nur teilweise einen Durchtritt von Pinealfortsätzen in den perivasculären Raum, welcher bei den Ratten ubiquitär möglich ist. Allerdings differiert auch bei diesen differenzierteren Species die perivasculäre Region gegenüber dem Gehirn, indem in der Zirbel der perivasculäre Spalt mehr oder weniger erweitert und die perivasculäre Gliabarriere gegenüber den Parenchymzellen inkomplett sein kann.

Darüber hinaus enthalten Katzen- und Affenzirbel weniger Liposomen als die bisher elektronenmikroskopisch untersuchten Tierarten, was im Einklang steht mit ihrem geringen Gehalt an 5-Hydoxy-Tryptophan.

Die Ausschleusungsvorgänge der großen Lipoidgranula (Abb. 4) weisen per se darauf hin, daß auch diesen Einschlüssen sicherlich eine besondere Aufgabe beigemessen werden kann. Ihrer speziellen Stellung wegen sind sie als „Liposomen" bezeichnet worden. Da sie sich ferner (vgl. weiter unten!) durch geeignete Medikamentgaben beeinflussen lassen, wurde diskutiert, daß sie eventuell den Speicherort des zwischenzeitlich nachgewiesenen inkretorischen Materials der Zirbel repräsentieren (s. Gusek und Buss, 1965, 1966).

Darüber hinaus offenbart sich die Epiphysis cerebri bereits elektronenmikroskopisch als ein Organ mit den morphischen Substraten eines regen Zellstoffwechsels, der auch durch cytochemische Befunde deutlich gemacht wird.

Zur Frage über das Vorkommen mehrerer Pinealzelltypen

Dieses Problem ist reichlich diskutiert worden. Letztlich zeigt sich, daß die Zirbel aus Parenchymzellen und gliösen Stützzellen aufgebaut ist.

Mehrere Autoren berichten aber auch in jüngerer Zeit über einen Zelldimorphismus der eigentlichen Parenchymzellen, und zwar wird meist zwischen einem hellen und einem dunklen Zelltyp unterschieden.

OROFINO (1964) unterscheidet bei der Ratte einen Typ mit polymorphen und einen anderen mit runden oder ovalen Kernen und dabei überreichlich ergastoplasmatischem Material.

ARSTILA (1966) beschreibt ebenfalls einen hellen und dunklen, Ribosomen-reichen Parenchymzelltyp — unabhängig vom Fixierverfahren —, erwähnt jedoch auch nichtklassifizierbare Formen.

QUAY (1957/62) unterteilte die Parenchymzellen in zwei Haupt- und mehrere Untergruppen, und zwar auf der Basis ihres Lipidgehaltes.

Auch nach den Untersuchungen von GUSEK, BUSS und WARTENBERG (1963), BUSS (1965) hat sich gezeigt, daß die Zirbel normaler, d.h. gesunder und nicht vorbehandelter, weiblicher Ratten besonders elektronenmikroskopisch dunklere und hellere Zellen erkennen läßt; allerdings nicht in dem Sinne wie in der Kaninchenepiphyse (WARTENBERG und GUSEK, 1963/65) sowie Katzen- und Affenzirbel (WARTENBERG, 1965, 1968), in der die dunkleren Zellen Gliazellen und nicht Parenchymzellen repräsentieren.

Die dunkleren Pinealzellen sind spärlicher vorhanden. Sie enthalten ein dichtes, meist ergastoplasmareiches Cytoplasma, lassen aber fast immer die großen osmiophilen Granula (Liposomen) vermissen. Die Zellen sind vorwiegend schlank, zeigen lange Ausläufer, ohne daß eine bevorzugte gefäßnahe Position gefunden werden kann, wie z.B. in der Kaninchenzirbel (vgl. WARTENBERG und GUSEK, 1965).

Es konnte der Eindruck gewonnen werden, daß diese dunkleren Parenchymzellformen keinen besonderen Typ, sondern eher Ruhe- oder Erschöpfungsstadien repräsentieren, da sie vielfach sogar mangelhaft erhaltene Zellstrukturen bieten. Letztere lassen auf Zelluntergang schließen, worauf noch zurückzukommen sein wird (vgl. weiter unten, GUSEK u. Mitarb., 1963/65).

4. Zur Histochemie der Zirbeldrüse

Histochemische und fermenthistochemische Untersuchungen an der Epiphysis cerebri wurden bisher nur von WISLOCKI und DEMPSEY (1948), MIKAMI und TOHOKU (1951), LEDUC und WISLOCKI (1952), SHIMIZU und MORIKAWA (1959), BAYEROVÁ und BAYER (1960/67), NIEMI und IKONEN (1960), ARVY (1961/65), PROP und KAPPERS (1961), QUAY (1957), PROP (1963/65), BOSTELMANN und BIENENGRÄBER (1963), GUSEK, BUSS und WARTENBERG (1963/65), BOSTELMANN (1963), BUSS (1965), HEINIGER (1965), GUSEK und BUSS (1966) durchgeführt.

Der Großteil der insgesamt wenigen fermenthistochemischen Untersuchungen an den Epiphysen von Affen, Kaninchen, Ratten, Meerschweinchen, Mäusen, Schweinen, Ziegen, Pferden und Menschen (postmortal) erfolgte auf lichtmikroskopischer Ebene.

Bisher wurden an Enzymen nachgewiesen:

Alkalische Phosphatase (WISLOCKI und DEMPSEY, 1948; MIKAMI und TOHOKU, 1951; LEDUC und WISLOCKI, 1952; BAYEROVÁ und BAYER, 1960/67; KAPPERS, 1961; BOSTELMANN, 1963; BOSTELMANN und BIENENGRÄBER, 1963; GUSEK u. Mitarb., 1963/65; ARVY, 1965; GUSEK und BUSS, 1966; ARSTILA, 1966).

Aktivität von saurer Phosphatase zeigten BOSTELMANN (1963), ARVY (1965), GUSEK und BUSS (1966), ARSTILA (1966), BAYEROVÁ und BAYER (1967), von Carboxylesterase LEDUC und WISLOCKI (1952), BOSTELMANN und BIENENGRÄBER (1963), von Adenosintriphosphatase ARVY (1965),

124 W. GUSEK:

BAYEROVÁ und BAYER (1967), von β-Glucuronidase ARVY (1965), von Aminopeptidase NIEMI und IKONEN (1960) und von Monoaminooxydase SHIMIZU und MORIKAWA (1959) sowie BAYEROVÁ und BAYER (1967).

An Epiphysen Verstorbener fanden BAYEROVÁ und BAYER (1967) auch positive Reaktionen auf Nicotinamidadenindinucleotiddiaphorase, Nicotinamidadenindinucleotidphosphatdiaphorase, Lactatdehydrogenase und Glyzerophosphatdehydrogenase.

Aktivität von unspezifischer Esterase konnten ARVY (1961), GUSEK u. Mitarb. (1963/65), BOSTELMANN (1963), PROP (1963/65), BAYEROVÁ und BAYER (1967), von Butyrylcholinesterase ARVY (1961) nachweisen.

Ferner fielen die Nachweisreaktionen auf Cytochrom c-Oxydase, Succinodehydrogenase (SHIMIZU und MORIKAWA, 1959; QUAY, 1959), DPN-Diaphorase, Glutamat- und α-Glycerophosphat-Dehydrogenase sowie Lipase (PROP, 1963/65) positiv aus (vgl. auch BOSTELMANN, 1963; BOSTELMANN und BIENENGRÄBER, 1963; BAYEROVÁ und BAYER, 1967; Tabelle 1).

ARSTILA (1966) prüfte darüber hinaus mit positivem Erfolg die Rattenzirbel auf Arylsulfatase und Thioessigsäureesterase mit gleichzeitiger elektronenmikroskopischer Topographie der Reaktionsorte, auf die in diesem Rahmen nicht näher eingegangen werden kann.

Wichtig ist allerdings — im Hinblick auf die autonome Innervation der Zirbel — der bisher stets negative Ausfall von Prüfungen auf Acetylcholinesterase (GEREBTZOFF, 1959; ARVY, 1961; ARSTILA, 1966).

Die bisherigen fermenthistochemischen Befunde an der Zirbel sind naturgemäß uneinheitlich, was Positivität, Intensität der Reaktionsprodukte und Verteilung auf die einzelnen Bauelemente der Zirbeldrüse angeht. Auch hier dürften die gewählte Tierart, der augenblickliche, z. T. tageszeitlich bedingte Funktionszustand sowie das jeweilige gewählte methodische Verfahren eine ursächliche Rolle spielen. Die in der Tabelle 1 beispielhaft auf-

Tabelle 1. *Enzymogramm der Epiphyse (Kaninchen und Ratte; nach* BOSTELMANN, *1963)*

	Cytoplasma	Nuclei	Arteriolen	Capillaren	Intercellularraum	Kapsel
Cytochrom-c-Oxydase	++	Ø	Ø	Ø		Ø
Succinodehydrogenase	++	Ø	Ø	Ø	Ø	Ø
NAD-Oxydase (=DPN-Diaphorase)	++++	Ø	++++	++++		
Glutamatdehydrogenase	+					
β-Glycerophosphat-Dehydrogenase	Ø	Ø	Ø	Ø		Ø
α-Glycerophosphat-Dehydrogenase	(+) bis ++++	Ø	(+) bis ++++	(+) bis ++++		
Alkalische Phosphatase	(+)	Ø		++++	Ø	
Saure Phosphatase	(+) bis +++	Ø	Ø	Ø	(+)	Ø
Unspezifische Esterase	+		+++	+++		+++
Lipase	+++		Ø	Ø		Ø

geführten histochemischen Resultate von BOSTELMANN (1963) verweisen epikritisch auf einen beachtlichen Baustoffwechsel in den Pinealzellen und lassen ebenfalls auf eine ausgeprägte Lipoid- und Proteinsynthese schließen. Sie stehen im Einklang mit den schon licht- und elektronenmikroskopisch nachweisbaren Substraten eines regen Proteinstoffwechsels und dem Lipoidgehalt der Zirbelzellen.

Sie ergänzen und unterstreichen ferner die nach intravenöser Gabe von radioaktivem anorganischem Phosphat (^{32}P) und nach Gabe von ^{131}J durchgeführten Studien zum Zellstoffwechsel (BORELL und ÖRSTRÖM, 1945/47; REISS u.a., 1949; BREWER und QUAY, 1958; DE MARTINO u. Mitarb., 1962; QUAY, 1963). Aus diesen Ergebnissen, die zeigen, daß die Phosphataufnahme der Zirbel die der Hypophyse um das 3fache und die anderer Hirnregionen um das 10—20fache übertrifft, kann ebenfalls für die Epiphysis cerebri ein hoher phosphatgebundener Stoffwechsel angenommen werden.

Biochemische Untersuchungen an Epiphysenhomogenaten hatten ebenfalls Hinweise auf eine untergeordnete Endoxydation, aber auf ein Vorherrschen von Syntheseleistungen erbracht (QUAY, 1963).

Da die Epiphysis cerebri neben dem Plexus chorioideus ein bevorzugter Ablagerungsplatz für den sog. Hirnsand ist, Gliaflecken bildet und im Alter partiell verkalkt, ist immer wieder ein Aktivitätsschwund vermutet worden.

Es konnte jedoch nachgewiesen werden (WURTMAN, AXELROD und BARCHAS, 1964), daß die menschliche Zirbel in ihrer Enzymaktivität mit zunehmendem Alter keineswegs nachläßt, und daß die Zirbel auch beim Tier noch im hohen Alter ausreichend funktionsfähiges und reaktives Parenchym aufweist (vgl. PFLUGFELDER, 1957; HORANYI, 1960; CASSANO und TORSOLI, 1961).

5. Biologisch-biochemische Befunde zur Funktion der Zirbeldrüse

Die skizzierten wichtigsten in jüngerer Zeit gewonnenen cytomorphologischen und histochemischen Substrate an der Säugetierzirbel haben eine gute wie auch in einigen Punkten besondere feinmorphologische Ausrüstung gezeigt und den Nachweis einer beachtlichen Stoffwechselleistung erbracht. Sie haben darüber hinaus — im Vergleich mit entsprechenden Befunden am „Parietalauge" niederer Vertebraten —mit großer Sicherheit konstatieren lassen, daß die Zirbel der Mammalier entgegen früheren Vermutungen nicht einfach ein „Rudiment des ‚Dritten Auges' der Frösche ist". Im folgenden soll auf die Fragen der wahrscheinlichen bzw. in neuerer Zeit z. T. gesicherten Aufgabe der Epiphysis cerebri eingegangen werden (vgl. Tabelle 2).

Tabelle 2. *Wirkungen und Wirkstoffe der Zirbeldrüse*

Thyreotrope Wirkung	
Wachstumshemmung	
„Adrenoglomerulotropin" Anticorticotropin	$\Rightarrow$ NNR (Aldosteron, Zona glom.)
Na-Ausscheidung bzw. Elektrolythaushalt	(u.a. durch Polypeptid mit Arginin-Vasotocin-ähnlichem Aufbau)
Hypoglykämischer Faktor	(„Pinealin")
Biogene Amine	(Serotonin, Histamin, Katechinamine, Acetylcholin)
Melatonin	$\rightarrow$ (Melanosomenkontraktion, antigonadotrop; Neurohormon?, Antihalluzinogen?)

a) Zirbel und Hypophyse

Was die Funktion der Zirbel betrifft, so wurden zur Frage der Wechselwirkung zwischen ihr und anderen Organen schon frühzeitig die Beziehungen zwischen Hypophyse und Epiphyse untersucht.

Dabei fand sich ein Antagonismus bezüglich der thyreotropen Wirkung (Bugnon und Moreau, 1962; Thieblot, 1965) und besonders bezüglich des Wachstumshormons (s. bei Bargmann, 1943; Barbarossa und Pende, 1956; Nasr u. a., 1961) sowie des Gonadotropins (Thieblot u. a., 1947/49; Engel und Bergmann, 1952; Sander und Schmidt, 1952; Barbarossa und Pende, 1956; Quay, 1956; Meyer u. a., 1961; Nasr u. a., 1961; Milcou u. a., 1963; Moszkowska, 1965; Thieblot, 1965; Thieblot und Blaise, 1965; Zweens, 1965).

Diese Wachstumshemmung durch Epiphysenextrakte oder Epiphysenimplantate fand z. T. erfolgreiche Anwendung bei der Therapie inoperabler Carcinome (Bergmann und Engel, 1950; Engel und Bergmann, 1952; Hofstätter, 1950; Sander und Schmidt, 1952).

Gleichsinnig dazu fand sich bei pinealektomierten Ratten ein besonders schnelles Wachstum und eine ausgedehntere Metastasierung des Walker-256-Carcinoms (Rodin, 1963) und von transplantierten Melanomen bei Hamstern (das Gupta und Terz, 1967). Die Beobachtung, daß die Zirbeln von Patienten, die an Krebs sterben, häufig atrophisch sind (Kutscherenko, 1944), mag in diesem Zusammenhang nicht ohne Bedeutung sein.

b) Zirbel und Nebenniere

Das Problem, ob die Zirbel die Nebennieren beeinflußt, ist häufig Gegenstand von Untersuchungen.

Eine stimulierende Wirkung der Epiphysis auf die Nebennierenrinde wird in letzter Zeit wieder besonders von internistischer Seite diskutiert.

Entscheidend weiterführend waren hier die Untersuchungen von Farrell u. Mitarb. in den Jahren 1956—1961: Indem sie zunächst zeigen konnten, daß in der Region des Diencephalon und Mesencephalon ein die Aldosteronausschüttung oder Aldosteronproduktion stimulierender Faktor vorhanden ist, konnten sie diesen Faktor später präziser in die Epiphysis lokalisieren. Es handelt sich um 1-Methyl-6-methoxy-1,2,3,4-tetrahydro-2-carbinolin, welches als „Adrenoglomerulotropin" bezeichnet wird (Farrell und McIsaak, 1961).

Daneben konnte ein weiteres Lipid gewonnen werden, welches einen gegenteiligen, nämlich einen hemmenden Einfluß auf die Aldosteronproduktion hat (vgl. auch Kitay und Altschule, 1954; Davis zit. nach Giacomelli, 1962; Wurtman u. a., 1959). Nach Farrell (1960) ist es daher möglich, daß die Zirbel außerdem auch ein Anticorticotropin erzeugt, welches als Gegenspieler des hypophysären Corticotropins und des Adrenoglomerulotropins die Tätigkeit der Nebenniere hemmt. Auch aus radiochemischen Befunden von Lommer (1966) ist zu schließen, daß das Corpus pineale von Rindern eine oder mehrere Substanzen enthält, welche die biologische Steroid-11β-hydroxylierung spezifisch hemmt. Danach könnte die Drosselung der Sekretion von Aldosteron, Corticosteron und Corticol durch Hemmung der 11β-Hydroxylierung erfolgen, wobei nach neueren Anschauungen

FARRELLs (1964) das Utichinon (Coenzym Q) möglicherweise eines dieser Wirkstoffe ist.

Mit diesen Beobachtungen, die nicht unwidersprochen geblieben sind (JUOAN und SAMPEREZ, 1965; PALKOVITS u. a., 1962), gelangt die Zirbel in den Kreis aktueller Probleme der inneren Sekretion:

Während ja seit längerem die Beeinflussung der Zona reticularis und der Zona fasciculata und damit die Steuerung der Androgen- und Glucocorticoid-Produktion durch die Hypophyse bekannt ist, scheint hiernach gesichert, daß die Zona glomerulosa und die Sekretion des Aldosteron durch die Zirbel gesteuert oder zumindest stark beeinflußt wird (FARRELL u. Mitarb.).

c) Zirbel, Elektrolyt- und Zuckerhaushalt

Neben neueren Befunden, die auf ein aktives Eingreifen der Zirbel in den Natrium-Stoffwechsel bzw. Natrium-Kalium-Gehalt des Gehirns hindeuten — vielleicht via Nebennierenrinde (HUNGERFORD und PANAGIOTIS, 1962; MILCU, PAVEL und NEACSU, 1963; QUAY, 1965) — ist in jüngster Zeit von MILCU u. Mitarb. (1963) mit biologisch-biochemischen und chromatographischen Methoden ein weiterer Wirkstoff isoliert worden. Es handelt sich um ein Polypeptid mit Arginin-Vasotocin- oder ähnlichem Aufbau (vgl. auch PAVEL, 1965), welches eine natriumausscheidende und darüber hinaus auch eine antigonadotrope Wirkung entfalten soll.

Für das Vorliegen eines ebenfalls von MILCU u. a. (1958) isolierten hypoglykämischen Faktors (= „Pinealin") stehen zwar Bestätigungen aus, obwohl neuere Untersuchungen deutlich zeigten, daß Epiphysektomie zur Hyperglykämie führt (ALTSCHULE u. a., 1954; PARHON u. a., 1937/52). KRSTIĆ (1965/66) beobachtete, daß Pinealektomie die Funktion der Nebenschilddrüse steigert und auf diese Weise den Serumcalciumspiegel erhöht, während Epiphysenextrakte die Funktion der Nebenschilddrüse hemmen und dadurch den Serumcalciumspiegel senken (s. auch MILINE und KRSTIĆ, 1966).

Wie jüngst erhobene autoradiographische Untersuchungen zeigten (CSABA, KISS und BODOKY, 1967), beeinflußt die Pinealektomie ebenfalls den Calcium- und Sulfat-Umsatz in den lymphatischen Organen: und zwar ist die Inkorporationsrate von SO_4 in den lymphatischen Organen bedeutend vermehrt, während gleichzeitig der $^{35}SO_4$-Spiegel des Blutes rasch abnimmt. Parallel dazu ist die $^{45}CaCl_2$-Aufnahme in Milz und Thymus herabgesetzt.

d) Die biogenen Amine der Zirbeldrüse

Das besondere Interesse, das die Zirbel von biochemischer Seite her gewann, ergab sich einmal durch den reichlichen Nachweis biogener Amine: Serotonin, Histamin, Katechinamie und Acetylcholin (vgl. GIARMAN und DAY, 1959; PROP und KAPPERS, 1961; QUAY und HALEVY, 1962; PELLEGRINO DE IRALDI u. a., 1963; QUAY, 1963; OWMAN, 1964).

Dabei muß erwähnt werden, daß die Rattenzirbel die höchste Konzentration von Serotonin enthält, die bisher in irgendeinem Gewebe irgendeiner Species gefunden wurde.

Wie oben (S. 107) angeführt ist, können Mastzellen als eine normale, wenn auch speciesabhängig variable histologische Komponente der Zirbel betrachtet werden (vgl. MACHADO, FALEIRO und DA SILVA, 1965). Mastzellen enthalten bekannterweise auch Serotonin. Die

Annahme, daß nun der Serotoningehalt von der Mastzellenpopulation abhängig sein könnte, darf abgelehnt werden, da gerade die Rattenzirbel als Serotonin-reichstes Organ kaum Mastzellen enthält.

Eine reziproke Proportion zwischen Serotoningehalt und Mastzellenzahl findet sich auch bei Mensch und Rind.

Außerdem demonstrierten BERTLER, FALCK und OWMAN (1963) fluorescenzmikroskopisch, daß die Serotoninspeicherung in der Zirbel in den Nerven und Parenchymzellen vor sich geht.

Ganz besonders interessant wurde die Zirbeldrüse jedoch, seitdem LERNER u. Mitarb. (1958/60) aus Rinderzirbeln einen anderen hormonalen Wirkstoff isolierten: das *Melatonin.*

Das Melatonin wirkt bei Fischen, Reptilien und Amphibien durch Kontraktion der Pigmentgranula in den Melanocyten bleichend (s. z. B. McGUIRE und MÖLLER, 1965), wirkt also antagonistisch zu dem in der Hypophyse synthetisierten Melanocyten-stimulierenden Hormon; mit dieser Beobachtung enthält die seit McCORD und ALLAN (1917) wiederholt bestätigte Beobachtung, daß Acetonextrakte aus Epiphysen antimelanophoretisch wirken, ihre Fundierung. Wahrscheinlich spielt das Melatonin auch eine wesentliche Rolle bei der adaptiven Hautpigmentierung niederer Tiere (s. auch KELLY, 1962).

Das Melatonin wird durch N-Acetylierung und O-Methylierung aus dem in der Zirbel hochkonzentriert vorliegenden Serotonin synthetisiert (AXELROD und WEISSBACH, 1960; WURTMAN u. a., 1963; vgl. auch BARCHAS und LERNER, 1964; QUAY und BAGNARA, 1964).

Da das dazu nötige spezifische Ferment, die Hydroxyindol-O-Methyltransferase, bei Säugern lediglich in der Epiphysis cerebri gefunden werden kann, muß angenommen werden, daß es sich beim *Melatonin* um ein *spezifisches Hormon der Zirbel* handelt.

Diese Organspezifität wird beispielsweise dadurch fundiert, daß der Nachweis von Hydroxyindol-O-methyltransferase, von Melatonin und Serotonin selbst in den Zellen eines metastasierenden Pinealoms (WURTMAN und AXELROD, 1964) möglich war.

Chemisch ist das Melatonin ein methyliertes Indol (N-Acetyl-5-methoxy-tryptamin), zu dessen biologischer Aktivität eine Methylgruppe an einem Sauerstoffatom erforderlich ist. Da andererseits die Hydroxylierung des Tryptophan der erste und wahrscheinlich steuernde Schritt in der Biosynthese des 5-Hydroxytryptamin (Serotonin) ist, ist es daher ebenso wichtig, daß in jüngster Zeit mit radioaktiven Mitteln einerseits der spezifische Nachweis der hierzu erforderlichen Tryptophan-Hydroxylase in der Zirbel gelungen ist.

Andererseits und darüber hinaus konnte gleichzeitig gezeigt werden, daß die Zirbel von allen untersuchten Geweben die höchste Aktivität dieses Fermentes besitzt (LOVENBERG, JEQUIER und SJOERDSMA, 1967).

Die Biosynthese des Melatonin erfolgt in der Zirbeldrüse in folgender Weise (Abb. 12):

Der bei niederen Vertebraten bleichende Effekt erfolgt noch in einer Konzentration von nur ein Trillionstel Gramm/ml des Medium. Es ist damit 5000mal wirksamer als das Noradrenalin, das bis dahin als das aktivste Agens bekannt war. Für nähere Angaben über die pharmakologischen Eigenschaften des Melatonins sei auch auf die Arbeit von ARUTYUNYAN u. a. (1964) verwiesen.

Neben der Wirkung auf die Melanocyten der niederen Wirbeltiere hat dieses Hormon bei den Säugern eine hemmende Wirkung auf die geschlechtliche Entwicklung von Laboratoriumstieren, besonders der Ratte (WURTMAN u. a., 1963a), wirkt also antigonadotrop (vgl. Tabelle 2 und 3). Außerdem hemmt es die Reaktion der Schilddrüse auf Thiouracil (WURTMAN et al., 1963a). QUAY (1964) fand eine Abhängigkeit des Melatoningehaltes der Epiphysis vom Tageslicht und Oestruscyclus.

Infolge dieser und anderer Ergebnisse (s. weiter unten, vgl. Abb. 15) wurde postuliert (s. WURTMAN und AXELROD, 1965): Melatonin ist ein Säugetierhormon, da es einzig und allein durch eine einzige Drüse erzeugt, ferner in den Blutstrom sezerniert wird und einen Effekt an einem entfernteren Zielorgan bewirkt (vgl. Abb. 15).

Über die Bedeutung des Melatonins für den Warmblüter ist u.a. auch die Vermutung ausgesprochen worden, daß es sich um ein Neurohormon handele: einmal wegen seiner extrem hohen Wirksamkeit gegenüber Melanocyten, die ihre neurogene Natur ja biologisch durch ihre Ansprechbarkeit auf Noradrenalin und Acetylcholin zum Ausdruck bringen. Zweitens wegen Vorkommens des Melatonins in peripheren Nerven, auch beim Menschen. Diskutiert wird die Möglichkeit seiner Funktion bei der Übertragung von Nervenimpulsen. Bei Katzen und Küken konnten kurzfristige Einschläferungen erzeugt werden (vgl. MILCU und MILCU, 1958; BARCHAS und LERNER, 1964; BARCHAS, DA COSTA und SPECTOR, 1967).

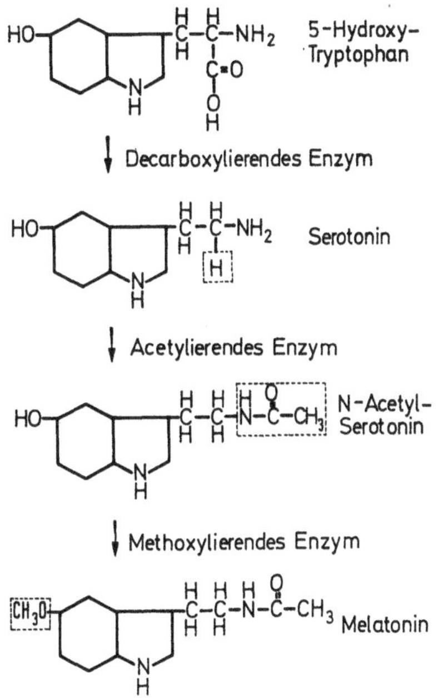

Andererseits werden auch folgende Vorstellungen entwickelt (Lit. bei GEINITZ, 1963), die sich auf eine der vielen pharmakologischen Eigenschaften des in der Zirbel konzentriert vorliegenden Serotonins beziehen:

Eine der interessantesten Eigenschaften des Serotonins ist nämlich sein Antagonismus zu den „halluzinogenen" Substanzen (Mescalin, Psilocytin, Lysergsäure, Diäthylamid u.a.). Die mit solchen Substanzen erzeugten schizophrenieähnlichen exogenen Psychosen können mit Serotonin verhindert bzw. gehemmt werden. Da ferner der Serotoningehalt des Gehirns nach einer solchen Behandlung mit Halluzinogenen abnimmt, ist die Vermutung ausgesprochen worden, daß das Serotonin — und damit auch sein Derivat Melatonin — für die normale geistige Funktion des Gehirns von Wichtigkeit ist.

Abb. 12. Biosynthese des Melatonins

Für solche Zusammenhänge sprechen therapeutische Erfolge mit bestimmten Zirbelextrakten im Sinne einer Substitutionstherapie, wobei als therapeutisch wirksames Prinzip ein Peptid mit einem Molekulargewicht von etwa 1000 festgestellt wurde (ALTSCHULE u. Mitarb., 1957/58).

e) Zur antigonadotropen Funktion der Zirbeldrüse

Wie schon in der Einleitung bemerkt, ist die Hemmung der sexuellen Entwicklung wohl die seit GUTZEIT (1896) am längsten bekannte und ziemlich umfangreich untersuchte Eigenschaft der Epiphysis cerebri (Übersicht über die ältere Literatur bei BARGMANN, 1943).

Für eine antigonadotrope Funktion der Epiphysis haben sich auch in neuerer Zeit mehrere Untersucher ausgesprochen (z.B. THIEBLOT u.a., 1947, 1949, 1965; SIMMONET u.a., 1951; SANDER und SCHMIDT, 1952; ENGEL und BERGMANN, 1952; KITAY und ALTSCHULE, 1954; BARBAROSSA und PENDE, 1956; QUAY, 1956, 1962/65; WURTMAN u.a., 1959/63; NASR, 1961; FISKE u.a., 1960/62; ROTH et al., 1962; GUSEK und BUSS, 1965/66; GUSEK, 1967;

Hoffmann und Reiter, 1965). Daß die neurosekretorische Aktivität der Zirbel mit Eintritt des geschlechtsreifen Alters zunehmend ansteigt, ergibt sich beispielsweise gemessen an der Aufnahme von P³², dem Kern- und Cytoplasmavolumen der Pinealocyten (De Martino, Peruzy, Pavoni, Capone und Lintas, 1962), der Zunahme der osmiophilen Granula (De Martino, De Luca, Paluella, Tonietti und Orci, 1963) sowie elektronenmikroskopischen Untersuchungen an jungen und alten Ratten (De Martino, Tonietti und Acini, 1964).

Während eine Epiphysektomie z. B. bei Ratten eine Zunahme des Eierstockgewichtes, bei unreifen Tieren eine vorzeitige Vaginalentfaltung sowie eine Steigerung des Phosphatumsatzes im Ovar (Borell und Örström, 1947) bewirkt, bei Hunden zu beschleunigter sexueller Reifung führt, führen Epiphysenextrakte zu gegenteiligen Resultaten und erzeugt eine Ovarektomie entsprechende Reaktion an der Zirbel (s. Tabelle 3).

Tabelle 3. *Wechselwirkung Epiphyse—Ovar bei Ratten* (nach Borell und Örström; Simmonet et al.; Kitay; Wurtman et al.; Gusek u. Buss)

Pinealektomie	Pinealextrakt (bzw. Melatonin)	Ovarektomie, Prolan
Hypertrophie der Ovarien	Atrophie der Ovarien	Erhöhung des Epiphysengewichtes
Vorzeitige Vaginalentfaltung bei unreifen Ratten	Verzögerung der Vaginalentfaltung Anoestrus bei reifen Ratten	
Gesteigerter Phosphatumsatz (P³²) im Ovar		Erhöhung des Phosphatumsatzes (P³²) in der Epiphyse
	Erhöhte 17-Ketosteroidausscheidung	Erhöhung des Lipoidgehaltes in der Epiphyse

Auch Versuche mit Dauerbeleuchtung konnten diese Auffassung unterstützen: nach Dauerbeleuchtung stellt sich nämlich einerseits eine Atrophie und Verringerung des Lipoidgehaltes sowie der Enzymaktivität der Zirbel ein (Quay, 1961/62), andererseits tritt ein Daueroestrus auf. Dagegen konnte durch gleichzeitige Epiphysenextraktgaben (Fiske u. a., 1960) dieser Daueroestrus bei Dauerbeleuchtung unterbunden werden.

Gegen die nach Epiphysektomie erhaltenen Resultate wurden vielfach Bedenken geltend gemacht hinsichtlich einer möglichen Affektion des eng benachbarten Zwischenhirns. Die Beobachtung, daß der durch Pinealektomie erzeugte Effekt durch Pinealextrakte sowie nach physiologischem Ersatz durch Transplantation funktionierenden Zirbelgewebes (Gittes und Chu, 1965) aufgehoben wird, festigt jedoch die Spezifität des physiologischen Effektes der Pinealektomie.

Epiphysengesamtextrakten gegenüber wurde ebenfalls größte Zurückhaltung geübt.

Von großer Bedeutung scheinen deshalb die Befunde von Wurtman, Axelrod und Chu (1963) zu sein, welche darüber hinaus gefunden haben, daß (sogar) das Melatonin allein eine Entwicklungshemmung am Genitale bewirkt (vgl. Tabelle 3) und den Dauerlichteffekt kompensiert.

Gleichzeitig hat sich zeigen lassen, daß längere Dunkelheit eine gegenteilige Wirkung erzeugt (Roth et al., 1962; Wurtman et al., 1963; Quay, 1964; Hoffmann und Reiter, 1965; vgl. Tabelle 4).

Tabelle 4. *Der Einfluß von Licht auf die Epiphysenfunktion der Ratte* (nach Befunden von FISKE et al.; WURTMAN et al.; ROTH et al.; QUAY; MOORE et al.)

| Dauerlicht | | Ständige Dunkelheit | |
Epiphyse	Ovar	Epiphyse	Ovar
Gewichtsabnahme	Hypertrophie	Gewichtszunahme	Atrophie
Umsatz von H³-Melatonin verringert	Vorzeitiger Oestrus	Steigerung der Melatoninproduktion	Verzögerung des Oestrus
Erniedrigte Aktivität der Hydroxyindol-O-methyltransferase		Erhöhte Aktivität der Hydroxyindol-O-methyltransferase	
Lipoidverlust		Lipoidspeicherung	
Verkleinerung der Pinealzellen		Vergrößerung der Pinealzellen	
Verminderung der RNS im Cytoplasma		Zunahme der RNS im Cytoplasma	
Wenig Nucleoli		Reichlich Nucleoli	

Obwohl die Epiphysis cerebri der Säuger keine Lichtreceptoren mehr besitzt, ist sie in ihrer Funktion also dennoch von der Beleuchtung abhängig.

Es konnte nämlich gezeigt werden, daß die Zirbelinaktivierung usw. nach Dauerbeleuchtung und die gegenteilige Wirkung nach längerer Dunkelheit nachweislich in beiden Fällen nur bei intakter Nervenversorgung eintritt (QUAY, 1961/63; WURTMAN et al., 1964b, c; vgl. Abb. 15), wohingegen sich der Lichteffekt als unabhängig von der Hypophysen-, Nebennieren- oder Schilddrüsenfunktion erwies (FISKE et al., 1962).

Es gilt zwar als sicher, daß die Epiphysis cerebri aus dem oberen Cervicalganglion (KAPPERS, 1960/61) sympathisch-adrenergisch versorgt wird (HARTMANN, 1967; GEREBTZOFF, 1959; PELLEGRINO DE IRALDI und DE ROBERTIS, 1961, DE ROBERTIS und PELLEGRINO DE IRALDI, 1961; WOLFE et al., 1962a, b; KELLY, 1962; BERTLER et al., 1963; OWMAN, 1964). Unbeantwortet ist allerdings noch die Frage, ob das Noradrenalin den einzigen Wirkstoff der autonomen Zellinnervation darstellt oder inwieweit nicht auch die anderen biogenen Amine, z.B. das Serotonin, direkt wirksam sein könnten (vgl. hierzu BUSS und GUSEK, 1965).

Im Hinblick auf die antigonadotrope und thyreotrope Wirkung des Melatonins und der Lichtabhängigkeit seiner Synthese bietet sich die Erwägung an, die Zirbel auch als wichtiges Zentrum für die unterschiedliche Stoffwechsellage im Tagesrhythmus wie für jahreszeitliche Rhythmen in der Fruchtbarkeit der Tiere (besonders Winterschläfer und Polartiere) zu diskutieren.

Dabei darf nicht übersehen werden, daß auch die männliche Genitalfunktion einer Beeinflussung unterliegt, wenn auch nach KITAY und ALTSCHULE (1954) weniger überzeugend. Nichtsdestoweniger wurde die antigonadotrope Wirkung von Epiphysenextrakten in der Veterinärmedizin und auch in der Humanmedizin zur Dämpfung der Hypersexualität eingesetzt. ALTIERI (1956) beobachtete beim Menschen eine rasche irreversible sklerotische Hodendegeneration (s. auch BARBAROSSA und PENDE, 1956). Nach MILINE, STERN, CIGLAR und HUKOVIC (1959) verursachten Epiphysenextrakte eine allgemeine androgene Insuffizienz (vgl. auch NASR, HAMED und SOLIMAN, 1961; CZYBA, GIVOD und DURAND, 1964; HOFFMANN und REITER, 1965).

f) Zirbel und Schilddrüse

Eine Übersicht über die ältere Literatur zur Frage der Beziehung von Corpus pineale, insbesondere nach Pinealektomie, und Schilddrüse geben KITAY und ALTSCHULE (1954). Teils fand sich eine Hypertrophie, teils traten keine Veränderungen auf. Die in neuerer Zeit getestete hemmende Wirkung des organspezifischen Hormons, des Melatonin, hinsichtlich der Reaktion der Schilddrüse auf Thiouracil (WURTMAN u.a., 1963a) ist schon erwähnt worden. ISHIBASHI u. Mitarb. (1966) berichten über eine Depression der Schilddrüsenhormonsekretion und herabgesetzten Futterverbrauch bei Ratten nach Applikation von Melatonin, während nach Pinealektomie ein entgegengesetzter Effekt zu verzeichnen war (vgl. auch MOREAU, 1964). Hinweise über nachweisbare bzw. wahrscheinliche Beziehungen zwischen Zirbel und Schilddrüsenfunktion ergeben sich ferner dadurch, daß die Epiphysis am Stoffwechsel von ^{131}J beteiligt ist (REISS et al., 1949; MOREAU, 1964), finden sich auch bei MILINE (1963). Über morphologisch und fermenthistochemisch faßbare Korrelationen zur Nebenschilddrüse berichten KRSTIĆ (1965/66) und MILINE und KRSTIĆ (1966).

Da sich bei Kaninchen und Ratten im Rahmen des Adaptionssyndroms, auch elektronenmikroskopisch, ein biphasisches morphokinetisches Verhalten der Zirbel beobachten ließ (Depression der Zirbelaktivität in der 1. Phase, progressive Aktivierung in der 2. Phase) und sich u.a. die Bildung von Magengeschwüren durch experimentelle Neurose parallel zu einer Epiphyseninsuffizienz und parallel zu einer Hyperaktivität des Hypothalamus ergab, wird ferner angenommen, daß die Epiphysis im Adaptionssyndrom die stressogene Hyperaktivität des Hypothalamus bremst und somit einen Teil des Verteidigungssystems gegen den Stress bilde (vgl. MILINE, DEVERCERSKI und KRSTIĆ, 1966).

Wenngleich ein Teil der Befunde im Hinblick auf Details und Funktionsweg einer Ergänzung bzw. noch exakteren Analyse bedarf, ergibt sich auch hieraus aufs neue die wesentliche Position der Zirbeldrüse innerhalb des endokrinen Systems.

6. Über den experimentellen Strukturwandel der Zirbeldrüse und seine Interpretation

Auf der Grundlage der Kenntnisse der Feinstruktur unbehandelter Tiere und unter Berücksichtigung der biochemischen Resultate wurde versucht, an vorbehandelten Tieren zusätzliche Aufschlüsse über die orthologische und möglicherweise experimentell beeinflußbare Histologie und Zellfeinstruktur der Zirbel zu gewinnen.

Die erzielten Resultate bestärken die schon seinerzeit geäußerte Meinung (GUSEK, 1961) hinsichtlich einer endokrinen Tätigkeit der Zirbel. Darüber hinaus lenken sie die Aufmerksamkeit auf die charakteristischen Lipoidgranula, die ihrer besonderen Stellung wegen als „Liposomen" bezeichnet werden (BUSS, 1965; GUSEK und BUSS, 1965/66).

Da diese Liposomen, die formalgenetisch und morphologisch auffallend den Lipoidgranula der ebenfalls neuroendokrinologischen Nebenniere gleichen, sich durch geeignete Medikamentgabe beeinflussen lassen, zogen GUSEK u. Mitarb. (1963/66) in Übereinstimmung mit CSILLIK (1963) und

DE MARTINO et al. (1963) daraus den Schluß, es könne sich hier eventuell um den Speicherort des diskutierten inkretorischen Materials der Zirbel handeln.

In einer größeren Versuchsreihe wurden Ratten mit dem Epiphysenextrakt „Glanepin" behandelt, in der Annahme, durch die zu vermutende medikamentöse Inaktivierung bzw. Ruhigstellung des Organs morphologische Veränderungen erwarten zu können. Gewisse histologische Veränderungen lassen sich bereits lichtmikroskopisch erfassen: es zeigt sich eine deutliche Atrophie der Zellstränge, eine Zell- und Kernatrophie sowie Verdichtung bei gleichzeitiger Erweiterung der gefäßführenden Zwischenräume.

Elektronenmikroskopisch besteht ausdrücklich eine Vermehrung jener schlanken, lipoidgranulaarmen bzw. meist granulafreien Zellen. Sie weisen mehrfach ein sackartig geblähtes Ergastoplasma auf, sind oft doppelkernig; die Kerne sind aber vielfach pyknotisch, die Mitochondrien vacuolisiert, und es zeigen sich alle Übergänge einer zunehmenden „Verdämmerung". Hierdurch wird die schon an unbehandelten Epiphysen gewonnene Annahme (vgl. oben, S. 123) bekräftigt, in diesen dunklen Zellen nicht eine besondere Zellart, sondern Ruhe- oder Degenerationsstadien zu sehen (Einzelheiten bei GUSEK, BUSS und WARTENBERG, 1963/65).

Der zweite nicht zu übersehende Effekt nach Applikation von „Glanepin" ist die absolute Verarmung an Lipoidgranula, die licht- und elektronenmikroskopisch zu erfassen ist.

Insofern gleichen die nach Glanepin-Dauerverabreichung morphologisch faßbaren Phänomene im wesentlichen den Veränderungen, die nach langdauernder kontinuierlicher Lichtexposition auftreten (FISKE et al., 1960; WURTMAN et al., 1963; QUAY, 1961; ROTH et al., 1962; MOORE et al., 1967; vgl. Tabelle 4) und wie erwähnt mit Abnahme des Melatoningehaltes verbunden sind.

Im Hinblick auf den nachgewiesenen hohen Gehalt der Epiphysis an biogenen Aminen und der reichlichen autonomen Innervation lag ferner der Gedanke nahe, auf pharmakologischem Wege gegebenenfalls die Funktion und damit auch die Feinstruktur beeinflussen zu können.

Gewählt wurde — außer dem Monoaminooxydase-Hemmer „Niamid" (BUSS und GUSEK, 1965) — das N-Isopropyl-Noradrenalin-Sulfat (Aludrin), da mit diesem Noradrenalinderivat aufgrund seiner chemischen Konstitution gute Überlebensraten und deshalb selbst bei hoher Dosierung (50 mg/ die) Langzeitversuche möglich sind (s. GUSEK, BUSS und WARTENBERG, 1963/65); GUSEK und BUSS, 1965/66).

Es wurde dabei keineswegs von der Erwartung ausgegangen, mit diesem Präparat eine gezielte Einwirkung speziell auf die Zirbel erreichen zu können. Der sympathicomimetische Effekt äußert sich an mehreren Organen und konnte auch bei der lichtmikroskopischen Durchuntersuchung der Tiere erfaßt werden. Es kam bei der Wahl dieser Substanz in erster Linie darauf an, bei der reichlichen autonomen Innervation der Zirbel überhaupt mit Sicherheit und über längere Zeit Einwirkungsphänomene zu erzielen.

Lichtmikroskopisch fällt nach Aludrin besonders die hydropische Schwellung des Cytoplasma und die Kernvergrößerung auf. Elektronenmikroskopisch zeigt sich bereits nach einmaliger Applikation von Aludrin das morphische Substrat einer Stoffwechselaktivierung. Besonders die Proteinsynthese scheint gesteigert zu sein, wie sich vor allem aus dem Auftreten langer Ergastoplasmalamellen schließen läßt (s. Abb. 13). Auffällig

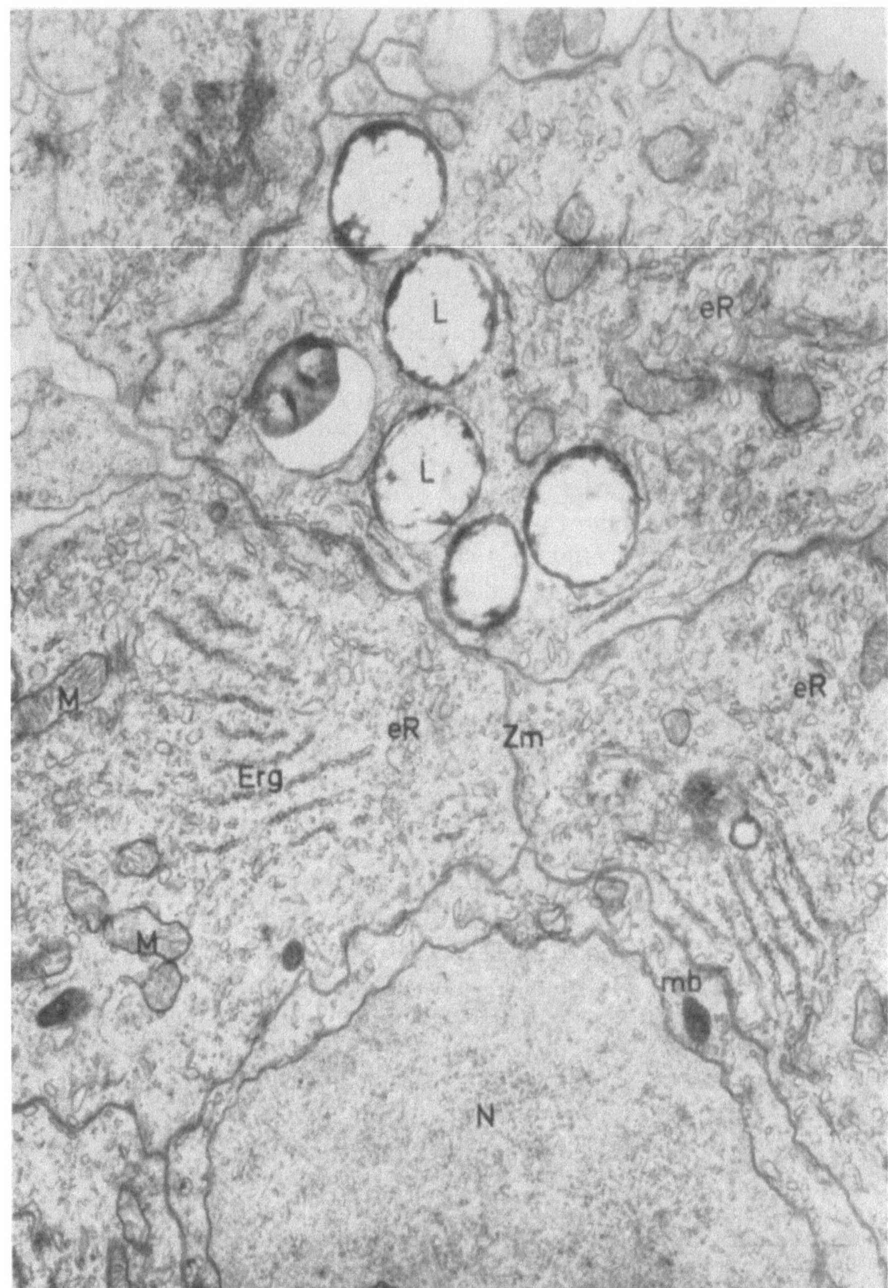

Abb. 13. Pinealzellen nach einmaliger Gabe von 75 mg Aludrin: *N* Nucleus, *Erg* vermehrte Ergastoplasma-Doppelmembranen, *L* partiell entleerte Liposomen, *mb* „microbodies", *M* Mitochondrien, *eR* Vesikel des endoplasmatischen Reticulum der glatten und rauhen Form, *Zm* Zellmembranen. Archiv-Nr. 2075/63. Vergr. 24400:1

ist auch die mottenfraßartige Ausschüttung der Liposomen, die auf Substanzverbrauch oder Substanzabgabe deutet; nach 7 Tagen bieten sie, vielleicht als Folge einer gestörten Synthese, einen granulären Aufbau.

Das Ergastoplasma ist jetzt sackförmig umgewandelt und enthält Eiweißpräcipitate, die Mitochondrien sind hyalin geschwollen.

Diese an den allgemeinen Zellorganellen festzustellenden Effekte werden keineswegs für spezifisch angesehen (GUSEK u. Mitarb., 1963/66), da sie sich nach Aludrin auch an anderen Organen, beispielsweise an den Speicheldrüsen (SEIFERT, 1962), beobachten lassen. Dennoch sind sie wichtig als Ausdruck einer adrenergischen Ansprechbarkeit dieses peripheren Organs.

Es ist aber zu fragen, welche Bedeutung dem partiellen optischen Schwund (vgl. Abb. 13) der Lipoidkörper zukommen könnte und welche Anhaltspunkte es für den Verbleib der freigewordenen Substanzen gibt.

Da es sich dem cytomorphologischen Substrat nach um eine offenbare Zellstoffwechselstimulierung handelt, könnte möglicherweise eine Assimilation der Lipoidstoffe durch den gesteigerten Zellmetabolismus diskutiert werden, wenn man annehmen will, daß die Lipoidgranula lediglich paraplasmatische, jetzt in Anspruch genommene Stoffwechselreservesubstanzen darstellen.

Andererseits läßt sich jetzt bedeutend häufiger eine Ausschleusung globoider Lipoidsubstanzen in den perivasculären Raum beobachten. Bedeutung findet dabei nach GUSEK et al. (1963/65) (s. dort Abb. 3a) die Anwesenheit dieser Substanz in den als Nervenfortsätze deklarierten Vesikeltragenden Endkolben bei gleichzeitigem Vorhandensein der kleinen, ca. 250 Å großen intravesiculären Katecholamin-Granula. Es ist zu erwägen, ob es sich hierbei nur um eine zufällige Permeation lipoider Substanzen oder möglicherweise um einen Vorgang einer überstürzten massiven Cytokrinie dieser Stoffe in das autonome Nervensystem handelt, wie es ähnlich von WARTENBERG und GUSEK (1963) für die feinen Granula erwogen wurde, die sich in der Kaninchenzirbel frei im Cytoplasma der Zellen des dunklen Typs erkennen lassen.

Die letztere Annahme wird durch adäquate fluorescenzmikroskopische Untersuchungen von BERTLER, FALCK und OWMAN (1964) erhärtet: nach Applikation von Noradrenalin konnte in den Pinealzellen eine starke Reduzierung des Gehaltes von 5-Hydroxytryptamin, in den Nervenendigungen dagegen eine Erhöhung des Serotonins beobachtet werden.

Darüber hinaus deuten die ebenfalls nach mehreren Versuchstagen recht oft und deutlich in den Gefäßwänden vorhandenen osmiophilen Ablagerungen (s. GUSEK et al., 1963; Abb. 9a) auf eine Abgabe dieser Substanz in die Blutbahn.

Wenngleich der letztere Befund überwiegt, scheinen immerhin beide Möglichkeiten gegeben zu sein, bzw. die elektronenmikroskopisch-morphologischen Substrate zwingen, die Frage eines ebenfalls möglichen neurogenen Transportmechanismus zu diskutieren und zu überprüfen.

Unter Voraussetzung solcher Annahme eines möglichen hämatogenen *und* neurogenen Abtransportes der Lipoidsubstanzen wäre gleichzeitig zu erwägen, ob es sich in beiden Fällen um eine chemisch einheitliche Substanz oder ob es sich jeweils um verschiedene Wirkstoffe handeln kann, die lediglich elektronenoptisch nicht differenzierbar sind. Zu denken wäre hierbei an die oben (S. 129) erwähnte Diskussion um das Melatonin als „Neurohormon".

Jedenfalls ist auch nach diesen Befunden erneut die Annahme nicht unwahrscheinlich, daß die großen Lipoidgranula offenbar wesentlich engere Beziehungen zur Funktion der Zirbel aufweisen als früher allgemein angenommen und nachgewiesen wurde.

Wie weiter oben ausgeführt, wurde der Epiphysis cerebri u. a. seit langem eine — heute ziemlich gesicherte — antigonadotrope Wirkung zugesprochen.

Noch nicht abgeklärt ist dabei die Frage, ob die Teilnahme der Zirbel an der neuroendokrinen Regulation des Reproduktionssystems der Vertebraten durch eine direkte Beeinflussung der Gonaden erfolgt oder auch durch eine indirekte Beeinflussung via Hypophyse infolge Hemmung der gonadotropen Hypophysenfunktion vor sich geht (vgl. Borell und Örström, 1947; Wurtman, Roth, Altschule und Wurtman, 1961; Moskowska, 1965).

Durch folgende Versuche wurden weitere allgemein-morphologische und möglicherweise endokrinologisch verwertbare feinmorphologische Anhaltspunkte zur Frage der wahrscheinlichen Wechselwirkung Zirbel und Genitaltrakt erhofft:

1. Durch Gabe des Choriongonadotropins Prolan (Gusek und Buss, 1965/66);

2. durch Ovarektomie (Clementi et al., 1965, Gusek und Buss, 1965/66);

3. durch Ovarektomie und Gabe von Prolan, um den eventuellen Einfluß der Gonaden zu kontrollieren (Gusek und Buss, 1965/66);

4. durch Oestrogen-Implantation (Clementi et al., 1965).

Wenn eine Wechselwirkung zwischen der Zirbel und dem Genitaltrakt-Hypophysensystem besteht und sich diese Wechselwirkung in einem Antagonismus (vgl. Thieblot und Blaise, 1965; Moszkowska, 1965) zwischen Gonadotropinwirkung und Zirbelfunktion ausdrückt, durfte man erwarten, daß nach exogener Erhöhung des Gonadotropinspiegels die Epiphysis ihre Tätigkeit steigert.

Eine solche Funktionssteigerung konnte aufgrund der veränderten Feinstruktur und Histochemie der Pinealzellen demonstriert werden (Gusek und Buss, 1965/66). Und zwar zeigen sich nach Applikation von Prolan Veränderungen an den Pinealocyten, die in zwei Stadien nacheinander ablaufen: nach einwöchiger Prolan-Applikation kommt es zunächst zu einer geringen, nach 2 Wochen zu einer deutlichen Aktivierung der Zellorganellen.

Es tritt eine zunehmende Vermehrung, durchschnittliche Vergrößerung und Verdichtung der Mitochondrien auf. Das rauhwandige endoplasmatische Reticulum und die freien Ribosomen sind vermehrt. Auffallend ist die Vergrößerung und Vermehrung der vorher klein und spärlich gewesenen Golgi-Apparate. Die Liposomen sind vergrößert.

Wie oben diskutiert wurde, könnte das antigonadotrope Melatonin wie auch sein Vorläufer Serotonin in den Liposomen enthalten sein (vgl. Csillik, 1963; de Martino et al., 1963; Gusek u. Mitarb., 1965/66; Buss u. Gusek, 1965). Unter diesem Gesichtspunkt wäre die deutliche Vermehrung des Lipoidgehaltes als Ausdruck einer kompensatorisch gesteigerten Sekretproduktion zu werten (vgl. Tabelle 3 und Abb. 14).

Nach drei- und vierwöchiger Prolangabe besteht ebenfalls noch das Bild der Zellaktivierung, doch haben sich Gestalt und quantitatives Verhältnis der Zellorganellen etwas gewandelt:

Die Mitochondrienzahl pro Zelle ist unterschiedlich, die Größe augenscheinlich geringer. Anstatt des rauhwandigen endoplasmatischen Reticulum enthalten viele Zellen oft zahlreiche ergastoplasmatische Doppelmembranen. Die Ribosomenzahl ist hoch, die Nucleoli sind vergrößert. Die Proteinsynthese scheint demnach gesteigert.

Die Prominenz der Golgi-Apparate tritt dagegen zurück. Auffällig ist gleichzeitig die blasige Umgestaltung und Ausschwemmung der Liposomen. Vermehrt sind „Lysosomen", "microbodies" und "multivesicular bodies"; alle diese Elemente lassen nach unseren heutigen Kenntnissen auf eine Anreicherung hydrolytischer Fermente schließen. Tatsächlich ist zu diesem Zeitpunkt die Aktivität der sauren Phosphatase gegenüber den Pinealzellen unbehandelter Tiere deutlich erhöht (s. Abb. 4 in Gusek und Buss, 1966).

Ähnliche Veränderungen finden sich auch nach Ovarektomie und besonders nach Ovarektomie plus Prolangabe, nur mit dem Unterschied, daß die Zahl der Liposomen nicht wesentlich beeinflußt zu sein scheint; wohl aber kommen besonders große Exemplare vor. Nach Ovarektomie allein bleibt der Lipoidgehalt zunächst vermindert (Abb. 14) trotz offenbar gesteigerter Zellaktivität (vgl. dagegen Clementi et al., 1965; Zweens, 1965).

Die nach mehrwöchiger Prolanbehandlung einsetzende Entleerung der Liposomen und Abfall des quantitativen Lipoidgehaltes (vgl. Abb. 14) kann als Folge der konsekutiv erhöhten Oestrogenproduktion in den Ovarien gedeutet werden, da Choriongonadotropin bekanntlich die Oestrogenbildung in den Zellen der Theca interna des Follikels stimuliert.

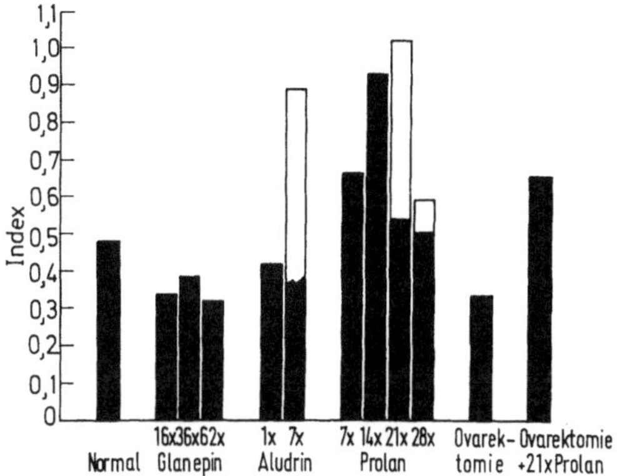

Abb. 14. Quantitativer Vergleich des Lipoidgehaltes der Pinealocyten in den einzelnen Versuchsreihen (Methode bei Buss, 1965): Abnahme nach Glanepin; Verringerung nach Aludrin [kein exakter Wert, da die partielle „mottenfraßartige" Granulastruktur (s. Abb. 13) keine genauen Meßwerte erlaubte]; deutlicher Anstieg bis zur zweiten Woche der Prolanbehandlung. mit der dritten Woche Abnahme wegen hochgradiger Ausschwemmung der Liposomen. Die weiß ausgezogene Säule bezieht sich auf den Umfang der Liposomen, die schwarze Säule auf den absoluten osmiophilen Anteil. Während nach Ovarektomie der Lipoidgehalt sogar etwas erniedrigt ist, zeigt er sich nach Ovarektomie mit zusätzlicher Prolangabe wieder erhöht

Diese Interpretation wird einerseits durch histologisch nachweisbare Funktionssteigerungen der Ovarien unterstützt. Andererseits wird diese Deutung (Gusek und Buss, 1965/66) dadurch gefestigt, daß nach Ovarektomie bei gleichzeitiger Prolangabe die Liposomenausschwemmung nicht auftrat — weil eine kompensatorische Oestrogenproduktion in den Ovarien ja nicht mehr stattfinden kann — (vgl. Abb. 14). Quay (1957), Clementi et al. (1965) sowie Zweens (1965) sahen nach Oestradiolgabe ebenfalls einen Abfall der Lipoidmenge in der Epiphysis. Die zeitliche Verschiebung der Lipoidausschüttung in den Versuchen von Gusek und Buss (1965/66) gegenüber den direkt mit Oestradiol durchgeführten Versuchen von Quay (1957) und Zweens (1965) erklärt sich dadurch, daß das Prolan zunächst die Oestrogenproduktion anregen muß, bevor dieses quantitativ zur Wirkung kommen kann.

Daß die Erhöhung des Lipoidgehaltes nach alleiniger Ovarektomie in den Versuchsreihen von Gusek und Buss (1965) im Vergleich zu Zweens (1965) sowie Clementi et al. (1965) nicht eintrat, kann auf das höhere Alter der Versuchstiere zurückgeführt werden.

Gleichzeitig unterstützen die Resultate an kastrierten Tieren die Annahme einer Wechselwirkung von Oestrogen und Epiphysis (s. bei Kitay und Altschule, 1954).

Die letzterwähnten Ergebnisse ergeben zusammenfassend, daß die nach exogener Erhöhung des Gonadotropinspiegels erwartete kompensatorische Tätigkeitssteigerung der Zirbeldrüse nachgewiesen werden konnte. Beson-

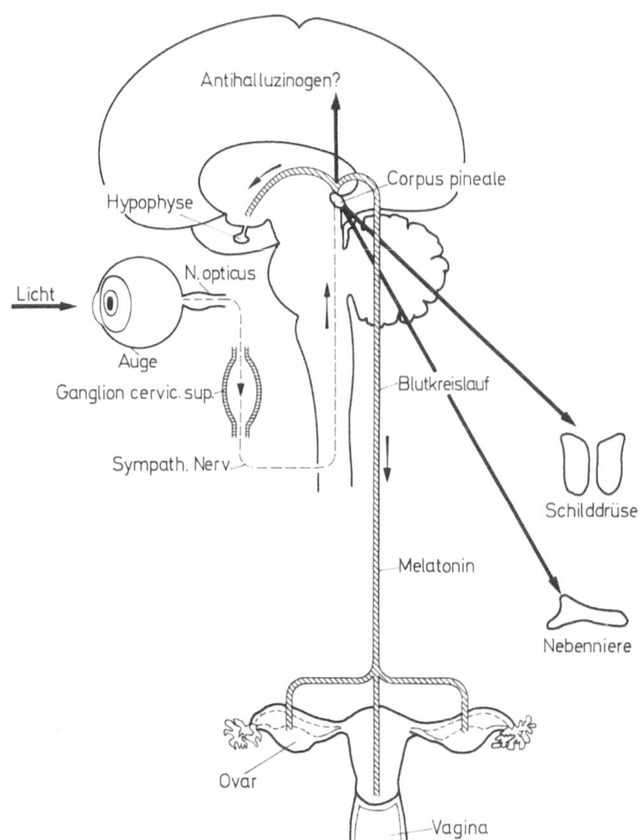

Abb. 15. Nach Wurtman und Axelrod (1965) modifiziertes und erweitertes Schema über die Organotropie der Zirbelfunktion und über den Funktionsweg, welchen der Lichteinfluß auf den Oestrus der Ratte ausübt

ders die Liposomen, die wahrscheinlich den Ort des diskutierten Epiphyseninkrets repräsentieren, sind in allen Versuchsreihen verändert. Der Wert dieser Ergebnisse kann synoptisch in der schon früher, auch vom Verfasser, geäußerten Meinung gesehen werden, daß die Epiphysis cerebri ein endokrin aktives und ansprechbares Organ ist. Darüber hinaus wird auch durch die feinmorphologische Reaktion auf Prolan die Annahme einer direkten antigonadotropen Funktion der Zirbeldrüse erhärtet.

7. Schlußbetrachtung

Die zusammenfassende Bewertung der angeführten Ergebnisse führt derzeitig zu folgenden Schlußfolgerungen:

Die Epiphysis cerebri der Säuger besteht in der Hauptsache aus gut strukturierten vielgestaltigen Pinealzellen. Auch biochemisch und histochemisch erweist es sich als ein vom übrigen Hirngewebe funktionell abgegrenztes Organ mit bemerkenswerter differenzierter Fermentausrüstung, mit beachtlichem Baustoffwechsel und reichlich biogenen Aminen. Hinsichtlich Organaufbau, Capillarstruktur und perivasculärem Spaltraum bestehen nach den vorliegenden Daten meistens architektonische Gemeinsamkeiten mit anderen innersekretorischen Drüsen.

Für eine sekretorische Tätigkeit sprechen neben cytomorphologischen Substraten auch die nachweisbaren Substanzausschleusungen; in der Art der Sekretion bestehen besonders bei der Ratte Parallelen zur Hypophyse, in Gestalt und Genese der „Liposomen" zur Nebenniere.

In der Epiphysis wird ein organspezifisches Hormon (Melatonin) gebildet, das eine zum melanocytenstimulierenden Hypophysenhormon antagonistische Wirkung, aber auch eine antigonadotrope Wirkung entfaltet.

Die Liposomen sind höchstwahrscheinlich von funktioneller Bedeutung und wahrscheinlich Speicherort der Inkrete. Biochemie und Ultramorphologie sprechen heute dafür, daß die Epiphyse im Zusammenspiel mit der Hypophyse zu den wichtigsten innersekretorischen Regulationszentren gehört.

Literatur

ALTIERI, A., u. F. SORRENTINO: Wirkung der Epiphysen-Extrakte auf den menschlichen Hoden. Urol. internat. (Basel) 2, 350—360 (1956).

ALTSCHULE, M. D.: Some effects of aqueous extracts of acetone-dried beef-pineal substance in chronic schizophrenia. New Engl. J. med. 257, 919—922 (1957).

— Scope 4, 1 (1958).

—, and J. N. GIANCOLA: Pineal-like effects of central nervous system tissue extracts. Proc. Soc. exp. Biol. (N. Y.) 104, 399—401 (1960).

— E. P. SIEGEL, R. M. GONCZ, and J. P. MURNANE: Effect of pineal extracts on blood glutathione level in psychotic patients. Arch. Neurol. Psychiat. (Chic.) 71, 615—618 (1954).

ANDERSON, E.: Some cytological observations on the fine structure of a mammalian pineal organ. Anat. Rec. 136, 328—329 (1960).

— Some fine structural features of the pineal body. Amer. Zool. 2, 386 (1962).

— The anatomy of bovine and ovine pineals. Light and electron microscopic studies. J. Ultrastruct. Res., Suppl. 8, 1—80 (1965).

ARSTILA, A. U.: Electron microscopic studies on the structure and histochemistry of the pineal gland of the rat. Med. Diss. Turku 1966.

—, and V. K. HOPSU: Studies on the rat pineal gland. I. Ultrastructure. Ann. Acad. Sci. fenn. A.V. 113, 1—21 (1964).

ARUTYUNYAN, G. S., M. D. MASAKOWSKII, and L. F. ROSHCHINA: Pharmacological properties of melatonin. Fed. Proc. 23, T 1330— T 1332 (1964).

ARVY, A.: Contribution á la connaissance de la glande pinéale de Bos taurus L., d'Ovis aries L. et de Sus scrofa L. C. R. Acad. Sci. (Paris) 253, 1361—1363 (1961).

— Activités enzymatiques histochemiquement décelables dans la glande pinéale, chez quelques artrodactyles. In: Ariens KAPPERS, J., and J. P. SCHADÉ (Red.): Structure and function of the epiphysis cerebri, p. 473—475. Amsterdam-London-New York: Elsevier Publ. Co. 1965.

AXELROD, J., and H. WEISSBACH: Enzymatic O-methylation of N-acetyl-serotonin to melatonin. Science 131, 1312 (1960).

— R. J. WURTMAN, and CH. M. WINGET: Melatonin synthesis in the hen pineal gland and its control by light. Nature (Lond.) 201, 1134—1135 (1964).

BAGNARA, J. T.: Control of melanophores in amphibians. In: G. DELLA PORTA and O. MÜHLBOCK (eds.), Structure and control of the melanocyte. Berlin-Heidelberg-New York: Springer 1966.

BARBAROSSA, C., e V. PENDE: Fisiopatologia e clinica della ghiandola pineale. 6. Congr. Nazionale, Società Italiana di Endocrinologia, Bari 1956.

BARCHAS, J., F. DA COSTA, and S. SPECTOR: Acute pharmacology of melatonin. Nature (Lond.) 214, 919—920 (1967).

BARCHAS, J. D., and A. B. LERNER: Localization of melatonin in the nervous system. J. Neurochem. 11, 489—491 (1964).

BARGMANN, W.: Die Epiphysis cerebri. In: W. v. MÖLLENDORFF (Hrsg.), Handbuch der mikroskopischen Anatomie des Menschen, Bd. VI/4. Berlin: Springer 1943.

Bargmann, W.: Epiphysis cerebri. In: P. Cohrs, R. Jaffé u. H. Meessen, Pathologie der Laboratoriumstiere, S. 459—466. Berlin-Göttingen-Heidelberg: Springer 1958.

Bartheld, F. v., and J. Moll: The vascular system of the mouse epiphysis with remarks on the comparative anatomy of the venous trunks in the epiphyseal area. Acta anat. (Basel) 22, 227—235 (1954).

Bayerová, G., u. A. Bayer: Beitrag zur cytochemischen Charakteristik einiger Zellarten in der menschlichen Epiphyse. Acta histochem. (Jena) 10, 276—285 (1960).

— Beitrag zur Fermenthistochemie der menschlichen Epiphyse. Acta histochem. (Jena) 28, 169—173 (1967).

— — u. M. Obručník: Zur Frage der fluorescenz- und polarisationsmikroskopischen Untersuchungen an der menschlichen Epiphyse. Acta histochem. (Jena) 14, 276—283 (1962).

Belt, W. D., and D. C. Pease: Mitochondrial structures in sites of steroid secretion. J. biophys. biochem. Cytol. 2, Suppl., 369—374 (1956).,

Bennet, H. S., J. H. Luft, and J. C. Hampton: Morphological classifications of vertebrate blood capillaries. Amer. J. Physiol. 196, 381—390 (1959).

Berblinger, W.: Handbuch der speziellen pathologischen Anatomie und Histologie, Bd. 8, Drüsen mit innerer Sekretion. Berlin 1926.

Bergmann, W., u. P. Engel: Über den Einfluß von Zirbelextrakten auf Tumoren bei weißen Mäusen und bei Menschen. Wien. klin. Wschr. 62, 79—82 (1950).

Bertler, Å., B. Falck, and C. Owman: Cellular localization of 5-hydroxytryptamine in the rat pineal. Kgl. Fysiogr. Sällsk. Lund. Förhdl. 33, 13—16 (1963).

— — — Studies on 5-hydroxytryptamine stores in pineal gland of rat. Acta physiol. scand. 63, Suppl. 239 (1964).

Borell, U., and A. Örström: Metabolism in different parts of the brain, especially in the epiphysis, measured with radioactive phosphorus. Acta physiol. scand. 10, 231—242 (1945).

— — The turnover of phosphate in the pineal body compared with that in other parts of the brain. Biochem. J. 41, 398—403 (1947).

— — Of the function of the pineal body. Acta physiol. scand. 13, 62—71 (1947).

Bostelmann, W.: Beitrag zur Kenntnis der Epiphysis cerebri unter Berücksichtigung ihrer Zytochemie. Wiss. Z. Univ. Rostock 12, 437—453 (1963).

— Beitrag zur submikroskopischen Zytologie der Epiphysis cerebri und zur experimentellen Beeinflussung ihrer Zellelemente. Zbl. allg. Path. path. Anat. 107, 430—440 (1965).

—, u. A. Bienengräber: Enzymhistochemie der Epiphysis cerebri des Kaninchens. Acta neuropath. (Berl.) 2, 461—469 (1963).

Brewer, G. F., and W. B. Quay: Pineal and hypophyseal phosphate uptake after castration and administration of sex hormones. Proc. Soc. exp. Biol. (N.Y.) 98, 361—364 (1958).

Bugnon, C., et N. Moreau: Recherches sur l'antagonisme épiphyso-hypophysaire et la glande thyroide chez le rat blanc. Extrait Bull. Ass. des Anatomistes. 48e Réunion, Toulouse 1962.

Buss, H.: Vergleichende licht- und elektronenmikroskopische Untersuchungen zur orthologischen und experimentell variierten Feinstruktur der Epiphysis cerebri der Ratte. Med. Diss. Hamburg 1965.

—, u. W. Gusek: Zur Ultrastruktur der Epiphysis cerebri der Ratte unter dem Einfluß von Noradrenalin und Niamid. Endokrinologie 48, 76—94 (1965).

Cassano, C., e A. Torsoli: Studi su l'epifisi. Indagini nell'animale da esperimento e nell'uomo. Folia endocr. (Roma) 14, 755—790 (1961).

Chu, E., R. J. Wurtman, and J. Axelrod: An inhibitory effect of melatonin on the estrous phase of the estrous cycle in rodents. Endocrinology 75, 238—242 (1964).

Clementi, F., F. Fraschini, E. Müller, and A. Zanoboni: The pineal gland and the control of electrolyte balance and of gonadotropic secretion: functional and morphological observations. In: J. A. Kappers and J. P. Schadé (eds.), Progress in brain research, vol. 10: Structure and function of the Epiphysis cerebri, p. 585—603. Amsterdam: Elsevier Publ. Co. 1965.

— E. Müller, and A. Zanoboni: Pineal function and modifications of its ultrastructural aspects. Proc. second int. contr. of endocrinology, Lond. 1964, p. 364—374.

Csaba, G., J. Kiss, and M. Bodoky: The effect of pinealectomy on the Ca and SO_4 turnover of the lymphatic organs. Experientia (Basel) 23, 148—149 (1967).

Csillik, B.: Monoamines in pinealocytes. J. Cell Biol. 19, 17 A (1963).

Czyba, J. C., C. Girod et N. Durand: Sur l'antagonisme épiphyso-hypophysaire et les variations saisonnières de la spermatogénèse chez le hamster doré (Mesocricetus auratus). C. R. Soc. Biol. (Paris) 158, 742—745 (1964).

DAS GUPTA, T. K., and J. TERZ: Influence of pineal body on melanoma of hamsters. Nature (Lond.) **213**, 1038—1040 (1967).

DAVID, M., E. BERNARD-WEIL et D. DILENGE: Les tumeurs de la glande pinéale. Ann. Endocr. (Paris) **24**, 287—330 (1963).

DEMPSEY, E. W.: Variations in the structure of mitochondria. J. biophys. biochem. Cytol. **2**, Suppl., 305—312 (1956).

DE ROBERTIS, E., and A. PELLEGRINO DE IRALDI: Plurivesicular secretory processes and nerve endings in the pineal gland of the rat. J. biophys. biochem. Cytol. **10**, 361—372 (1961).

—, and D. SABATINI: Mitochondrial changes in the adrenocortex of normal hamsters. J. biophys. biochem. Cytol. **4**, 667—673 (1958).

DIMITROVA, Z.: Recherches sur la structure de la glande pinéale chez quelques mammifères. Névraxe **2**, 259—321 (1901).

DUNCAN, D., and G. MICHELETTI: Notes on the fine structure of the pineal organ of rats. Tex. Rep. Biol. Med. **24**, 576—587 (1966).

EAKIN, R. M., R. C. STEBBINS, and D. C. WILHOFT: Effects of parietal-ectomy and sustained temperature on thyroid of lizard (Sceloporus occidentalis). Proc. Soc. exp. Biol. (N.Y.) **101**, 162—164 (1959).

—, and J. A. WESTFALL: Fine structure of the retina in the reptilian third eye. J. biophys. biochem. Cytol. **6**, 133—134 (1959).

ENGEL, P., u. W. BERGMANN: Die physiologische Funktion der Zirbeldrüse und ihre therapeutische Anwendung. Z. Vitamin-, Hormon- u. Fermentforsch. **4**, 564—594 (1952).

FARINA, C.: Sopra gli inclusi nucleari e sulla natura e genesi dei pigmenti della pineale umana. Boll. Soc. ital. Biol. sper. **15**, 1219—1221 (1940).

—, e B. RINDI: Osservazioni sulle mastzellen della pineale umana. Ateneo parmense **13**, 393—411 (1941).

FARQUHAR, M. G.: Fine structure and function in capillaries of the anterior pituitary gland. Angiology **12**, 270—292 (1961).

FARRELL, G.: Regulation of aldosterone secretion. Physiol. Rev. **38**, 709—728 (1958).

— Adrenoglomerulotropin. Circulation **21**, 1009—1015 (1960).

— Aldosterone. Symposium Prague 1963 (E. E. BAULIEU and P. ROBEL (eds.), p. 243. Oxford (England): Blackwell Sci. Publ. 1964.

—, and W. M. MCISAAC: Adrenoglomerulotropin. Arch. Biochem. **94**, 543—544 (1961).

FASSBENDER, E.: Topographie und mikroskopisch-anatomischer Feinbau der Epiphysis cerebri des Pferdes. Morph. Jb. **103**, 475—483 (1962).

FISKE, V. M., G. K. BRYANT, and J. PUTNAM: Effect of light on the weight of the pineal in the rat. Endocrinology **66**, 489—491 (1960).

—, and H. H. LAMBERT: Effect of light on the weight of the adrenal in the rat. Endocrinology **71**, 667—668 (1962).

FRAUCHIGER, E.: Vergleichendes zum Fragenkreis über die Epiphyse. Psychiat. et Neurol. (Basel) **64**, 188—191 (1961).

— Altes und Neueres über die Zirbeldrüse (Epiphysis cerebri). Schweiz. Arch. Tierheilk. **105**, 183—194 (1963).

—, u. K. SELLEI: Dünnschichtchromatographie der Lipoide in der Glandula pinealis. Schweiz. Arch. Neurol. Psychiat. **98**, 240—243 (1966).

FUJITA, H.: An electron microscopic study of the adrenal cortical tissue of the domestic fowl. Z. Zellforsch. **55**, 80—88 (1961).

—, and J. F. HARTMANN: Electron microscopy of neurohypophysis in normal, adrenalin-treated, and pilocarpine-treated rabbits. Z. Zellforsch. **54**, 734—763 (1961).

GARDNER, J. H.: Innervation of pineal gland in hooded rats. J. comp. Neurol. **99**, 319—330 (1953).

GEINITZ, W.: Ergebnisse der Zirbeldrüsenforschung. Fortschr. Med. **81**, 357—362 (1963).

GEREBTZOFF, M. A.: Cholinesterases. A histochemical contribution to the solution of some functional problems. New York: Pergamon Press 1959.

GIACOMELLI, F.: Über Veränderungen der Nebennierenrinde nach Pinealektomie. Endokrinologie **42**, 144—150 (1962).

GIARMAN, N. J., and M. DAY: Presence of biogenic amines in the bovine pineal body. Biochem. Pharmacol. **1**, 235 (1958).

GITTES, R. F., and E. W. CHU: Reversal of the effect of pinealectomy in female rats by multiple isogenic pineal transplantants. Endocrinology **77**, 1061—1067 (1965).

GODINA, G.: Sulla fine struttura dell'epiphysis cerebri di alcuni mammiferi domestici. Arch. ital. Anat. Embriol. **40**, 459—490 (1938).

Gusek, W.: Beitrag zur Struktur und funktionellen Einordnung der Epiphysis cerebri. Vortrag Ver.igg Path. Anat. Hamburg 8.12.1961. Zbl. allg. Path. path. Anat. **103**, 420—421 (1962).
— Vergleichende licht- und elektronenmikroskopische Untersuchungen menschlicher Hypophysenadenome bei Akromegalie. Endokrinologie **42**, 257—283 (1962).
— Alte und neue Kenntnisse zur Struktur und Funktion der Zirbeldrüse. Vortrag Traditionssitzung des Vereins für Wissenschaftliche Heilkunde Königsberg (Pr.), zusammen mit der Med. Ges. Göttingen 26.5.1967. Klin. Wschr. **45**, 1261/2 (1967).
—, u. H. Buss: Über den experimentellen Strukturwandel der Zirbeldrüse und seine Interpretation. Vortrag Tagg Nord- u. Westdtsch. Pathologen 22.—24.10.1965 Hannover. Zbl. allg. Path. path. Anat. **109**, 452—453 (1966).
— — Morphologie und histochemische Veränderungen der Zirbeldrüse unter dem Einfluß von Prolan und nach Ovarektomie. Frankfurt. Z. Path. **75**, 172—186 (1966).
— — u. H. Wartenberg: Weitere Untersuchungen zur Feinstruktur der Epiphysis cerebri normaler und vorbehandelter Ratten. Int. Round Table Conf. on the Epiphysis cerebri, Amsterdam 1963. In: J. A. Kappers and J. P. Schadé (eds.), Progr. in brain res., vol. 10: Structure and function of the epiphysis cerebri, p. 317—330. Amsterdam: Elsevier Publ. Co. 1065.
—, u. A. Santoro: Elektronenoptische Beobachtungen zur Ultramorphologie der Pinealzellen bei der Ratte. Biol. lat. (Milano) **13**, 451—464 (1960).
— — Zur Ultrastruktur der Epiphysis cerebri der Ratte. Endokrinologie **41**, 105—129 (1961).
Gutzeit, R.: Ein Teratom der Zirbeldrüse. Med. Diss. Königsberg 1896.
Hager, H.: Elektronenmikroskopische Untersuchungen über die Feinstruktur der Blutgefäße und perivasculären Räume im Säugetiergehirn. Acta neuropath. (Berl.) **1**, 9—33 (1961).
Hartmann, F.: Über die Innervation der Epiphysis cerebri einiger Säugetiere. Z. Zellforsch. **46**, 416—429 (1957).
Heinecke, H.: Kernkugeln in den Parenchymzellen der Schweineepiphyse. Z. mikr.-anat. Forsch. **65**, 282—288 (1959).
Heiniger, H. J.: Histochemische Untersuchungen über den Ribonucleingehalt der Pineocyten der Glandula pinealis bei Schwein und Mensch. Acta neuropath. (Berl.) **4**, 340—344 (1965).
Hoffmann, R. A., and R. J. Reiter: Pineal gland: Influence on gonads of male hamsters. Science **148**, 1609—1611 (1965).
Hofstätter, R.: Beitrag zur therapeutischen Verwendung von Zirbelextrakten. Wien. klin. Wschr. **62**, 338—339 (1950).
Hollmann, P.: Über Herkunft und Bedeutung der gliösen Elemente in der Epiphysis cerebri. Untersuchungen an Haussäugetieren. Zbl. Vet.-Med., Ser. A **10**, 203—226 (1963).
Holmgren, U.: Secretory material in the pineal body as shown by aldehyde fuchsin following performic acid oxidation. Stain Technol. **33**, 148—149 (1958).
Hopsu, V. K., and A. U. Arstila: An apparent somato-somatic synaptic structure in the pineal gland of the rat. Exp. Cell Res. **37**, 484—487 (1965).
Horányi, B.: Das Corpus pineale im Senium. Wien. Z. Nervenheilk. **17**, 129—139 (1960).
— Die Struktur und funktionelle Bedeutung des Corpus pineale. Orv. Hetil. **107**, 1585—1597 (1966).
Hortega Del Rio, P.: Pineal gland. In: W. Penfield (ed.), Cytology and cellular pathology of the nervous system, vol. 2, p. 637—703. New York: Hoeber 1932.
Hülsemann, M.: Vergleichende histologische Untersuchungen über das Vorkommen von Gliafasern in der Epiphysis cerebri von Säugetieren. Acta anat. (Basel) (1967) **66**, 249—278 (1967).
Hungerford, G. F., and N. M. Panagiotis: Response of pineal lipid to hormone imbalances. Endocrinology **71**, 936—942 (1962).
Ippen, H.: Das Zirbeldrüsenhormon Melatonin und die zentrale Pigmentsteuerung. Dtsch. med. Wschr. **86**, 307—314 (1961).
Ishibashi, T., D. W. Hahn, L. Srivastava, P. Kumaresan, and C. W. Turner: Effect of pinealectomy and melatonin of feed consumption and thyroid hormone secretion rate. Proc. Soc. exp. Biol. (N.Y.) **122**, 644—647 (1966).
Jouan, P., A. Garreau et Samperez: Extraction et séparation des peptides de la glande pinéale du mouton. Ann. Endocr. (Paris) **26**, 535—543 (1965).
—, et S. Samperez: Recherches sur la spécifité d'action de la 5-hydroxytryptamine vis-à-vis de la sécrétion in vitro de l'aldostérone. Ann. Endocr. (Paris) **25**, 70—75 (1964).

JOUAN, P., et S. SAMPEREZ: Étude de la sécrétion des corticosteroides et de l'hormone adrénocorticotrope hypophysaire chez le rat epiphysectomisé. In: J. A. KAPPERS and J. P. SCHADÉ (eds.), Progr. in brain res., vol. 10, Structure and function of the epiphysis cerebri, p. 604—611. Amsterdam: Elsevier Publ. Co. 1965.

JUSZKIEWICZ, T., and Z. RAKALSKA: Anti-oestrogenic effects of bovine pineal glands. Nature (Lond.) 200, 1329—1330 (1963).

KAPPERS, J. A.: The development, topographical relations, and innervations of the epiphysis cerebri in the albino rat. Z. Zellforsch. 52, 163—215 (1960).

— Die Innervation der Epiphysis cerebri der Albinoratte. Acta neuroveg. (Wien) 23, 111—114 (1961).

—, and J. P. SCHADÉ: Structure and function of the Epiphysis cerebri. In: Progress of brain research, vol. 10. Amsterdam: Elsevier Publ. Co. 1965.

KELLY, D. E.: Pineal organs: Photoreception, secretion, and development. Amer. Scientist 50, 597—625 (1962).

—, and S. W. SMITH: Fine structure of the pineal organs of the adult frog, Rana pipiens. J. Cell Biol. 22, 653—674 (1964).

KEVORKIAN, J., and W. WESSEL: So-called "nuclear pellets" („Kernkugeln") of pineocytes. Arch. Path. 68, 513—524 (1959).

KITAY, J.: Effect of pinealectomy of ovary weight in immature rats. Endocrinology 54, 114—116 (1954).

KITAY, J. I., and M. D. ALTSCHULE: The pineal gland. A review of the physiologic literature. Cambridge: Harvard University Press 1954.

KRSTIĆ, R.: Veränderungen der Epithelkörperchen der Ratte nach Epiphysektomie. Naturwissenschaften 52, 40—41 (1965).

— Über die Wirkung von Epiphysenextrakt auf die Epithelkörperchen der Ratte. Naturwissenschaften 52, 164 (1965).

— Die Treffermethode in der Messung der Parathyreozyten-Aktivität nach der Epiphysektomie. Experientia (Basel) 22, 336 (1966).

KUROSUMI, K., T. MATSUZAWA, and S. SHIBASAKI: Electron microscope studies on the structures of the pars nervosa and intermedia, and their morphological interrelation in the normal rat hypophysis. Gen. comp. Endocrin. 1, 433—452 (1961).

KUSCHE, P.: Über Ependym und Gliafasern in der Epiphyse der erwachsenen Katze. Z. Zellforsch. 71, 405—414 (1966).

KUTSCHERENKO, B.: Über die Veränderungen der Zirbeldrüse (Epiphysis cerebri) bei bösartigen Geschwülsten. Z. Krebsforsch. 54, 189—195 (1944).

LEDUC, E. H., and G. B. WISLOCKI: The histochemical localization of acid and alkaline phosphatase, non-specific esterase, and succinic dehydrogenase in the structures comprising the hematoencephalic barrier of the rat. J. comp. Neurol. 97, 241—279 (1952).

LERNER, A. B., J. D. CASE, K. BIEMANN, R. V. HEINZELMAN, J. SZMUSZKOVICZ, W. C. ANTHONY, and A. KRIVIS: Isolation of 5-methoxyindole-3-acetic acid from bovine pineal glands. J. Amer. chem. Soc. 81, 5264 (1959).

— —, and R. V. HEINZELMAN: Structure of melatonin. J. Amer. chem. Soc. 81, 6084—6085 (1959).

— —, and Y. TAKAHASHI: Isolation of melatonin and 5-methoxyindole-3-acetic acid from bovine pineal gland. J. biol. Chem. 235, 1992—1997 (1960).

— — — T. H. LEE, and W. MORI: Isolation of melatonin, the pineal gland factor that lightens melanocytes. J. Amer. chem. Soc. 80, 2587 (1958).

LEVER, J. D.: Physiologically induced changes in adrenocortical mitochondria. J. biophys. biochem. Cytol. 2, Suppl. 313—318 (1956).

LIN, H.-S.: Microcylinders within mitochondrial cristae in the rat pinealocyte. J. Cell Biol. 25, 435—443 (1965).

— A peculiar configuration of agranular reticulum (canaliculate lamellar body) in the rat pinealocyte. J. Cell Biol. 33, 15—25 (1967).

LÖBLICH, H. J., u. M. KNEŽEVIĆ: Elektronenoptische Untersuchungen nach akuter Schädigung des Hypophysen-Zwischenhirnsystems. Beitr. path. Anat. 122, 1—30 (1960).

LOMMER, D.: Hemmung der Corticosteroid-11β-hydroxylierung durch einen Extrakt aus Corpus pineale. Experientia (Basel) 22, 122—123 (1966).

LOVENBERG, W., E. JEQUIER, and A. SJOERDSMA: Tryptophan hydroxylation: Measurement in pineal gland, brainstem, and carcinoid tumor. Science 155, 217—219 (1967).

Machado, A. B. M.: Ultrastructure of the pineal body of the newborn rat. Anat. Rec. **154**, 381 (1966).
— L. M. C. Faleiro, and W. D. Da Silva: Study of mast cell and histamine contents of the pineal body. Z. Zellforsch. **65**, 521—529 (1965).
Martino, C. de, F. de Luca, F. M. Paluello, G. Tonietti, and L. Orci: The osmiophilic granules of the pineal body in rats. Experientia (Basel) **19**, 639—641 (1963).
— A. D. Peruzy, P. Pavoni, M. Capone, P. L. Lintas: Captazione del ^{32}PED aspetti istologici della ghiandola pineale nelle varie eta. Folia endocr. (Roma) **15**, 363—369 (1962).
— G. Tonietti, and L. Accini: Electron microscopic study of impuberal and adult rats pineal body. Experientia (Basel) **20**, 556—557 (1964).
McCord, C. P., and F. P. Allen: Evidences association pineal gland function with alterations in pigmentation. J. exp. Zool. **23**, 207—224 (1917).
McGuire, J., and H. Möller: Response of melanocytes of dermis and epidermis to lightening agents. Nature (Lond.) **208**, 493 (1965).
Meyburg, P.: Zur Frage nach der Herkunft der Parenchymzellen des Pinealorgans. Schweiz. Arch. Neurol. Psychiat. **95**, 245—270 (1965).
Meyer, C. J., R. J. Wurtman, M. D. Altschule, and E. A. Lazo-Wasem: The arrest of prolonged estrous in "middle-aged" rats by pineal gland extract. Endocrinology **68**, 795—800 (1961).
Meyer, R.: Über den morphologisch faßbaren Kernstoffwechsel der Parenchymzellen der Epiphysis cerebri des Menschen. Z. Zellforsch. **25**, 83—98 (1937).
Mikami, S., and J. Tohoku: Cytological and histochemical studies of the pineal bodies of domestic animals. J. agricult. Res. **2**, 41—48 (1951).
Milcou, M.: Epifiza–glanda endocrina. Bucuresti: Academici Republici Populare Romine 1957.
Milcou, S. M., et I. Petrea: Caractére secrétoire des cellules de la glande pineale au vue microscope électronique. Ann. Endocr. (Paris) **22**, 902—911 (1961).
Milcu, S.-M., u. I. Milcu: Über ein hypoglykämisch wirkendes Hormon der Zirbeldrüse. Medizinische **1958**, 711—715.
— S. Pavel, and C. Neacsu: Biological and chromatographic characterization of a polypeptide with pressor and oxytocic activities isolated from bovine pineal gland. Endocrinology **72**, 563—566 (1963).
Miline, R.: La part de l'épiphyse dans le syndrôme d'adaptation. Congrès National des Sciences Médicales. Recueil des travaux. Bucarest 1957.
— La part du noyau paraventriculaire dans l'histophysiologie corrélative de la glande thyroide et de la glande pinéale. Ann. Endocr. (Paris) **24**, 255—269 (1963).
— V. Devecerski et R. Krstić: Les modifications épiphysaires dans le stress et en particulier dans les névroses expérimentales d'effroi. Symposium int. sur la neuro-endocrinologie 1966, p. 229—256.
—, et R. Krstić: Sur l'histophysiologie corrélative de la glande pinéale et des glandes parathyreoides. Z. Zellforsch. **69**, 428—437 (1966).
—, et M. Scepovic: La part du complexe habénulo-épiphysaire dans l'histophysiologie de la glande thyroide. Ann. Endocr. (Paris) **20**, 511—518 (1959).
— P. Stern, M. Ciglar u. S. Huković: Beitrag zur Erforschung der antiandrogenen Funktion der Pinealdrüse. Naturwissenschaften **46**, 477—478 (1959).
Milofsky, A. H.: The fine structure of the pineal in the rat, with special reference to parenchyma. Anat. Rec. **127**, 435—436 (1957).
Moore, R. Y., A. Heller, R. J. Wurtman, and J. Axelrod: Visual pathway mediating pineal response to environmental light. Science **155**, 220—223 (1967).
Moreau, N.: Contribution à l'étude de certaines corrélations endocriennes de l'épiphyse. Med. Diss. Nancy 1964.
Moszkowska, A.: L'antagonisme épiphyso-hypophysaire. Ann. Endocr. (Paris) **24**, 215—226 (1963).
— Contribution à l'étude du mécanisme de l'antagonisme épiphyso-hypophysaire. In: J. A. Kappers and J. P. Schadé (eds.), Progr. in brain res., vol. 10: Structure and function of the epiphysis cerebri, p. 564—576. Amsterdam: Elsevier Publ. Co. 1965.
Nasr, H., Y. Hamed, and F. A. Soliman: Studies on pineal function. I. The relation between the pineal body and some anterior pituitary hormones in male rabbits. Zbl. Vet.-Med. **8**, 192—200 (1961).
Niemi, M., and M. Ikonen: Histochemical evidence of aminopeptidase activity in rat pineal gland. Nature (Lond.) **185**, 928 (1960).

OKSCHE, A.: Funktionelle histologische Untersuchungen über die Organe des Zwischenhirn-daches der Chordaten. Anat. Anz. 102, 404—419 (1956).
— Optico-vegetative regulatory mechanisms of the diencephalon. Anat. Anz. 108, 320—329 (1960).
— Histologische, histochemische und experimentelle Studien am Subkommissuralorgan von Anuren (mit Hinweisen auf den Epiphysenkomplex). Z. Zellforsch. 57, 240—326 (1962).
— Survey of the development and comparative morphology of the pineal organ. In: J. A. KAPPERS and J. P. SCHADÉ (eds.), Progr. in brain res., vol. 10: Structure and function of the epiphysis cerebri, p. 3—29. Amsterdam: Elsevier Publ. Co. 1965.
—, u. M. v. HARNACK: Elektronenmikroskopische Untersuchungen am Stirnorgan (Frontal-organ, Epiphysenendblase) von Rana temporaria und Rana esculenta. Naturwissen-schaften 49, 429—430 (1962).
—, u. H. KIRSCHSTEIN: Die Ultrastruktur der Sinneszellen im Pinealorgan von Phoxinus laevis L. Z. Zellforsch. 78, 151—166 (1967).
—, u. M. VAUPEL-V. HARNACK: Elektronenmikroskopische Untersuchungen an der Epiphysis cerebri von Rana esculenta L. Z. Zellforsch. 59, 582—614 (1963).
— — Vergleichende elektronenmikroskopische Studien am Pinealorgan. In: J. A. KAPPERS and J. P. SCHADÉ (eds.), Progr. in brain res., vol. 10: Structure and function of the epi-physis cerebri, p. 237—258. Amsterdam: Elsevier Publ. Co. 1965.
— — Elektronenmikroskopische Untersuchungen an den Nervenbahnen des Pinealkomplexes von Rana esculenta L. Z. Zellforsch. 68, 389—426 (1965).
— — Elektronenmikroskopische Untersuchungen zur Frage der Sinneszellen im Pineal-organ der Vögel. Z. Zellforsch. 69, 41—60 (1966).
OROFINO, G.: Ultrastruttura della pineale al microscopic elettronico. Policlinico 70, 179—192 (1964).
OWMAN, CH.: Secretory activity of the fetal pineal gland of the rat. Acta morph. neerl.-scand. 3, 367—394 (1960).
— On the effects of pinealectomy in the fetal rat. A preliminary report. Communications from Dept. of Anat., Univ. of Lund (Sweden), No 2 (1962).
— New aspects of the mammalian pineal gland. Acta physiol. scand. 63, Suppl. 240 (1964).
— Localization of neuronal and parenchymal monoamines under normal and experimental conditions in the mammalian pineal gland. In: J. A. KAPPERS and J. P. SCHADÉ (eds.), Progr. in brain res., vol. 10: Structure and function of the epiphysis cerebri, p. 423—453. Amsterdam: Elsevier Publ. Co. 1965.
PALKOVITS, M., G. INKE u. G. LUKACS: Topographische Beziehungen des menschlichen Sub-kommissuralorgans zur Epiphyse und ihre funktionelle Bedeutung. Endokrinologie 42, 3—4 (1962).
PARHON, C. C., I. POTOP, E. FELIX et V. BOERU: Influenta epitisectomici si a administrării de extract epifisar a supra unor date metabolice privind mineralele (Ca, K, P, si Mg) Lipidele, protidele si glucidele la sobulanul alb adult. Stud. cercet. Endocr. 3, 321—329 (1952).
PAVEL, S.: Evidence for the presence of lysine vasotocin in the pig pineal gland. Endocrino-logy 77, 812—817 (1965).
PELLEGRINO DE IRALDI, A., and E. DE ROBERTIS: Action of reserpine on the submicroscopic morphology of the pineal gland. Experientia (Basel) 17, 122—124 (1961).
— — Ultrastructure and function of catecholamine containing systems. Proc. second. int. Congr. Endocrin., London 1964, p. 355—363.
— L. M. ZIEHER, and E. DE ROBERTIS: The 5-hydroxytryptamine content and synthesis of normal and denervated pineal gland. Life Sci. 9, 691—696 (1963).
PFLUGFELDER, O.: Physiologie der Epiphyse. Verh. dtsch. zool. Ges. 20, 53—75 (1957).
PROBST, A.: Elektronenmikroskopie der Nebennierenrinde bei primärem Aldosteronismus. Beitr. path. Anat. 131, 1—21 (1965).
PROP, N.: Lipids in the pineal body in the rat. In: J. A. KAPPERS and J. P. SCHADÉ (eds.), Progr. in brain res., vol. 10: Structure and function of the epiphysis cerebri, p. 454—464. Amsterdam: Elsevier Publ. Co. 1965.
—, and J. A. KAPPERS: Demonstration of some compounds present in the pineal organ of the albino rat by histochemical methods and paper chromatography. Acta anat. (Basel) 45, 90—109 (1961).
QUAY, W. B.: The demonstration of a secretory material and cycle in the parenchymal cells of the mammalian pineal organ. Exp. Cell Res. 10, 541—544 (1956).

Quay, W. B.: Cytochemistry of pineal lipids in rat and man. J. Histochem. Cytochem. 5, 145—153 (1957).
— Pineal blood content and its experimental modification. Amer. J. Physiol. 195, 391—395 (1958).
— Striated muscle in the mammalian pineal gland. Anat. Rec. 133, 57—64 (1959).
— Experimental modifications and changes with age in pineal succinic dehydrogenase activity. Amer. J. Physiol. 196, 951—955 (1959).
— Reduction of mammalian pineal weight and lipid during continous light. Gen. comp. Endocr. 1, 211—217 (1961).
— Experimental and cytological studies of pineal cells staining with acid hematein in the rat (Rattus norvegicus). Acta morph. neerl.-scand. 5, 87—100 (1962).
— Cytologic and metabolic parameters of pineal inhibition by continous light in the rat (Rattus norvegicus). Z. Zellforsch. 60, 479—490 (1963).
— Circadian and estrous rhythms in pineal and brain serotonin. In: H. E. Himwich and W. A. Himwich (eds.), Progr. in brain res., vol. 8: Biogenic amines, p. 61—63. Amsterdam: Elsevier Publ. Co. 1964.
— Circadian and estrous rhythm in pineal melatonin and 5-hydroxyindole-3-acetic acid. Proc. Soc. exp. Biol. (N.Y.) 115, 710—713 (1964).
— Photic relations and experimental dissociation of circadian rhythms in pineal composition and running activity in rats. Photochem. Photobiol. 4, 425—432 (1965).
— Histological structure and cytology of the pineal organ in birds and mammals. In: J. A. Kappers and J. P. Schadé (eds.), Progr. in brain res., vol. 10: Structure and function of the epiphysis cerebri, p. 49—86. Amsterdam: Elsevier Publ. Co. 1965.
— Experimental evidence for pineal participation in homeostasis of brain composition. In: J. A. Kappers and J. P. Schadé (eds.), Progr. in brain res., vol. 10: Structure and function of the epiphysis cerebri, p. 646—653. Amsterdam: Elsevier Publ. Co. 1965.
— Retinal and pineal hydroxyindole-O-methyl transferase activity in vertebrates. Life Sci. 4, 983—991 (1965).
— Indole derivates of pineal and related neural and retinal tissues. Pharmacol. Rev. 17, 321—345 (1965).
—, and J. T. Bagnara: Relative potencies of indolic and related compounds in the body-lightening of Larval xenopus. Arch. int. Pharmacodyn. 150, 137—143 (1964).
—, and A. Halevy: Experimental modification of the rat pineal's content of serotonin and related indole amines. Physiol. Zool. 35, 1—7 (1962)
—, and A. Renzoni: Comparative and experimental studies of pineal structure and cytology in passeriform birds. Riv. Biol. 56, 393—407 (1963).
— — Twenty-four hour rhythms in pineal mitotic activity and nuclear and nucleolar dimensions. Growth 30, 315—324 (1966).
Ramsey, H. J.: Ultrastructure of a pineal tumor. Cancer (Philad.) 18, 1014—1025 (1966).
Reiss, M., F. E. Badrick, and J. H. Halkerston: The influence of the pituitary on phosphorus metabolism of brain. Biochem. J. 44, 257—260 (1949).
Rinehart, J. F., and M. G. Farquhar: The fine vascular organization of the anterior pituitary gland. Anat. Rec. 121, 207—221 (1955).
Rodin, A. E.: The growth and spread of Walker-256 carcinoma in pinealectomized rats. Cancer Res. 23, 1545 (1963).
—, and R. A. Turner: The relationship of intravesicular granules to zhe innervation of the pineal gland. Lab. Invest. 14, 1644—1651 (1965).
Roth, W. D., R. J. Wurtman, and M. D. Altschule: Morphologic changes in the pineal parenchyma cells of rats exposed to continous light or darkness. Endocrinology 71, 888—892 (1962).
Sander, G., u. S. Schmidt: Über die Wirkung von Epiphysenimplantationen und Epiphysenextrakten bei menschlichen malignen Tumoren. Wien. klin. Wschr. 64, 505—508 (1952).
Sano, Y., u. T. Mashimo: Elektronenmikroskopische Untersuchungen an der Epiphysis cerebri beim Hund. Z. Zellforsch. 69, 129—139 (1966).
Seifert, G.: Experimentelle Speicheldrüsenvergrößerung nach Einwirkung von Noradrenalin. Beitr. path. Anat. 126, 321—351 (1962).
— Elektronenmikroskopische Befunde an den Speicheldrüsenacini nach Einwirkung von Noradrenalin. Beitr. path. Anat. 127, 111—136 (1962).

SHIMIZU, N., and N. MORIKAWA: Histochemical studies of succinic dehydrogenase of the brain of mice, rats, guinea pigs and rabbits. J. Histochem. Cytochem. 5, 334—345 (1957).
— — Histochemical studies of monoamine oxidase of the brain of rodents. Z. Zellforsch. 49, 389—400 (1959).
SIMMONET, H., et J. STERNBERG: Le rôle endocrinien de l'épiphyse; I. L'épiphyse et le métabolisme du phosphore. Rev. canad. Biol. 9, 407—421 (1951).
—, et L. THIÉBLOT: Recherches expérimentales sur la physiologie de la glande pinéale. Acta endocr. (Kbh.) 7, 306—320 (1951).
— — et V. SEGAL: Interrelation épiphyso-hypophysaire et effet expanso-mélanophorique. Ann. Endocr. (Paris) 13, 340—344 (1952).
STEYN, W.: Electron microscopic observations on the epiphyseal sensory cells in lizards and the pineal sensory cell problem. Z. Zellforsch. 51, 735—747 (1960).
—, and M. WEBB: The pineal complex in the fish Labeo umbratus. Anat. Rec. 136, 79—85 (1960).
THIÉBLOT, L.: Physiology of the pineal body. In: J. A. KAPPERS and J. P. SCHADÉ (eds.), Progr. in brain res., vol. 10: Structure and function of the epiphysis cerebri, p. 479—488. Amsterdam: Elsevier Publ. Co. 1965.
—, et S. BLAISE: Influence de la glande pinéale sur la sphére génitale. In: J. A. KAPPERS and J. P. SCHADÉ (eds.), Progr. in brain res., vol. 10: Structure and function of the epiphysis cerebri, p. 577—584. Amsterdam: Elsevier Publ. Co. 1965.
— C. NAUDASCHER et M. LE BARS: Modifications de la structure épiphysaire à la suite d'injections répétées d'hormones sexuelles. Ann. Endocr. (Paris) 8, 469—472 (1947).
— — — Modifications histologiques de l'épiphyse à la suite d'injections d'hormones gonadotropes. Ann. Endocr. (Paris) 10, 192—194 (1949).
VEERDONK, F. C. G. VAN DE: Separation method for melatonin in pineal extracts. Nature (Lond.) 208, 1324—1325 (1965).
VELICAN, C., and D. VELICAN: Experimental transformations of pulmonary macrophages into cells displaying the aspect of mast cells. Acta anat. (Basel) 35, 215—224 (1958).
VOLKMANN, K.: Histologische Untersuchungen zur Frage der Sekretionsfunktion der Zirbeldrüse. Z. ges. Neurol. Psychiat. 84, 593—616 (1923).
WARTENBERG, H.: Elektronenmikroskopische Untersuchungen an der Epiphysis cerebri des Kaninchens. Anat. Anz. 115, Erg.-Heft, 275—279 (1965).
— Elektronenmikroskopische Untersuchungen an der Epiphysis cerebri der Katze. Verh. Anat. Ges. Wien 1964. Anat. Anz., Erg.-Heft, 115, 275—279 (1965).
— Electron microscopic studies on nerve and glia processes and their relations to cells and vessels of the mammalian pineal organ. Anat. Rec. 154, 439 (1966).
— The mammalian pineal organ: Electron microscopic studies on the fine structure of pinealocytes, glial cells, and on the perivascular compartment. Z. Zellforsch. 86, 74—97 (1968).
—, u. W. GUSEK: Elektronenmikroskopische Untersuchungen über die Epiphysis cerebri des Kaninchens. Verh. Anat. Ges., 59. Verslg München 1963. Anat. Anz. 113, Erg.-Heft, 173—180 (1964).
— — Licht- und elektronenmikroskopische Beobachtungen über die Struktur der Epiphysis cerebri des Kaninchens. Int. Round Table Conf. on the Epiphysis cerebri, Amsterdam 1963. In: J. A. KAPPERS and J. P. SCHADÉ (eds.), Progr. in brain res., vol. 10: Structure and function of the epiphysis cerebri, p. 296—315. Amsterdam: Elsevier Publ. Co. 1965.
WETZSTEIN, R.: Elektronenmikroskopische Untersuchungen am Nebennierenmark von Maus, Meerschweinchen und Katze. Z. Zellforsch. 46, 517—576 (1957).
WILDI, E., et E. FRAUCHIGER: Modifications histologiques des l'épiphyse humaine pendant l'enfance, le âge adulte et le vieillissement. In: J. A. KAPPERS and J. P. SCHADÉ (eds.), Progr. in brain res., vol. 10: Structure and function of the epiphysis cerebri, p. 218—231. Amsterdam: Elsevier Publ. Co. 1965.
WISLOCKI, G. B., and E. W. DEMPSEY: The chemical histology and cytology of the pineal body and neurophypophysis. Endocrinology 42, 56—72 (1948).
WOLFE, D. E.: The epiphyseal cell. In: J. A. KAPPERS and J. P. SCHADÉ (eds.), Progr. in brain res., vol. 10: Structure and function of the epiphysis cerebri, p. 332—388. Amsterdam: Elsevier Publ. Co. 1965.
— J. AXELROD, L. T. POTTER, and K. C. RICHARDSON: Localization of norepinephrine in adrenergic axons by light- and electron-microscopic autoradiography. Electron microscopy, vol. 2, L-12. New York: Academic Press 1962.

Wolfe, D. E., L. T. Potter, K. C. Richardson, and J. Axelrod: Localizing tritiated nore-pinephrine in sympathic axons by electron microscopic autoradiography. Science **138**, 440—442 (1962).

Wurtman, R. J., M. D. Altschule, and U. Holmgren: Effects of pinealectomy and of bovine pineal extract in rats. Amer. J. Physiol. **197**, 108—110 (1959).

—, and J. Axelrod: Demonstration of hydroxyindole-O-methyl transferase, melatonin and serotonin in a metastatic parenchymatous pinealoma. Nature (Lond.) **204**, 1323—1324 (1964).

— — The pineal gland. Sci. American **213**, 50—60 (1965).

— —, and J. D. Barchas: Age and enzyme activity in the human pineal. J. clin. Endo-crin. **24**, 299—301 (1964).

— —, and E. W. Chu: Melatonin, a pineal substance: Effect on the rat ovary. Science **141**, 277—278 (1963).

— , and E. W. Chu: The relation between melatonin, a pineal substance, and the effects of light on the rat gonad. Ann. N. Y. Acad. Sci. **117**, 228—230 (1964).

— —, and J. E. Fischer: Melatonin synthesis in the pineal gland: Effect of light mediated by the sympathetic nervous system. Science **143**, 1328—1330 (1964).

— —, and L. S. Phillips: Melatonin synthesis in the pineal gland: Control by light. Science **142**, 1071—1073 (1963).

— —, and L. T. Potter: The uptake of H^3-melatonin in endocrine and nervous tissues and the effects of constant light exposure. J. Pharmacol. exp. Ther. **143**, 314—318 (1964).

— W. Roth, M. D. Altschule, and J. J. Wurtman: Interactions of the pineal and exposure to continous light on organ weights of female rats. Acta endocr. (Kbh.) **36**, 617—624 (1961).

Zelander, T.: The ultrastructure of the adrenal cortex of the mouse. Z. Zellforsch. **46**, 710—716 (1957).

Zweens, J.: Alterations of the pineal lipid content in the rat under hormonal influences. In: J. A. Kappers and J. P. Schadé (eds.), Progress in brain res., vol. 10: Structure and function of the epiphysis cerebri, p. 540—551. Amsterdam: Elsevier Publ. Co. 1965.

Namenverzeichnis

Die gewöhnlich gesetzten Ziffern weisen auf die entsprechenden Stellen im Text und die *kursiven* Seitenzahlen auf das Literaturverzeichnis hin

Sachverzeichnis